东海经济虾蟹类
渔业生物学

宋海棠　俞存根　薛利建　著

海洋出版社

2012年·北京

内 容 简 介

本书以实际调查资料为基础，分析总结了多年来调查研究的成果。书中简述了虾蟹类资源的特点和在渔业中的重要地位，虾蟹类资源的开发历史，资源调查概况，捕捞渔具等。重点介绍了东海虾蟹类的资源状况，包括种类组成、数量分布、生态群落和区系特点，资源开发利用现状，资源量评估和管理对策，并对13种主要经济虾类和8种主要经济蟹类的渔业生物学特征进行详细叙述。本书从理论与实践两方面对东海主要经济虾蟹类的生物学、生态学、资源和渔业进行较全面深入的分析研究，具有一定的理论价值和实用价值，适合从事海洋渔业生产、渔政管理、水产科研部门人员，高等院校师生阅读参考。

图书在版编目（CIP）数据

东海经济虾蟹类渔业生物学 / 宋海棠，俞存根，
薛利建著. —北京：海洋出版社，2012.12
ISBN 978 - 7 - 5027 - 8446 - 1

Ⅰ.①东⋯　Ⅱ.①宋⋯　②俞⋯　③薛⋯　Ⅲ.①东海—虾类—海洋渔业—生物学—研究 ②东海—蟹类—海洋渔业—生物学—研究　Ⅳ.①S975

中国版本图书馆 CIP 数据核字（2012）第 266666 号

责任编辑：项　翔
责任印制：赵麟苏

海洋出版社 出版发行

http://www.oceanpress.com.cn
（100081　北京市海淀区大慧寺路 8 号）
北京旺都印务有限公司印刷　新华书店发行所经销
2012 年 12 月第 1 版　2012 年 12 月北京第 1 次印刷
开本：787mm×1092mm　1/16　印张：15.25
字数：343 千字　定价：78.00 元
发行部：62132549　邮购部：68038093　总编室：62114335

海洋版图书印、装错误可随时退换

序　言

　　我国东海区虾蟹类资源丰富，经济价值很高，渔获量达到 100 万吨，约占东海海洋捕捞量 1/5，是东海区重要的水产资源，历来为水产部门所重视。

　　浙江省海洋水产研究所位于东海区中部，人才济济，对东海虾蟹类资源素有研究，宋海棠同志以其数十年的科研经验，对该海区虾蟹类发表多篇科学论文，为阐述该海区虾蟹类资源状况作出了重要贡献。最近，该同志鉴于以往发表文献较为分散，不利于有关人员参考，因此，决定另著一书，题名为《东海经济虾蟹类渔业生物学》，全书 20 余万字，拟予最近付梓，老夫喜闻此讯，亦乐观其成，因此欣然为之写一短序，以资庆贺。

厦门大学海洋学院教授

丘书院谨识

时年八十有八，2012 年 4 月 13 日

前　言

　　虾蟹类属甲壳动物，是海洋无脊椎动物的重要类群，不仅种类多，资源丰富，而且蛋白质含量高，肉质鲜美，是人们喜食的水产品，商品价值高，在渔业经济中占有重要地位。虾蟹类资源既是人类掠捕的对象，又是海洋鱼类重要的食饵。早在 20 世纪 50、60 年代，海洋鱼类资源丰富，虾蟹类资源主要作为兼捕对象，少有专门的捕捞作业，至 70 年代末期以后，由于捕捞强度剧增，东海主要经济鱼类资源出现衰退。尤其是传统的大黄鱼、小黄鱼、带鱼、曼氏无针乌贼等四大渔产严重衰退，渔业资源结构发生变化，捕食虾蟹类的鱼类少了，使虾蟹类生存空间扩大，资源发生量增加，资源数量增长较快。同时海洋捕捞作业结构也进行调整，发展了桁杆拖虾作业，恢复梭子蟹流网作业，90 年代初以来又发展了蟹笼作业，使东海区虾蟹类产量增长较快。从 70 年代平均年产量 16×10^4 t，到 80 年代翻了一番，年均达到 32×10^4 t；90 年代前 5 年平均年产量 59×10^4 t。1996 年突破 100×10^4 t，2000 年为 132×10^4 t，创历史最高纪录，占东海区海洋捕捞总产量的 21%，仅次于鱼类，成为海洋渔业重要的捕捞对象，对减轻带鱼等主要经济鱼类的捕捞压力，满足国内水产品需求和出口创汇都起了重要作用。

　　本书以实际调查资料为基础，分析总结了多年来调查研究的成果。早在 20 世纪 80 年代初开展东海区和浙江省大陆架渔业自然资源调查时，就承担了东海近海的虾蟹类资源调查工作，1986—1990 年又承担浙江省水产局和农业部水产局下达的《浙江近海虾类资源调查和合理利用研究》和《东海外侧海区大中型虾类资源调查和渔具渔法研究》，1997—2001 年又承担国家海洋勘测专项生物资源调查项目《东海虾蟹类资源调查与研究》课题。自 80 年代末以来一直承担东海区渔政局下达的虾蟹类资源动态监测工作，积累了丰富的资料。全书共分五章，第一章绪论，简述了虾蟹类资源的特点和在渔业中的重要地位，虾蟹类资源的开发历史，资源调查概况，捕捞渔具等。第二、三章分别介绍东海虾类资源状况（包括虾类的种类组成，数量分布，生态群落和区系特点，资源开发利用状况、资源量评估和管理对策等），并对 13 种主要经济虾类的渔业生物学特征进行详细的叙述。第四、五章分别介绍了蟹类资源状况（包括蟹类的种类组成，数量分布，生态群落和区系特点，资源开发利用现状，资源量评估和管理对策等），并对 8 种主要经济蟹类的渔业生物学特征进行详细的叙述。书中有关虾蟹类的数量分布和资源量评估系采用调查范围比较大、调查网具、调查方法比较规范的 1998—1999 年专业调查资料，评估的方法都采用扫海面积法（或称资源密度法）。书中主要经济虾蟹类的分类地位，采用新的分类系统，不再沿用游泳亚目和爬行亚目传统的分类系统。本书从理论与实践两方面对东海主要经济虾蟹类的生物学、生态学、资源和渔业进行较全面深入的分析研究，具有一定的理论价值和实用价值，适合于海洋渔业生产、渔政管理、水产科研部门人员和高等院校师生阅读参考。

我的恩师、生物学家、厦门大学海洋学院丘书院教授审阅原稿，提出宝贵意见，并为本书作序；该书出版还得到浙江省海洋水产研究所、浙江省海洋渔业资源可持续利用技术研究重点实验室和浙江省科技厅公共服务专项——渔业资源调查监测的大力支持，在此一并表示衷心感谢。

本书第一、二、三章和第五章的三疣梭子蟹由浙江省海洋水产研究所宋海棠研究员撰写，第四章和第五章的其余 7 种主要经济蟹类由浙江海洋学院俞存根教授撰写，薛利建同志参与本书资料整理，全书由宋海棠统稿。由于水平所限，疏漏和不妥之处在所难免，敬请读者指正。

著　者
2012 年 4 月 30 日

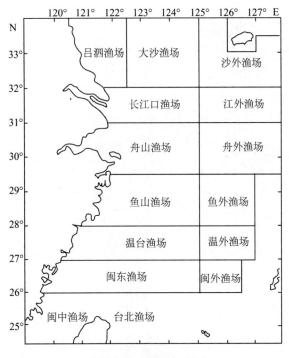

东海大陆架渔场分布图

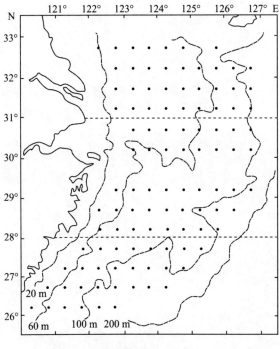

虾蟹调查站位分布图

目　　次

第一章 绪 论

渔业生物学是以生物种群为对象，主要研究捕捞种群的繁殖、摄食、生长、死亡、补充，洄游分布和数量变动及其与渔场环境和捕捞的关系，也包括资源量的评估、管理和增殖，属于与渔业有关的应用学科。其研究的目的是为渔业开发和管理，渔业资源的最佳利用提供科学依据。渔业生物学研究紧密地联系渔业生产实际，它不仅单纯研究与捕捞有关的问题，还涉及与渔业有关的经济、社会和管理等方面的问题。

东海是西北太平洋西部较开阔的边缘浅海，南起台湾海峡南部（22°00′N），北至长江口与济州岛连线，地处亚热带季风气候区，气候温和，季节变化明显。海域总面积 $77 \times 10^4 \text{ km}^2$，200 m 等深线以浅大陆架面积 $43.18 \times 10^4 \text{ km}^2$，占东海总面积的 56.1%。海域西部为沿岸低盐水系，东南部外海有黑潮暖流流过，其西分支台湾暖流和黄海暖流控制着东海大陆架大部分海域，北部有黄海冷水团楔入，三股水系互相交汇，各种生态类型的虾、蟹类资源丰富。自 20 世纪 70 年代后期以来，由于捕捞强度剧增，致使东海传统的主要经济鱼类资源衰退，捕食虾、蟹类的鱼类少了，使虾、蟹类自然死亡减少，生存空间扩大，有利于虾、蟹类资源的繁衍生长，使其资源发生量增多，数量增长较快。东海区三省一市虾、蟹类产量，近几年维持在 $100 \times 10^4 \text{ t}$ 左右，高的年份达到 $132 \times 10^4 \text{ t}$（2000 年），占东海区海洋捕捞总产量 21%，其中以浙江省的虾蟹产量最高，达到 $86.8 \times 10^4 \text{ t}$，占东海区虾、蟹总产量的 65.8%，如虾类 $72 \times 10^4 \text{ t}$，蟹类 $14.8 \times 10^4 \text{ t}$。虾、蟹类已成为东海区海洋渔业重要的捕捞对象，对促进海洋捕捞业以及虾、蟹加工产业的发展起了重要作用。因此，虾蟹类的资源状况，虾蟹类的渔业生物学研究，虾蟹类资源的可持续利用，已引起有关方面的高度关注。

一、东海虾蟹类资源的特点

1. 种类多，但种群数量不大

虾、蟹类资源是由多种类组成的捕捞群体，据现有资料，东海虾类有 156 种，但群体数量较多，经济价值较高，作为渔业捕捞对象的只有 20 多种，如作为沿岸和近海捕捞对象的有中国毛虾（*Acetes chinensis*）、脊尾白虾（*Exopalaemon carinicauda*）、安氏白虾（*E. annandalei*）、葛氏长臂虾（*Palaemon gravieri*）、哈氏仿对虾（*Parapenaeopsis hardwickii*）、细巧仿对虾（*P. tenella*）、中华管鞭虾（*Solenocera crassicornis*）、栉管鞭虾（*S. pectinata*）、鹰爪虾（*Trachypenaeus curvirostris*）、戴氏赤虾（*Metapenaeopsis dalei*）、周氏新对虾（*Metapenaeus joyneri*）、日本囊对虾（*Marsupenaeus japonicus*）等。近海外侧及外海的捕捞对象有凹管鞭虾（*Solenocera koelbeli*）、大管鞭虾（*S. melantho*）、高脊管鞭虾（*S. alticarinata*）、假长缝拟对虾（*Parapenaeus fissuroides*）、须赤虾（*Metapenaeopsis barbata*）、长角赤虾（*M. longirostris*）等。上述种类的种群数量不大，一般在几千吨至 2 万多吨之间。东海蟹类的种类比虾类多，据报道有 321 种（董聿茂，1991；黄宗国，1994），但大多数为经济价值较低或无经济价值的中小型蟹类，群体数量较多，经济价值较高的大型蟹类不到 10 种，如三疣梭子蟹（*Portunus trituberculatus*）、红星梭子蟹（*P. sanguinolentus*）、细点圆趾蟹（*Ovalipes punctatus*）、日本蟳（*Charybdis japonica*）、锈斑蟳（*C. feriatus*）、武士蟳（*C. miles*）、光掌蟳（*C. riversandersoni*）、拥剑梭子蟹（*Portunus gladiator*）等。其中除三疣梭子蟹、细点圆趾蟹群体数量较大，在几万吨至 10×10^4 t 之间，其他种类的种群数量都不大，只有数千吨。

2. 中小型虾、蟹类多，大型虾、蟹类少

作为渔业捕捞对象的主要经济虾类中，数量较多的大型虾类只有日本囊对虾，其他都是中小型虾类。斑节对虾（*Penaeus monodon*）、长毛明对虾（*Fenneropenaeus penicillatus*）、脊龙虾（*Linuparus trigonus*）、红斑后海螯虾（*Metanephrops thompsoni*）、毛缘扇虾（*Ibacus ciliatus*）、九齿扇虾（*I. novemdentatus*）等几种大型虾类，在东海虽有分布，但数量少，形不成捕捞群体，只作为兼捕对象。作为渔业捕捞对象的经济蟹类，除了前面提到的 8 种大型经济蟹类外，其他都属经济价值较差或无经济价值的种类，如卷折馒头蟹（*Calappa lophos*）、逍遥馒头蟹（*C. philargius*）、绵蟹（*Dromia dehaani*）、艾氏牛角蟹（*Leptomithrax edwardsi*）等，且数量也不多，而数量较多的双斑蟳（*Charybdis bimaculata*）、银光梭子蟹（*Portunus argentatus*）、矛形梭子蟹（*P. hastatoides*）等，则因个体小经济价值不大，其余大量的小型蟹类，都因个体小，群体数量不大而失去利用价值。

3. 生命周期短，繁殖力强，资源更新快

虾、蟹类都属短生命周期的甲壳动物，多数为一年生（蟹类有的可活过 2~3 年），食物链级和营养阶层较低，在一个生殖期内能多次排卵，产卵期较长，属生命周期短，繁殖力强，资源补充快，恢复力强的渔业资源，资源潜力较大。但虾、蟹类又是中下层鱼类的捕食对象，其资源的盛衰，除了人为的捕捞活动外，受大宗中下层鱼类资源盛衰的制约，

如20世纪70年代后期以来，由于大宗的小黄鱼、大黄鱼资源衰退，捕食虾、蟹类的鱼类减少，使虾、蟹类资源数量明显上升，从而促进了虾、蟹类捕捞业的发展。自80年代以来，东海区虾、蟹产量逐年增长较快，90年代中期已突破100×10^4 t（图1-0-1），占海洋捕捞总产量的20%，虾、蟹类已成为海洋捕捞业新的增长点。

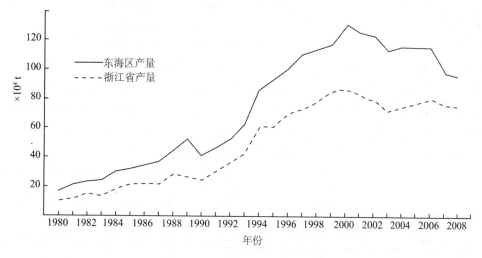

图1-0-1　东海区虾蟹产量历年变化

4. 分布区域明显

东海大陆架海域，由于分布着沿岸低盐水系、外海高盐水系和北部黄海深层冷水三股不同性质的水系，不同生态属性的虾、蟹类分布海域不同，有广温低盐的沿岸种类，有高温高盐的外海种，也有分布在高、低盐水混合水区的广温广盐种，还有受深层冷水影响的冷温性种，如脊腹褐虾只分布在受黄海深层冷水影响的东海北部海域，在舟山渔场以南海域就未见分布；长角赤虾只分布在高盐水控制的南部海域，在舟山渔场及长江口渔场未见分布；大管鞭虾、凹管鞭虾、高脊管鞭虾、假长缝拟对虾、须赤虾分布在盐度较高的外海及南部海域，脊尾白虾、安氏白虾只分布在沿岸低盐水控制的河口、港湾及沿岸岛屿周围海域，葛氏长臂虾、哈氏仿对虾、中华管鞭虾、鹰爪虾分布在高低盐水的混合水区，三疣梭子蟹、日本蟳分布在舟山、长江口渔场及沿岸海域，光掌蟳、武士蟳分布在南部外海高盐水海域，分布的区域性明显。

5. 捕捞渔期长

虾、蟹类资源种类多，不同种类生态属性不同，分布海域不同，繁殖、生长特性不同，因此其种类交替出现明显，渔期、渔场不同，每一个季节都有一种或几种主要捕捞对象，并兼捕其他虾、蟹种类，如春季捕捞葛氏长臂虾、细点圆趾蟹，春夏季捕捞长角赤虾、须赤虾，夏季捕捞鹰爪虾、戴氏赤虾，夏秋季捕捞大管鞭虾、凹管鞭虾、高脊管鞭虾，也兼捕假长缝拟对虾、须赤虾，秋季捕捞日本囊对虾、中华管鞭虾，秋冬季捕捞葛氏长臂虾、哈氏仿对虾、三疣梭子蟹、日本蟳，冬春季捕捞假长缝拟对虾、武士蟳，几乎全年都可以作业，只是渔场分布不同（表1-0-1）。

表 1-0-1　主要经济虾类的渔场和渔期

种 类	渔 汛	渔期/月	群体性质	渔 场
葛氏长臂虾	秋冬汛	10 月至翌年 2 月	索饵越冬	东海北部近、外海
鹰爪虾	夏汛	6—8	生殖群体	东海近海 40～65 m 水深海域
戴氏赤虾	夏汛	6—7	生殖群体	东海近海 40～65 m 水深海域
须赤虾	夏汛	5—8	生殖群体	东海外海 60 m 水深以东海域
中华管鞭虾	夏秋汛	7—10	生殖群体	东海沿岸和近海混合水域
凹管鞭虾	夏秋汛	6—9	生殖群体	舟山渔场外侧、舟外渔场，鱼山、温台、闽东渔场外侧
大管鞭虾	夏秋汛	6—10	生殖群体	舟外、江外渔场，鱼山、温台、闽东渔场外侧海域
高脊管鞭虾	春夏汛	5—7	生殖群体	江外、沙外渔场，舟山、温台、闽东渔场外侧海域
日本囊对虾	秋汛	8—11	索饵群体	东海近海 40～70 m 水深海域
哈氏仿对虾	秋冬汛	10 月至翌年 2 月	索饵越冬	沿岸和近海混合水域，舟山渔场外侧，舟外、江外渔场内测海域
假长缝拟对虾	冬春汛	12 月至翌年 4 月	索饵越冬	鱼山、温台、闽东渔场 60 m 水深以东海域，舟外、江外渔场
长角赤虾	春夏汛	4—8	生殖群体	鱼山、温台、闽东渔场 60 m 水深以东海域，舟外渔场

6. 繁殖期和快速生长期不同

虾类属多次排卵类型，产卵期较长，不同种类其产卵高峰期不同，东海主要经济虾类的产卵高峰期有三种类型：春季（3—5 月）产卵的，有葛氏长臂虾、日本囊对虾；夏季（6—8 月）产卵的有鹰爪虾、哈氏仿对虾、须赤虾、戴氏赤虾、长角赤虾；夏秋季（7—10 月）产卵的有凹管鞭虾、大管鞭虾、中华管鞭虾、假长缝拟对虾，其中葛氏长臂虾除春季产卵高峰外，秋季出现次高峰，属双峰型，其余种类都为单峰型。幼虾相对集中出现的时间和海域也有三种类型：日本囊对虾幼虾，6—7 月出现在沿岸、港湾、岛屿周围水域，呈集群性分布；葛氏长臂虾、哈氏仿对虾、戴氏赤虾、鹰爪虾等幼虾相对集中出现在夏秋季（7—10 月），分布在沿岸近海混合水区；凹管鞭虾、大管鞭虾、中华管鞭虾、假长缝拟对虾幼虾，相对集中出现在秋冬季（11 月至翌年 2 月），其分布海域，除中华管鞭虾分布在沿岸和近海混合水区外，其他的都分布在鱼山、温台、闽东渔场 50 m 水深以东盐度较高海域（表 1-0-2）。由于上述虾类繁殖期不同，幼虾出现的季节不同，其快速生长期也不同，因此达到捕捞规格的时间也不相同，一般可归纳为两种类型：一种是春夏季繁殖的虾类，其幼虾经过夏秋季的快速生长，当年秋冬季就达到捕捞规格，翌年春夏季再行繁殖产卵，如日本囊对虾、葛氏长臂虾、哈氏仿对虾、鹰爪虾、戴氏赤虾、须赤虾、长角赤虾等属这一生长类型的虾类；另一种是夏秋季繁殖的虾类，其幼虾越过冬天低温期，生长较慢，至翌年春季水温上升，才加速生长，夏季达到捕捞规格，夏秋季再行繁殖产卵，属这一生长类型的虾类有凹管鞭虾、大管鞭虾、中华管鞭虾、假长缝拟对虾等。

表 1-0-2　主要经济虾类生殖期和幼虾出现的时空分布

种　类	生殖高峰月份	幼虾出现月份	幼虾分布海域
葛氏长臂虾	3—6	7—9	舟山、长江口、吕泗渔场沿岸海域
日本囊对虾	3—5	6—7	沿岸及岛屿周围海域
鹰爪虾	6—8	9—11	近海混合水区
哈氏仿对虾	5—7	8—10	沿岸和近海混合水区
须赤虾	7—9	9—11	舟山、鱼山、温台渔场 50 m 水深以东海域
戴氏赤虾	5—7	7—9	近海混合水区
长角赤虾	5—7	8—10	鱼山、温台、闽东渔场 50 m 水深以东海域
中华管鞭虾	8—10	11 月至翌年 2 月	沿岸和近海混合水区
凹管鞭虾	8—10	11 月至翌年 4 月	鱼山、温台、闽东渔场 50 m 水深以东海域
大管鞭虾	9—10	11 月至翌年 4 月	鱼山、温台、闽东渔场 50 m 水深海域
高脊管鞭虾	7—9	10 月至翌年 2 月	舟山、鱼山、温台渔场 50 m 水深以东，江外沙外渔场
假长缝拟对虾	7—9	9—11	鱼山、温台、闽东渔场 50 m 水深以东海域

7. 洄游移动范围小

虾、蟹类属底栖生物，一般洄游移动距离不长，随着季节变化和暖流势力强弱进行南北和内外短距离移动。但也有一些游泳能力较强的种类，如三疣梭子蟹，北上可到达江苏近海，南下可到达闽南渔场，洄游距离长达 100 多海里。

二、虾、蟹类资源的开发历史和在海洋渔业中的重要地位

虾、蟹类营养价值高，是优质美味的水产品，为人们喜爱的食品，不管是鲜食或制成干品、冻品都深受人们青睐。虾、蟹类的利用历史较长，早在 20 世纪 50—70 年代，当时海洋渔业资源丰富，优质鱼类多，虾、蟹类只作为兼捕对象和沿岸小型作业的捕捞对象，如定置张网、小拖网在沿岸海域捕捞虾、蟹类，小型流网作业捕捞梭子蟹、日本蚂等。至70 年代末，传统的主要经济鱼类资源出现衰退，尤其是东海传统的四渔产——大黄鱼、小黄鱼、带鱼、曼氏无针乌贼资源衰退，渔业资源结构发生变化，促使作业结构进行调整，当时，江苏、浙江在舟山渔场和长江口渔场开展桁杆拖虾作业试捕，取得显著的经济效益，从而促使东海桁杆拖虾作业的兴起和发展。回顾拖虾作业发展历程，可分为如下三个阶段。从 70 年代末至 80 年代中期，为桁杆拖虾作业的发展时期，这时拖虾渔场主要集中在东海北部近海，即长江口渔场和舟山渔场一带海域，利用对象主要有哈氏仿对虾、葛氏长臂虾、中华管鞭虾、鹰爪虾四大品种。自 80 年代中期至 21 世纪初期为桁杆拖虾作业发展盛期，这时期随着外海虾类资源调查的开展，开发了新的虾类资源和渔场，拖虾渔场北部扩大到舟外、江外、沙外渔场，南部扩大到鱼山、温台和闽东渔场外侧海域，捕捞凹管鞭虾、大管鞭虾、高脊管鞭虾、假长缝拟对虾、须赤虾、长角赤虾等高盐种类。由于渔场扩大，捕捞品种增加，大大促进东海区拖虾渔业的发展。以浙江省为例，拖虾渔船从1984 年 2 000 多艘，至 1994 年发展到 6 000 余艘，全省的虾类产量从 1984 年 14 ×10^4 t 至1994 增长至 52 ×10^4 t，增长 2.7 倍，至 1999 年虾类产量达到 73 ×10^4 t，为历史最高值。

21 世纪初以来为拖虾作业调整巩固时期，这时期为保护和合理利用虾类资源，对拖虾作业实施休渔措施，自 2003 年开始实施 1 个月的休渔期，时间从 6 月 16 日至 7 月 16 日，2006 年起休渔时间延至两个月，从 6 月 16 日至 8 月 16 日。通过休渔措施，保护了部分虾种的幼虾，使虾类年产量稳定在（60～70）×10^4 t 的水平。在传统主要经济鱼类资源衰退情况下，虾类已成为海洋捕捞新的增长点，对减轻带鱼等主要经济鱼类的捕捞压力，发展海洋捕捞业起重要作用，同时促进了虾类加工产业和贸易业的发展，产生明显的经济效益和社会效益。

东海区蟹类资源的开发利用，早在 80 年代以前主要利用三疣梭子蟹，东海区高的年产量约为 8.5×10^4 t，而其他蟹类资源较少利用。进入 90 年代以后，随着蟹笼作业的推广，并加大对细点圆趾蟹、锈斑蟳、日本蟳、武士蟳等蟹类资源开发力度，产量迅速增长，21 世纪初以来，东海区蟹类年产量波动在（20～30）×10^4 t，其中浙江省约占 50%。捕捞蟹类的主要作业有流网、蟹笼，同时也为拖虾网、底拖网、定置张网、帆张网等作业所兼捕。梭子蟹流网为传统作业，在 20 世纪 60、70 年代曾一度衰落，70 年代后期，由于近海传统经济鱼类资源衰退，流网作业又重新恢复生产，至 80 年代中期得到迅速发展，逐渐成为捕捞蟹类资源的主要渔具之一。蟹笼是在沿岸小型笼捕作业基础上，90 年代初向外海试捕成功并迅速发展起来的，1993 年仅浙江省投产蟹笼作业渔船达 2 000 多艘，蟹笼数达 100 多万只，随着渔船逐渐大型化、钢质化，单船携带蟹笼数量也不断增加，特别是 1997 年在蟹笼作业船上引进、安装了液压起网机后，单船蟹笼数量迅速增加，由过去的每船 2 000～3 000 只增加到 4 000～5 000 只，个别高达 7 000～8 000 只。为了安全生产和保护蟹类资源，经省渔业行政管理部门核准后，规定单船装载蟹笼数不得超过 3 500 只。蟹笼成为捕捞蟹类的最主要渔具之一。上述两种捕捞渔具，渔获物新鲜，促进鲜活水产市场的发展，对繁荣市场、发展贸易也起了积极的作用。

三、虾、蟹类资源调查研究概况

新中国成立后，对东海的虾、蟹类已进行过不少调查研究，董聿茂、虞研原、胡黄英等（1958，1959，1980，1986，1978），对浙江沿海的游泳虾类、爬行虾类、海产蟹类的分类、形态特征进行了详细的描述，刘瑞玉等（1959，1963，1964）对黄、东海的虾类区系、虾类动物地理学、生态学进行了深入的研究。自 70 年代开始进行虾蟹捕捞渔具和虾蟹类资源方面的调查研究，如 1973 年 9、10 月份舟山市捕捞队机帆船在浙江水产学院和浙江省海洋水产研究所协助下，用大拖风网在舟山渔场禁渔线外侧进行过试捕，1978 年浙江水产学院又承担了省水产局下达的《机帆船拖虾试验》，于 7—10 月采用单舷横桁拖网在浙江北部渔场进行试捕，并于 1981 年设计了一桁两网的有架虾拖网在嵊泗县进行推广。1980—1981 年东海水产研究所对东海大陆架外缘和大陆坡深海渔场进行综合调查时，收集了深海的虾、蟹标本，并发表了《东海深海甲壳动物》（董聿茂，1988）。虾、蟹类较大规模的资源调查是在 80 年代初东海区大陆架渔业资源调查和区划时开始的，当时浙江、江苏、福建，都开展专题虾、蟹类资源调查研究。采用双囊袋桁杆拖虾网，在沿岸和近海进行调查，初步掌握了 60 m 水深以浅的近海渔场虾蟹类的种类和分布。1984—1985 年浙江省海洋水产研究所开展了三疣梭子蟹合理利用研究，研究了三疣梭子蟹的生殖习性、洄游分布、群体组成特征，提出春保、夏养、秋冬捕的合理利用建议。80 年代后期浙江省海洋水产研究所承接了浙江省水产局和农业部水产局下达的《浙江近海虾类资源调查和合理利用研究》和《东海近、外海大中型虾类资源调查和渔具渔法研究》课题，对26°00′—32°00′N，水深20~90 m 海域进行全面调查，发现了外海和南部海域数量较多的假长缝拟对虾、凹管鞭虾、大管鞭虾、须赤虾、长角赤虾等新的虾类资源和渔场，作为重点开发的对象，扩大了拖虾渔场，大大提高虾类的产量，产生明显的经济效益和社会效益。多囊袋拖虾渔具（4~10 个囊袋）的改革试验，效益明显，产量提高10% ~30%，且减少吸沙、吃泥及破损事故发生，渔获物鲜度高，受到渔民群众的欢迎，得到迅速推广。1997—2001年国家开展海洋专项勘测调查时，把"东海虾、蟹资源调查与研究"列为生物资源调查项目中的研究课题之一，参加调查的单位有浙江省海洋水产研究所、江苏省海洋水产研究所、福建省水产研究所和东海水产研究所等。通过 4 个季度的专业调查，结合历史资料，全面了解东海大陆架海域虾、蟹类的种类组成，主要经济种数量分布的时空变化、洄游分布规律，繁殖、生长等生物学特性，生态特征和区系特点，评估了虾、蟹类的资源量，提出合理开发和科学管理的对策，为虾蟹资源的可持续利用提供了科学依据。

四、虾蟹类资源的捕捞渔具

东海虾、蟹类资源的捕捞渔具主要为桁杆拖虾网、蟹流网和蟹笼，也为定置张网、底拖网（包括双拖和单拖）、帆张网等作业所兼捕。

1. 桁杆拖虾网

桁杆拖虾网也称机帆船虾拖网，属单船底层桁杆拖网，作业始于 20 世纪 70 年代中期，囊袋为 2~3 只，渔具主尺度为91.94 m×19.88 m（19.80 m），由盖网衣、背网衣、腹网衣和囊网衣组成，网线由乙纶 36 特单丝捻成。随着拖虾渔船大型化，渔场向外扩展，水深加深，原有的网具适应不了新的渔场环境，80 年代后期，浙江省海洋水产研究所开展多囊袋（4~10 只），桁杆拖虾网试验，取得明显的效果。首先，由于桁杆长度加长，扩大了扫海面积，产量得到提高，一般网产量比原来增加5% ~10%，旺汛增加30% ~40%（表 1-0-3）；其次是不吸沙、不吃泥，减少破网事故发生；三是渔获物分散各个囊袋，鲜度好，并容易起网；四是适合于沙质海底，也适合于泥质海底，近海、外海渔场都适用。由于多囊桁杆拖虾网具经济效益明显，受到渔民群众的欢迎，并得到迅速推广，其网具结构如图 1-0-2 所示。

表 1-0-3　多囊袋虾拖网渔获效果比较

试验时间	1988 年 5 月 19 日至 6 月 28 日		1988 年 9 月 22 日至 10 月 22 日	
渔场	舟山渔场水深40~60 m		温台渔场水深55~80 m	
囊袋数/只	3	8	2	4
拖网次数	104	104	68	69
拖网总时数	312.0	312.0	255.0	238.5
虾总产量/kg	9 275.0	10 625.0	3 187.5	4 381.0
平均网产/kg	89.2	102.2	46.9	63.5

续表

试验时间	1988 年 5 月 19 日至 6 月 28 日		1988 年 9 月 22 日至 10 月 22 日	
渔场	舟山渔场水深 40 ~ 60 m		温台渔场水深 55 ~ 80 m	
平均时产/kg	29.7	34.1	12.5	18.4
增长率/%		14.8		47.2

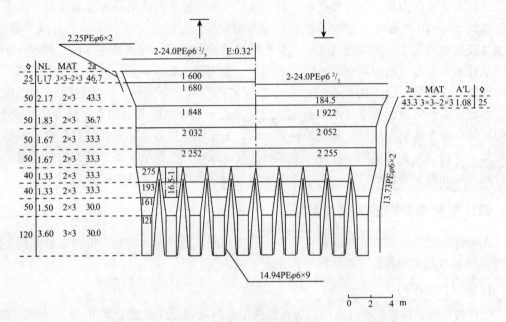

图 1-0-2 10 囊虾拖网网衣展开图（24 m/1 600 目 ×46.6）

2. 蟹流网

蟹流网也称梭子蟹流网，属漂流单片刺网，底层作业，一般以一艘船为一个作业单位，放网 80 ~ 120 片。24 马力[①]以下的小型流网船分布在沿岸浅海区作业，一般大、小潮汛均可生产，60 马力以上的大型流网船作业渔场偏外，一般在大潮汛作业。渔具主尺度为 18.00 m×3.52 m，网衣由直径 0.3 mm 的锦纶 23 特单丝编结，网衣横向 300 目，纵向 22 目，目大 160 mm，双死结，纵目使用。其作业方式如图 1-0-3 所示。蟹流网渔获质量好，产值高，具有较好的经济效益。

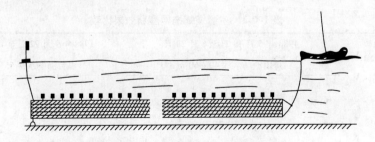

图 1-0-3 蟹流网作业示意图

---

① 1 马力 = 735.499 瓦。

3. 蟹笼

蟹笼属笼壶类渔具，是以饵料引诱蟹类入笼而捕获的被动性渔具，具有操作简便，能耗低，对渔船大小无特殊要求的优点。蟹笼多为圆柱形，笼的框架由钢筋构成，主尺度笼径 60 cm，笼高 25 cm，框架外罩网衣，网衣网目尺寸为 32 mm，在笼的侧面开设 3 个外大内小扁椭圆形的漏斗状开口，蟹进笼后就难以逃脱。80 年代以沿岸近海小船作业为主，主捕日本蟳（*Charybdis japonica*）。90 年代初由浙江水产学院与岱山县合作开发外海笼捕三疣梭子蟹（*Portunus trituberculatus*）试验成功，并得到迅速推广。一般一艘渔船携带蟹笼具 1 000 ~ 2 500 只，1977 年引用液压蟹笼起拨机之后，收笼速度提高，减轻了劳动强度，也提高了效益，每艘船携带的蟹笼数增至 3 000 ~ 5 000 只，个别渔船高达 7 000 只。由于渔船钢质化、大型化，功率和吨位增大，携带蟹笼数增多，捕捞强度加大，对蟹类资源造成强大的捕捞压力，为了保护蟹类资源和安全生产，1999 年浙江省发布了蟹笼作业管理条例，规定了蟹笼作业的禁渔期，核定单船携带蟹笼数不得超过 3 500 只。蟹笼和蟹流网一样，渔获质量好，易于暂养，商品价值高，对繁荣鲜活水产品市场和出口创汇起积极作用。但蟹笼作业大小蟹一起捕获，不利于资源保护，近年来一些学者开展蟹笼释放幼蟹的试验研究（吴常文，1996；张洪亮，2010），期望能得到推广应用。

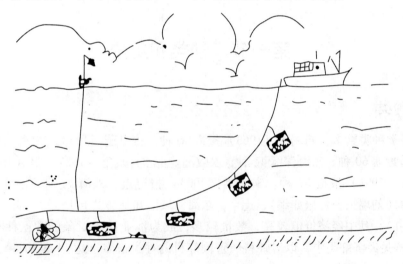

图 1-0-4 蟹笼作业示意图

第二章　东海虾类资源状况

第一节　种类和组成

一、种类

东海虾类种类繁多，刘瑞玉（1963）报道96种，董聿茂（1958，1959，1980，1986，1988）报道近海60种、东海深海41种，农牧渔业部水产局等（1987）报道106种，魏崇德和陈永寿（1991）报道67种。宋海棠（2003）报道近、外海71种，黄宗国（2008）报道143种（刘瑞玉，钟振如编），迄今，东海海域已知虾类共有156种，隶属于27科80属（表2-1-1），其中经济价值较高、数量较多，成为渔业捕捞对象的常见种有40余种。在40余种常见经济虾类中，以对虾科、管鞭虾科的种类最多，达14属37种，大多数为大中型虾类，如对虾属（*Penaeus*）、新对虾属（*Metapenaeus*）、仿对虾属（*Parapenaeopsis*）、鹰爪虾属（*Trachypenaeus*）、赤虾属（*Metapenaeopsis*）、拟对虾属（*Parapenaeus*）、管鞭虾属（*Solenocera*）等都为重要的经济种，群体数量较大，是东海近、外海主要的捕捞对象。长臂虾科的长臂虾属（*Palaemon*）、白虾属（*Exopalaeman*）也是沿岸渔业重要的捕捞对象。其他科的种类较少，群体数量也少。必须指出，樱虾科的中国毛虾（*Acetes chinensis*）属浮游性虾类，历来是沿岸海域的优势种，东海区最高年产量达300 kt（2006年），是重要的经济种之一。

表 2-1-1　东海虾类的科、属、种数

科		属	种	科		属	种
须虾科	Aristeidae	5	5	长眼虾科	Ogyrididae	1	2
管鞭虾科	Solenoceridae	2	6	藻虾科	Hippolytidae	6	12
对虾科	Penaeidae	12	31	长额虾科	Pandalidae	7	14
单肢虾科	Sicyonidae	1	2	褐虾科	Crangonidae	3	4
樱虾科	Sergestidae	2	8	镰虾科	Glyphocrangonidae	1	2
猬虾科	Stenopodidae	1	1	海螯虾科	Nephropsidae	3	4
玻璃虾科	Pasiphaeidae	5	10	阿蛄虾科	Axiidae	2	2
刺虾科	Oplophoridae	3	7	美人虾科	Callianassidae	1	1
剪足虾科	Psalidopodidae	1	1	泥虾科	Laomediidae	1	1
线足虾科	Nematocarcinidae	1	1	蝼蛄虾科	Upogebiidae	1	1
棒指虾科	Stylodactylidae	1	1	鞘虾科	Eryonidae	2	3
长臂虾科	Palaemonidae	5	16	龙虾科	Palinuridae	2	4
异指虾科	Processidae	2	2	蝉虾科	Scyllaridae	5	7
鼓虾科	Alpheidae	4	8				

二、组成

1. 重量百分组成

根据 1998—1999 年 4 个季度月的拖虾调查资料，自 26°00′—33°00′N，127°00′E 以西至 20 m 水深的东海大陆架海域，虾类种类的重量组成以假长缝拟对虾（*Parapenaeus fissuroides*）、长角赤虾（*Metapenaeopsis longirostris*）、葛氏长臂虾（*Palaemon gravieri*）、须赤虾（*Metapenaeopsis barbata*）最高，分别占虾类总重量组成的 14.8%、12.9%、12.6% 和 9.3%，其次是凹管鞭虾（*Solenocera koelbeli*）（5.9%）、中华管鞭虾（*S. crassicornis*）（5.7%）、鹰爪虾（*Trachypenaeus curvyrostris*）（5.6%）、大管鞭虾（*Solenocera melantho*）（5.2%）、哈氏仿对虾（*Parapenaeopsis hardwickii*）（4.8%）、戴氏赤虾（*Metapenaeopsis dalei*）（4.0%）。个体小的东海红虾（*Plesionika izumiae*）也占有较高的比重，达到 6.2%，高脊管鞭虾（*Solenocera alticarinata*）、细巧仿对虾（*Parapenaeopsis tenella*）也占有一定的比例，分别在 3.0% 左右（表 2-1-2）。上述 13 种虾占虾类总重量的 93%，是拖虾生产的主要捕捞对象，其他虾类数量较少。

不同海域，虾类重量组成不同，从表 2-1-2 看出，北部海域以葛氏长臂虾、哈氏仿对虾、中华管鞭虾为主，占虾类重量组成 70.1%，其次是细巧仿对虾和鹰爪虾；中部海域以须赤虾、假长缝拟对虾、东海红虾、大管鞭虾、长角赤虾、凹管鞭虾为主，占虾类重量组成 71.3%，其次是鹰爪虾、戴氏赤虾；南部海域以长角赤虾、假长缝拟对虾、高脊管鞭虾、中华管鞭虾、凹管鞭虾为主，占虾类重量组成 74.7%，其次是鹰爪虾。可以看出，北部海域虾类的优势种类较少，而中部和南部海域虾类的优势种类较多，北部海域数量最多

表 2-1-2　东海大陆架虾类重量百分组成（％）

种　　类		全海区 26°—33°N	北 部 31°—33°N	中 部 28°—31°N	南 部 26°—28°N
假长缝拟对虾	Parapenaeus fissuroides	14.8	1.8	16.2	23.4
长角赤虾	Metapenaeopsis longirostris	12.9	—	8.8	31.9
葛氏长臂虾	Palaemon gravieri	12.6	45.4	4.3	0.1
须赤虾	Metapenaeopsis barbata	9.3	0.1	17.3	1.9
东海红虾	Plesionika izumiae	6.2	1.4	11.5	0.3
凹管鞭虾	Solenocera koelbeli	5.9	0.5	8.6	5.6
中华管鞭虾	Solenoceri crassicornis	5.7	11.0	3.0	5.9
鹰爪虾	Trachypenaeus curvirostris	5.6	5.6	5.8	5.2
大管鞭虾	Solenocera melantho	5.2	0.2	8.9	3.1
哈氏仿对虾	Parapenaeopsis hardwickii	4.8	13.7	2.5	1.4
戴氏赤虾	Metapenaeopsis dalei	4.0	0.7	5.4	4.2
高脊管鞭虾	Solenocera alticarinata	3.1	2.2	1.2	7.9
细巧仿对虾	Parapenaeopsis tenella	3.0	6.2	3.2	—
九齿扇虾	Ibacus novemdentatus	1.4	0.1	0.2	4.7
脊腹褐虾	Crangon affinis	1.0	4.2	0.1	—
红斑后海螯虾	Metanephropa thompsoni	0.9	4.0	—	—
日本囊对虾	Marsupenaeus japonicus	0.7	0.3	0.2	1.6
日本鼓虾	Alpheus japonicus	0.6	1.0	0.7	0.1
滑脊等腕虾	Heterocarpoides laevicarina	0.4	0.2	0.6	0.4
周氏新对虾	Metapenaeus joyneri	0.3	0.6	0.3	0.1
鲜明鼓虾	Alpheus distinguendus	0.2	0.7	0.2	—
日本单肢虾	Sicyonia japonicus	0.2	—	0.2	0.3
扁足异对虾	Atypopenaeus stenodactylus	0.1	—	0.2	0.1
其 他	Other	1.1	0.1	0.6	1.8

的葛氏长臂虾、脊腹褐虾在南部海域极少分布，而南部海域数量最多的长角赤虾在北部海域极少有出现，这与海洋环境和虾类的生态属性密切相关。

不同季节虾类的重量组成各不相同，春季以假长缝拟对虾、须赤虾、长角赤虾为主，占虾类总重量的 18.6%、13.8%、13.2%，其次是中华管鞭虾（7.9%）、葛氏长臂虾（7.7%）；夏季以长角赤虾、东海红虾、假长缝拟对虾为主，占虾类总重量的 20.2%、15.3%、11.6%，其次是须赤虾（9.5%）、大管鞭虾（9.3%）；秋季以葛氏长臂虾、凹管鞭虾、假长缝拟对虾、哈氏仿对虾为主，占虾类总重量的 17.9%、12.7%、11.3%、10.6%，其次是长角赤虾（7.1%）、中华管鞭虾（6.6%）；冬季以葛氏长臂虾、假长缝拟对虾为主，占虾类总重量的 21.3%、19.1%，其次是长角赤虾（9.6%）、须赤虾

（9.5%）和哈氏仿对虾（7.5%）（图2-1-1）。

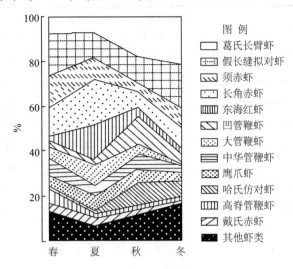

图 2-1-1 主要经济虾类重量组成的季节变化

2. 个数百分组成

表2-1-3是东海大陆架虾类个数的百分组成，从全调查区看，个数最多的为东海红虾、长角赤虾、葛氏长臂虾、细巧仿对虾，分别占虾类总个数的18.6%、17.9%、17.1%、10.1%，其次是假长缝拟对虾（7.2%）、须赤虾（6.5%）、戴氏赤虾（4.1%）、凹管鞭虾（3.4%）、中华管鞭虾（3.3%）、哈氏仿对虾（3.2%）、鹰爪虾（2.2%），大管鞭虾（1.6%），上述12种虾类占虾类总个数95.2%，其他虾类除脊腹褐虾、日本鼓虾各占1.2%外，其余都在1.0%以下。

不同海域虾类个数百分组成不同，北部海域（31°00′—33°00′N）以葛氏长臂虾、细巧仿对虾为主，分别占虾类总个数48.6%和21.3%，其次是哈氏仿对虾（8.7%）、中华管鞭虾（6.7%）、脊腹褐虾（4.3%）、东海红虾（3.1%）、鹰爪虾（2.3%），中部海域（28°00′—31°00′N）以东海红虾、长角赤虾、须赤虾为主，各占虾类总个数的31.4%、11.6%、11.0%，其次是假长缝拟对虾（8.3%）、细巧仿对虾（8.0%）、葛氏长臂虾（7.9%）、凹管鞭虾（5.1%）、戴氏赤虾（5.1%）；南部海域（26°00′—28°00′N）以长角赤虾、假长缝拟对虾为主，各占虾类总个数64.3%和13.5%，其次是戴氏赤虾（6.0%）、中华管鞭虾（3.3%）、凹管鞭虾（3.0%）、高脊管鞭虾（2.3%）、鹰爪虾（2.2%）（表2-1-3）。

表 2-1-3　东海大陆架虾类个数百分组成（%）

种　　类		全调查区 26°—33°N	北　部 31°—33°N	中　部 28°—31°N	南　部 26°—28°N
东海红虾	*Plesionika izumiae*	18.62	3.12	31.37	1.12
长角赤虾	*Metapenaeopsis longirostris*	17.94	—	11.62	64.34
葛氏长臂虾	*Palaemon gravieri*	17.13	48.60	7.85	0.11

续表

种 类		全调查区 26°—33°N	北 部 31°—33°N	中 部 28°—31°N	南 部 26°—28°N
细巧仿对虾	*Parapenaeopsis tenella*	10. 07	21. 28	8. 02	0. 01
假长缝拟对虾	*Parapenaeus fissuroides*	7. 23	0. 67	8. 32	13. 46
须赤虾	*Metapenaeopsis barbata*	6. 50	—	11. 03	1. 71
戴氏赤虾	*Metapenaeopsis dalei*	4. 12	0. 78	5. 08	5. 98
凹管鞭虾	*Solenocera koelbeli*	3. 40	0. 09	5. 09	2. 95
中华管鞭虾	*Solenoceri crassicornis*	3. 27	6. 72	1. 66	3. 29
哈氏仿对虾	*Parapenaeopsis hardwickii*	3. 19	8. 66	1. 47	0. 54
鹰爪虾	*Trachypenaeus curvirostris*	2. 23	2. 25	2. 22	2. 21
大管鞭虾	*Solenocera melantho*	1. 58	—	2. 61	0. 66
脊腹褐虾	*Crangon affinis*	1. 18	4. 30	0. 10	—
日本鼓虾	*Alpheus japonicus*	1. 15	1. 68	1. 25	0. 03
高脊管鞭虾	*Solenocera alticarinata*	0. 62	0. 22	0. 29	2. 27
滑脊等腕虾	*Heterocarpoides laevicarina*	0. 57	0. 20	0. 70	0. 72
扁足异对虾	*Atypopenaeus stenodactylus*	0. 21	—	0. 36	0. 05
鲜明鼓虾	*Alpheus distinguendus*	0. 18	0. 46	0. 11	—
红斑后海螯虾	*Metanephropa thompsoni*	0. 12	0. 47	—	—
周氏新对虾	*Metapenaeus joyneri*	0. 09	0. 18	0. 08	0. 01
九齿扇虾	*Ibacus novemdentatus*	0. 05	—	—	0. 25
日本单肢虾	*Sicyonia japonicus*	0. 02	—	0. 02	0. 06
日本囊对虾	*Marsupenaeus japonicus*	0. 02	0. 03	0. 01	0. 05
其 他	Other	0. 51	0. 29	0. 74	0. 18

3. 优势种

由于虾类个体大小差异较大，采用 Pinkas 提出的相对重要性指数（IRI）来分析虾类的优势种，公式为

$$IRI = (W\% + N\%) \times F\%$$

式中：W——某个种类的重量在总渔获重量中所占的百分比；

N——某个种类的尾数占总渔获尾数中的百分比；

F——某个种类在拖网总次数中出现的频率。

计算结果将 IRI 为 100 以上的列为本海区的优势种，全调查区的优势种有 13 种（表 2-1-4），其中 IRI 在 1 000 以上的有东海红虾、假长缝拟对虾、葛氏长臂虾、长角赤虾 4 种，IRI 在 300～1 000 有须赤虾、细巧仿对虾、中华管鞭虾、戴氏赤虾、鹰爪虾、凹管鞭虾 6 种，IRI 在 100～300 的有哈氏仿对虾、大管鞭虾、高脊管鞭虾 3 种。由于东海虾类分布的区域性较明显，不同海域的优势种也有差别，北部海域（31°00′—33°00′N）优势种仅有 6 种，从高到低依次排列为葛氏长臂虾、细巧仿对虾、哈氏仿对虾、中华管鞭虾、鹰爪虾和东海红虾，中部海域（28°00′—31°00′N）优势种种数较多，IRI在1 000以上的有东海红虾、须赤虾、假长缝拟对虾3种，IRI在300～1 000的有长角赤虾、戴氏赤虾、凹管鞭虾、大管鞭虾、细巧仿对虾、鹰爪虾6种，IRI在100～300的有葛氏长臂虾、中华管鞭虾2种，南部海域（26°00′—28°00′N）优势种数也较少，仅有7种，依次排列为长角赤虾、假长缝拟对虾、戴氏赤虾、高脊管鞭虾、中华管鞭虾、凹管鞭虾、须赤虾。

表2-1-4　东海大陆架虾类的相对重要性指数（IRI）

种　　类		全调查区 /IRI	北部海域 /IRI	中部海域 /IRI	南部海域 /IRI
东海红虾	*Plesionika izumiae*	1 446	148	3 923	46
假长缝拟对虾	*Parapenaeus fissuroides*	1 288	69	1 814	2 519
葛氏长臂虾	*Palaemon gravieri*	1 137	8 393	267	1
长角赤虾	*Metapenaeopsis longirostris*	1 113	—	970	5 695
须赤虾	*Metapenaeopsis barbata*	618	—	1 912	132
细巧仿对虾	*Parapenaeopsis tenella*	551	2 061	488	—
中华管鞭虾	*Solenoceri crassicornis*	431	1 519	137	322
戴氏赤虾	*Metapenaeopsis dalei*	411	33	739	509
鹰爪虾	*Trachypenaeus curvirostris*	390	544	361	259
凹管鞭虾	*Solenocera koelbeli*	307	8	691	306
哈氏仿对虾	*Parapenaeopsis hardwickii*	283	1 565	93	34
大管鞭虾	*Solenocera melantho*	175	—	576	75
高脊管鞭虾	*Solenocera alticarinata*	116	57	51	364

第二节　数量分布和渔场渔期

一、虾类总渔获量的数量分布

虾类的数量分布，可以用单位时间的渔获量（渔获率），或称资源密度指数来表示，它反映了不同海域虾类资源分布的相对数量，也反映了不同季节的数量变化规律。根据东海虾类资源调查资料，调查时间为1998年5月、8月、11月和1999年2月，调查范围为26°00′—33°00′N，20 m水深以东，127°00′E以西海域，共115个调查站位，调查船为群众拖虾生产船（100 t，186.425 kW），调查网具为桁杆拖虾网，桁杆长度28 m，囊袋8个，拖速2 km/h。全调查区虾类渔获率年平均值为9.6 kg/h，其中中部海域较高，为11.0 kg/h，其次是南部海域（9.8 kg/h），北部海域较低，为7.4 kg/h。

1. 季节变化和区域变化

从季节变化来看，东海虾类渔获率春、夏、秋三季都较高，达到 10 kg/h 以上，冬季较低，只有 6.8 kg/h（表 2-2-1）。不同海域虾类渔获率高峰期不同，北部海域高峰期出现在秋季（12.4 kg/h）；其次是春季和冬季，夏季最低（2.5 kg/h）；中部海域高峰期出现在夏季（15.1 kg/h），其次是春季和秋季，冬季较低（7.2 kg/h）；南部海域高峰期出现在春、夏季（13.4 kg/h，12.5 kg/h），秋、冬季较低（7.8 kg/h，5.4 kg/h）（图 2-2-1）。

表 2-2-1 虾类渔获率的季节变化和区域变化

调查海域	拖网站位	春 季 kg/h	夏 季 kg/h	秋 季 kg/h	冬 季 kg/h	平 均 kg/h
北 部 31°00′—33°00′N	35	7.0	2.5	12.4	7.6	7.4
中 部 28°00′—31°00′N	50	11.4	15.1	10.4	7.2	11.0
南 部 26°00′—28°00′N	30	13.4	12.5	7.8	5.4	9.8
全海域 26°00′—33°00′N	115	10.6	10.6	10.2	6.8	9.6

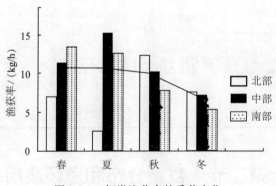

图 2-2-1 虾类渔获率的季节变化

2. 时空分布

图 2-2-2 至图 2-2-5 是春、夏、秋、冬四季虾类渔获率的分布状况，春季（5 月），10 kg/h 以上的高密度分布区主要出现在舟山渔场以南海域，在 30°30′N 以北海域，除近岸和外侧少数站位较高外，其余站位都较低。夏季（8 月），10 kg/h 以上高密度分布区仍然集中在舟山渔场以南海域，在 31°00′N 以北海域，没有高密度分布区，渔获率只有 1~5 kg/h。秋季（11 月），10 kg/h 以上的高密度分布区趋向调查区南北两端分布，即在 31°00′N 以北和 29°30′N 以南海域相对较高，中部海域较低。冬季（翌年 2 月），整个调查区虾类资源密度分布比较均匀，但大于 30 kg/h 的高密度分布区没有出现，总渔获量也比较少。

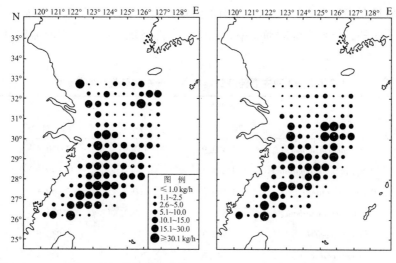

图 2-2-2 1998 年 5 月虾类渔获率分布　图 2-2-3 1998 年 8 月虾类渔获率分布

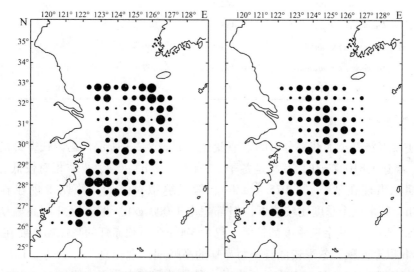

图 2-2-4 1998 年 11 月虾类渔获率分布　图 2-2-5 1999 年 2 月虾类渔获率分布

二、主要经济种的数量分布

东海 13 种虾类优势种中，除了经济价值不高的小型虾类东海红虾、细巧仿对虾外，其余 11 种都是经济价值较高的中型虾类，加上大型虾类日本囊对虾（*Marsupenaeus japonicus*）共 12 种，这 12 种大中型虾类是东海拖虾生产主要的捕捞对象，是主要经济种，其数量分布列于表 2-2-2，从表中看出，全海区单位时间渔获量（渔获率）以假长缝拟对虾的最高，达到 1 404 g/h，其次是长角赤虾、葛氏长臂虾和须赤虾，分别为 1 225 g/h、1 196 g/h 和 880 g/h，凹管鞭虾、中华管鞭虾、鹰爪虾、大管鞭虾和哈氏仿对虾分别在 500 g/h 左右，日本囊对虾较低，只有 66 g/h。从主要经济虾类的区域分布看，葛氏长臂虾、哈氏仿对虾、中华管鞭虾以北部海域的渔获率最高，南部海域较低，尤其是葛氏长臂虾，北部海域渔获率达到 3 260 g/h，而南部海域只有 0.1 g/h。假长缝拟对虾、凹管鞭虾、大管鞭虾、须赤虾、长角赤虾的渔获率，以中、南部海域较高，北部海域较低或没有出现（表 2-2-2）。

表 2-2-2　12 种主要经济虾类的数量分布和区域分布（g/h）

种　　类		全调查区 26°—33°N	北　部 31°—33°N	中　部 28°—31°N	南　部 26°—28°N
假长缝拟对虾	*Parapenaeus fissuroides*	1 403.9	127.9	1 770.4	2 281.9
长角赤虾	*Metapenaeopsis longirostris*	1 224.5	—	949.5	3 111.2
葛氏长臂虾	*Palaemon gravieri*	1 196.3	3 260.3	469.1	0.1
须赤虾	*Metapenaeopsis barbata*	879.9	0.1	1 912.9	184.6
凹管鞭虾	*Solenocera koelbeli*	562.3	35.9	943.5	540.9
中华管鞭虾	*Solenoceri crassicornis*	541.6	791.9	325.4	609.7
鹰爪虾	*Trachypenaeus curvirostris*	528.2	398.7	631.5	507.2
大管鞭虾	*Solenocera melantho*	492.4	0.2	970.6	269.8
哈氏仿对虾	*Parapenaeopsis hardwickii*	455.0	985.7	275.7	134.5
戴氏赤虾	*Metapenaeopsis dalei*	378.6	50.4	587.1	414.2
高脊管鞭虾	*Solenocera alticarinata*	292.8	157.0	131.4	720.3
日本囊对虾	*Marsupenaeus japonicus*	65.9	21.3	18.3	197.7

1. 季节变化

12 种主要经济虾类渔获率分布的季节变化，如表 2-2-3 所示，葛氏长臂虾的高峰期出现在秋季，高达 1 810.7 g/h，其次是冬季（1 430.1 g/h），春、夏季相对较低。哈氏仿对虾的高峰期也出现在秋季（1 075.4 g/h），假长缝拟对虾的高峰期出现在春季，高达 1 964.2 g/h，其余三个季度比较接近，但都超出 1 000 g/h。凹管鞭虾的高峰期出现在秋季，为 1 283.8 g/h，其余三季度都较低，约为 300 g/h。须赤虾的高峰期主要在春、夏季，在 1 000 g/h 以上，秋、冬季较低。长角赤虾的高峰期出现在夏季，高达 2 135.7 g/h，其次是春季（1 397 g/h），秋、冬季较低，其余种类的季节变化不太明显。

表 2-2-3　主要经济虾类渔获率的季节变化（g/h）

种　类		春　季	夏　季	秋　季	冬　季
日本囊对虾	*Marsupenaeus japonicus*	57.5	136.5	36.1	33.6
哈氏仿对虾	*Parapenaeus hardwickii*	168.0	75.5	1 075.4	501.0
葛氏长臂虾	*Palaemon gravieri*	814.0	730.1	1 810.7	1 430.1
中华管鞭虾	*Solenocera crassicornis*	838.5	438.9	664.8	224.1
鹰爪虾	*Trachypenaeus curvirostris*	479.1	813.7	600.8	219.2
戴氏赤虾	*Metapenaeopsis dalei*	443.4	405.0	179.2	54.7

续表

种 类		春 季	夏 季	秋 季	冬 季
高脊管鞭虾	*Solenocera alticarinata*	639.4	171.1	243.5	117.4
大管鞭虾	*Solenocera melantho*	497.3	984.0	430.0	57.9
凹管鞭虾	*Solenocera koelbeli*	331.0	310.3	1 283.8	324.0
假长缝拟对虾	*Parapenaeus fissuroides*	1 964.2	1 224.8	1 145.4	1 281.2
须赤虾	*Metapenaeopsis barbata*	1 459.1	1 003.4	421.8	635.2
长角赤虾	*Metapenaeopsis longirostris*	1 397.8	2 135.7	719.7	644.5

2. 时空分布

根据12种主要经济虾类分布水深、分布渔场（表2-2-4）和不同季节密集分布中心的变动状况，可归纳出以下3个特征。

（1）南、北分布区域性明显的种类。如葛氏长臂虾和长角赤虾的分布海域截然不同，葛氏长臂虾集中分布在30°00′N以北海域，从水深20～100 m（122°00′—127°00′E）都有分布，春、夏季密集分布区主要集中在近岸海域，秋、冬季密集分布于外侧海域。30°00′N以南海域，仅春、夏季内侧海域有少量分布，外侧海域基本没有分布。长角赤虾集中分布在30°00′N以南，水深60～120 m一带海域，其密集分布区在100 m水深附近，而且比较稳定，季节移动变化不明显。30°00′N以北仅外侧海域有少量分布。

（2）分布在30°00′N以北广阔海域和南部沿岸海域的种类。如哈氏仿对虾、中华管鞭虾、鹰爪虾等3种主要经济虾类都分布在同一海域，即在30°00′N以北，水深20～100 m的广阔海域和30°00′N以南20～60 m水深的沿岸海域，但其密集分布区的季节变化各不相同。哈氏仿对虾春、夏季密集区不明显，数量少，秋季出现数量高峰，密集分布区在北部海域，冬季密集中心向外侧海域偏南方向移动。中华管鞭虾春季密集分布区在北部外侧海域和南部近海，夏、秋季比较分散，并向近海移动，冬季只有南部近海有较密集分布，其他海域数量少。鹰爪虾春、夏季向近海集聚，密集分布在舟山渔场和南部近海，秋季向外侧海域移动，在北部外侧海域和南部近海有较密集分布，冬季没有密集分布区出现。

（3）分布在60 m水深以东海域的种类。如假长缝拟对虾、须赤虾、凹管鞭虾、大管鞭虾、高脊管鞭虾等主要经济虾类都分布在60 m水深以东海域。假长缝拟对虾的密集分布区在100 m水深附近海域，与长角赤虾的分布趋势相近。须赤虾的密集分布区主要在台湾暖流的峰舌区，即在舟山渔场、鱼山渔场一带海域。凹管鞭虾的密集分布区在30°00′N以南60～70 m水深一带海域。大管鞭虾春、夏季有两个比较密集的分布区，一是舟外渔场，另一个在鱼山渔场，夏、秋季在闽东渔场也有密集分布中心出现，冬季数量少，没有出现密集中心。

从主要经济虾类的分布状况，把调查区南北以30°00′N为界，东西以60 m等深线附近为界，划分为A、B、C、D四个区（图2-2-6），即葛氏长臂虾分布在A、B区，长角赤虾分布在D区，哈氏仿对虾、中华管鞭虾、鹰爪虾分布在A、B、C区，假长缝拟对虾、凹管鞭虾、大管鞭虾、高脊管鞭虾分布在D、B区。

表 2-2-4　主要经济虾类的分布水深和分布渔场

种　类	分布水深	分布渔场	高峰季节
葛氏长臂虾	20～100 m	舟山、长江口渔场，江外、大沙、沙外渔场	秋冬季
哈氏仿对虾	北部：20～100 m	长江口、江外、大沙、沙外渔场	秋冬季
	南部：20～60 m	舟山、鱼山、温台、闽东渔场内侧	
中华管鞭虾	北部：20～100 m	长江口、江外、大沙、沙外渔场	夏秋季
	南部：20～60 m	舟山、鱼山、温台、闽东渔场内侧	
鹰爪虾	北部：40～100 m	长江口、江外、大沙、沙外、舟山、舟外渔场	夏　季
	南部：40～60 m	鱼山、温台、闽东渔场内侧	
戴氏赤虾	40～70 m	长江口、舟山、舟外、鱼山、温台、闽东渔场	春夏季
日本囊对虾	20～70 m	大沙、长江口、舟山、舟外、鱼山、温台、闽东渔场	夏秋季
假长缝拟对虾	60～120 m	舟外、鱼山、鱼外、温台、闽东渔场	春夏季
凹管鞭虾	60～120 m	舟山、舟外、鱼山、温台、闽东渔场	夏秋季
大管鞭虾	60～120 m	舟外、鱼山、温台、闽东渔场	夏秋季
高脊管鞭虾	60～120 m	沙外、江外、舟山、舟外、鱼山、鱼外、温台、闽东渔场	春　季
须赤虾	60～100 m	舟山、舟外、鱼山、温台、闽东渔场	春夏季
长角赤虾	60～120 m	鱼山、鱼外、温台、闽东渔场	春夏季

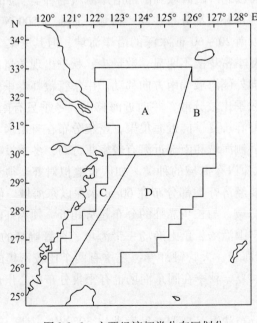

图 2-2-6　主要经济虾类分布区划分

三、渔场和渔期

东海近、外海虾类资源丰富，优势种类多，不同种类交替出现，因此，拖虾生产季节较长，几乎全年都可作业。由于不同海域优势种类出现的数量高峰期不同，不同种类成长期和成熟期不同，其渔期和渔场也不相同。根据主要经济虾类的分布状况以及渔民拖虾生产实践，归纳出本海区拖虾生产有以下六大渔汛（图 2-2-7）。

1. 春、秋季葛氏长臂虾汛

春季以捕捞葛氏长臂虾生殖群体为主，渔期 3—5 月，渔场在吕泗、长江口渔场及舟山渔场近岸水域。秋季以捕当年生的索饵群体为主，同时兼捕中华管鞭虾、哈氏仿对虾，渔场在 30°00′N 以北外侧海域。

2. 夏季鹰爪虾汛

夏季主要捕捞鹰爪虾的产卵群体，也兼捕戴氏赤虾，渔期 5—8 月，渔场在近海 40 ~ 65 m 水深海域。

3. 夏、秋季管鞭虾汛

夏、秋季以捕捞凹管鞭虾、大管鞭虾、高脊管鞭虾为主，也捕假长缝拟对虾、须赤虾，渔期 6—9 月，渔场在 60 m 水深以东海域，是全年最大的捕虾汛期。

4. 秋季日本囊对虾汛

以捕日本囊对虾为主，也捕中华管鞭虾，渔期 8—11 月，渔场在长江口以南的东海近海 40 ~ 70 m 水深海域。

5. 秋、冬季哈氏仿对虾汛

秋冬季以捕哈氏仿对虾为主，也兼捕鹰爪虾、葛氏长臂虾、中华管鞭虾，渔期 10 月至翌年 2 月，渔场在近海 40 ~ 70 m 水深海域。

6. 冬、春季拟对虾汛

以捕假长缝拟对虾和长角赤虾为主，渔期 12 月至翌年 4 月，渔场在温台、闽东渔场 60 m 水深以东海域。

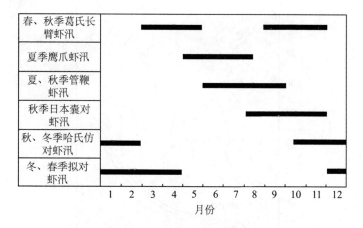

图 2-2-7　东海拖虾作业渔汛期

第三节　海洋环境与虾类生态群落特征

一、海洋环境

海洋环境与虾类的生态群落的关系十分密切。东海大陆架海域，分布着三股不同性质的水系，西部沿岸海域受江河径流注入的影响，形成广温、低盐的沿岸水系；东部和东南部受黑潮暖流及其分支台湾暖流、黄海暖流的影响，分布着高温、高盐水系，由上述两股水系交汇混合变性而成的混合水，其性质为广温、广盐；北部有低温、高盐的南黄海深层冷水楔入，三股水系互相交汇，混合水区广阔（图2-3-1），各种生态类群的虾类资源丰富。夏季台湾暖流势力强盛，向北推进，盐度34等盐线舌峰沿123°30′E越过31°00′N，30°00′N以南海域都在高盐水控制下，底层水温除东北部较低（13～18℃）外，其余海域都在18～25℃（图2-3-2）。冬季台湾暖流势力减弱，向南退缩，盐度34高盐水除舌峰维持在30°30′N附近外，分布范围明显变窄，盐度30～33混合水区明显扩大，30°00′N以北海域底层水温为10～14℃，30°00′N以南海域为15～19℃（图2-3-3）。上述夏季和冬季本海区高盐水的分布状况，年际其强度虽有差异，但从总体上看，30°00′N以南海域，周年基本上在34以上的高盐水控制下，水温比较高，夏季和冬季温差变化较小，适宜高温高盐生态属性的虾类栖息。30°00′N以北海域，盐度在34以下，从30～33都有分布，与沿岸水域的盐度分布相似，水温变化幅度也较大，适宜广温广盐生态属性的虾类栖息。近岸与河口、港湾水域适合广温、低盐生态属性的虾类栖息。

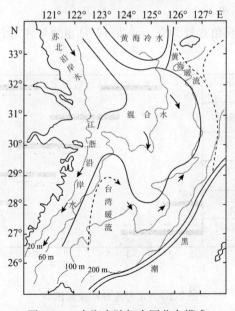

图2-3-1　东海大陆架水团分布模式

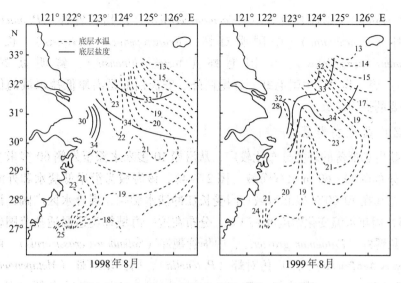

图 2-3-2　东海大陆架夏季底层水温、盐度分布

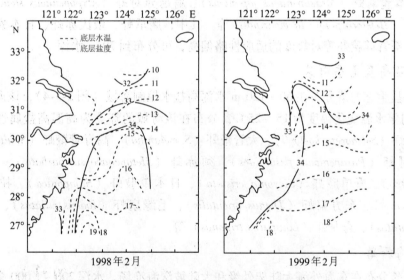

图 2-3-3　东海大陆架冬季底层水温、盐度分布

二、生态群落

根据虾类分布水深、分布海域的水温、盐度性质，将本海区虾类划分为以下 4 个生态群落。

1. 广温低盐生态群落

广温低盐生态群落分布在 30 m 水深以西的河口、港湾、岛屿周围的沿岸水域，该水域在沿岸低盐水控制下，底层盐度在 25 以下，底层水温变化幅度较大，在 6~26℃，这一海域是广温、低盐虾类的分布区（图 2-3-4）。属本生态群落的虾类主要有安氏白虾（*Exopalaemon annandalei*）、脊尾白虾（*E. carinicauda*）、细螯虾（*Leptochela gracilis*）、鞭腕虾（*Lysmata vittata*）、锯齿长臂虾（*Palaemon serrifer*）、巨指长臂虾（*P. macrodactylus*）、敖氏长臂虾（*P. ortmanni*）、中国明对虾（*Fenneropenaeus chinensis*）、长毛明对虾（*Fenneropenaeus penicillatus*）、中国毛虾（*Acetes chinensis*）、鲜明鼓虾（*Alpheus distinguendus*）等。其中，中国毛虾、脊尾白虾、安氏白虾是沿岸低盐水域的优势种，是沿岸渔业重要的捕捞对象。

2. 广温广盐生态群落

广温广盐生态群落的虾类分布比较广，从沿岸10多米水深至外侧60多米水深都有分布，但主要分布在30~60 m水深海域（图2-3-4），该海域为沿岸低盐水和外海高盐水的混合水区，尤其在30°00′N以北海域，因受长江冲淡水影响，混合水区广阔，该海域盐度为25~33.5，周年水温变化幅度8~24℃，分布在这一海域虾类适温适盐范围较广，主要种类有葛氏长臂虾（*Palaemon gravieri*）、中华管鞭虾（*Solenocera crassicornis*）、哈氏仿对虾（*Parapenaeopsis hardwickii*）、细巧仿对虾（*P. tenella*）、周氏新对虾（*Metapenaeus joyneri*）、刀额新对虾（*M. ensis*）、鹰爪虾（*Trachypenaeus curvirostris*）、戴氏赤虾（*Metapenaeopsis dalei*）、日本囊对虾（*Marsupenaeus japonicus*）、扁足异对虾（*Atypopenaeus stenodactylus*）、滑脊等腕虾（*Heterocarpoides laevicarina*）等。其中，鹰爪虾、戴氏赤虾、日本囊对虾、扁足异对虾、滑脊等腕虾等对盐度的适应性略偏高，可分布到70 m水深。

3. 高温高盐生态群落

高温高盐生态群落分布在60~120 m水深高盐水控制海域（图2-3-4），该海域盐度在34以上，周年水温变化幅度为15~25℃，分布在该海域的虾类为高温高盐属性。主要种类有凹管鞭虾（*Solenocera koelbeli*）、大管鞭虾（*S. melantho*）、高脊管鞭虾（*S. alticarinata*）、假长缝拟对虾（*Parapenaeus fissuroides*）、须赤虾（*Metapenaeopsis barbata*）、长角赤虾（*M. longirostris*）、脊单肢虾（*Sicyonia cristata*）、日本单肢虾（*S. japonica*）、拉氏爱琴虾（*Aegaeon lacazei*）、东方扁虾（*Thenus orientalis*）、毛缘扇虾（*Ibacus ciliatus*）、九齿扇虾（*I. novemdentatus*）、脊龙虾（*Linuparus trigonus*）等。

4. 深海群落

深海群落分布在东海外海大陆架外缘和大陆坡深海渔场，水深200~1 000多米，处在黑潮主干和它的边缘，近底层水温分布因水深而差异大，深水区温度很低，最低水温为5.4℃，浅水区为高温区，底层盐度大都在34.5以上，根据董聿茂（1988）分析了120~1 100 m水深海域的虾类标本，有许多种类是东海大陆架浅海见不到的深海种。如须对虾科的拟须虾（*Aristaeomorpha foliacea*）、长带近对虾（*Plesiopenaeus edwardsiana*）、绿须虾（*Aristeus virilis*）、粗足假须虾（*Pseudaristeus crassipes*）、高脊深对虾（*Benthesieymus altus*），玻璃虾科的太平洋玻璃虾（*Pasiphaea pacifica*）、日本玻璃虾（*P. japonica*）、沟额拟玻璃虾（*Parapasiphaea sulcatifrons*）、雕玻虾（*Glyphus marsupialis*）、叶额真玻璃虾（*Eupasiphae latirostris*）。刺虾科的典型刺虾（*Oplophorus typus*）、短弯角棘虾（*Acanthephyra curtirostris*）、长角棘虾（*A. armata*）、弯额棘虾（*A. angusta*）、脊甲棘虾（*A. carinata*）、短角弓背虾（*Notostomns brevirostris*）、长角弓背虾（*N. longirostris*）。剪足虾科的栗刺剪足虾（*Psalidopus huxleyi*），线足虾科的波形线足虾（*Nematocarcinus undulatipes*），长额虾科的长足红虾（*Plesionika martis*）、齿额红虾（*P. dentirostris*）、广大仿长额虾（*Panddalopsis amplus*）、刺足拟长额虾（*Parapandalus spinipes*）、东方异腕虾（*Heterocarpus sibogae*）、背刺异腕虾（*H. dorsalis*）、驼背异腕虾（*H. gibbosus*），镰虾科的戟尾镰虾（*Glyphocrangon hastacauda*）、粗镰虾（*G. regalis*），海螯虾科的细掌刺海螯虾（*Acanthocaris tenuimana*）、日本后海螯虾（*Metanephrops japonicus*）、史氏拟海螯虾（*Nephropsis stewarti*），鞘虾科的安达曼硬鞭虾（*Stereomastis andamanensis*）、细刺多螯虾（*Polycheles baccatus*）等，都分布在 300～900 m 水深海域。

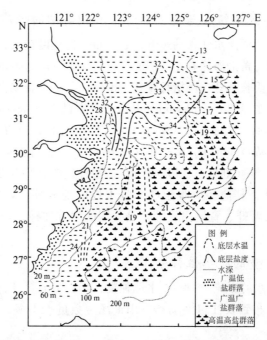

图 2-3-4　1999 年夏季温、盐度与虾类生态群落分布

三、区系特征

东海大陆架海域，虽然地处北温带，但由于受黑潮暖流及其分支台湾暖流、黄海暖流和对马暖流的影响，虾类种类组成以热带和亚热带暖水种占优势，同时由于西部沿岸水系和北面黄海冷水的存在，虾类区系的性质表现出以下特征。

1. 热带暖水种占优势

东海大陆架南部及外海，受黑潮暖流、台湾暖流、黄海暖流和对马暖流的影响，水温、盐度高，热带暖水种多，如前面提到的分布在 60～120 m 水深海域的高温、高盐生态群落都属热带暖水种，其分布北界在舟山渔场、舟外渔场和江外渔场，越往南暖水性种类和数量越多，尤其在外海大陆架外缘陆坡深海，分布着广分布的深海种，如上述提到的须对虾科、玻璃虾科、刺虾科、剪足虾科、线足虾科、长额虾科、镰虾科、海螯虾科、鞘虾科的种类，都属亚热带—热带暖水种。在近海广温、广盐生态群落中分布着热带近岸种，如斑节对虾（*Penaeus monodon*）、短沟对虾（*P. semisulcatus*）、长毛明对虾、刀额新对虾、脊额外鞭腕虾（*Exhippolysmata ensirostris*）、太平长臂虾（*Palaemon pacificus*）等，这些种类的分布区不越过长江口渔场，但也有的暖水种，如日本囊对虾、哈氏仿对虾、中华管鞭虾、细巧仿对虾、周氏新对虾、长眼对虾、日本毛虾等可越过长江口渔场，分布到黄海。鹰爪虾在黄、渤海区都有分布。上述种类，与南海虾类相同，为热带亚热带的常见种（刘瑞玉等，1988）。而且对虾总科中的种类，如凹管鞭虾、大管鞭虾、中华管鞭虾、高脊管鞭虾、假长缝拟对虾、须赤虾、哈氏仿对虾、鹰爪虾、日本囊对虾、戴氏赤虾、长角赤虾等，群体数量较大，是本海区渔业生产重要的捕捞对象。

2. 沿岸海区虾类区系组成与黄、渤海区有相类似的性质

由于受大陆气候和江河淡水注入的影响，温度年变化幅度较大，盐度值较低，因此沿岸海区的虾类区系组成与黄渤海区有相类似的性质。如本海区与黄渤海区的共有种为：中国对虾、中国毛虾、葛氏长臂虾、巨指长臂虾、锯齿长臂虾、脊尾白虾、安氏白虾、鲜明鼓虾、细螯虾、东方长眼虾（*Ogyrides orientalis*）、日本鼓虾（*Alpheus japonicus*）、短脊鼓虾（*A. brevicristatus*）、刺螯鼓虾（*A. hoplocheles*）、长足七腕虾（*Heptacarpus futilirostris*）、疣背宽额虾（*Latreutrs planirostris*）、水母虾（*L. anoplonyx*）、脊腹褐虾（*Crangon affinis*）、圆腹褐虾（*C. cassiope*）等（刘瑞玉，1954）。在这些种类中，除长足七腕虾、脊腹褐虾、圆腹褐虾属冷水性种外，其他多属暖温性和暖水性的地方种，如比较大宗的中国明对虾、中国毛虾、葛氏长臂虾、脊尾白虾等，是我国的地方性种，是渔业生产重要的捕捞对象。

3. 东海北部有少量的冷水性种分布

由于受黄海深层冷水的影响，一些冷水性种类，如长足七腕虾、脊腹褐虾、圆腹褐虾等渗入本海区，但只分布到长江口渔场和舟山渔场，数量也不多，在南部海域就未见有分布。

四、与邻近海区比较

从东海虾类的地理分布中看出（表2-3-1），在本海区156种虾类中，与渤海的共有种26种，占16.7%，与黄海的共有种49种，占31.4%，与南海的共有种达112种，占71.8%，与日本的共有种74种，占47.4%，与东南亚的共有种54种，占34.6%，与印度的共有种41种，占26.3%。可见，东海大陆架虾类组成与南海、日本的共有种最多，分别占71.8%和47.4%，与东南亚和印度的共有种也占较高的比重。

根据上述特点，东海的虾类，无论从组成看，或与邻近海区比较看，虾类热带和亚热带种占绝对优势，属印度—西太平洋区系性质，海区北部海域为印度—西太平洋区系的北界。

表 2-3-1　东海虾类的地理分布

种　类	渤海	黄海	东海		南海	日本	东南亚	印度
			大陆架	深海				
须对虾科　Aristeidae								
拟须虾 *Aristaeomorpha foliacea*（Risso）				+	+	+		
长带近对虾 *plesiopenaeus edwardsiana*（Johnson）				+	+			
绿须虾 *Aristeus virilis*（Bate）				+				
粗足假须虾 *Pseudaristeus crassipes*（Wood-Mason）				+	+			+
高脊深对虾 *Benthesicymus altus* Bate				+				
管鞭虾科　Solenoceridae								
中华管鞭虾 *Solenocera crassicornis*（H. Milne-Edwards）		+	+					
栉管鞭虾 *S. pectinata*（Bate）			+		+	+	+	+
凹管鞭虾 *S. koelbeli* De Man			+					
大管鞭虾 *S. melantho* De Man			+					
高脊管鞭虾 *S. alticarinata* Kubo			+					
刀额拟海虾 *Haliporoides sibogae*（De Man）				+	+	+		
对虾科　Penaeidae								
斑节对虾 *penaeus monodon* Fabricius			+			+	+	+
短沟对虾 *P. semisulcatus* De Haan			+			+	+	+
中国明对虾 *Fenneropenaeus chinensis*（Osbeck）	+	+	+					
印度明对虾 *F. indicus*（H. Milne-Edwards）			+			+	+	+
墨吉明对虾 *F. merguiensis* De Man			+				+	+
长毛明对虾 *F. penicillatus* Alcock			+		+	+	+	+
日本囊对虾 *Marsupenaeus japonicus* Bate		+	+			+	+	+
宽沟对虾 *Melicertus latisulcatus* Kishinouye			+			+	+	+
凡纳滨对虾 *Litopenaeus vannamei*（Boone）			+					
长眼对虾 *Miyadiella podophthalmus*（Stimpson）		+	+			+	+	
假长缝拟对虾 *Parapenaeus fissuroides* Crosnier			+	+				+
长足拟对虾 *P. longipes* Alcock			+			+	+	+
六突拟对虾 *P. sextuberculatus* Kubo				+				
扁足异对虾 *Atypopenaeus stenodactylus*（Stimpson）			+			+	+	+
长角拟对虾 *Penaeopsis eduardoi* Perez Farfante				+				
尖直拟对虾 *P. reclacutus*（Bate）				+				
须赤虾 *Metapenaeopsis barbata*（De Haan）			+		+	+	+	+
戴氏赤虾 *M. dalei*（Rathbun）		+	+			+	+	
脊赤虾 *M. acclivis* Rathbun			+					
高脊赤虾 *M. lamellata*（De Haan）			+		+	+	+	+

种　类	渤海	黄海	东海		南海	日本	东南亚	印度
			大陆架	深海				
长角赤虾 *M. Longirostris* Grosnier			+	+			+	
周氏新对虾 *Metapenaeus joyneri*（Miers）		+	+		+	+		
刀额新对虾 *M. ensis*（De Haan）			+		+	+	+	+
近缘新对虾 *M. affinis*（H. Milne-Edwards）			+		+	+	+	+
中型新对虾 *M. intermedius*（Kishinouye）			+		+			
沙栖新对虾 *M. moyebi*（Kishinouye）			+					
细巧仿对虾 *Parapenaeopsis tenella*（Bate）		+	+		+	+	+	+
哈氏仿对虾 *P. hardwickii*（Miers）		+	+		+	+		+
享氏仿对虾 *P. hungerfordi* Alcock			+		+	+		
角突仿对虾 *P. cornuta*（Kishinouye）			+		+	+		+
鹰爪虾 *Trachypenaeus curvirostris*（Stimpson）	+	+	+		+	+	+	+
单肢虾科 Sicyonidae								
脊单肢虾 *Sicyonia cristata*（De Haan）			+		+	+		
日本单肢虾 *S. japonica* Balss			+					
樱虾科 Sergestidae								
中国毛虾 *Acetes chinensis* Hansen	+	+	+					
日本毛虾 *A. japonicus* kishinouye		+	+		+	+	+	+
费氏莹虾 *Lucifer faxoni* Borradaile		+	+					
汉森莹虾 *L. hanseni* Nobili		+	+					
中型莹虾 *L. intermedius* Hansen		+	+					
东方莹虾 *L. orientalis* Hansen		+	+					
刷状莹虾 *L. penicillifer* Hansen		+	+					
正型莹虾 *L. typus* H. Milne-Edwards		+	+					
猬虾科 Stenopodidae								
俪虾 *Spongicola venusta*（De Haan）					+	+	+	
玻璃虾科 Pasophaeidae								
细螯虾 *Leptochela gracilis* Stimpson	+	+	+		+	+		
海南细螯虾 *L. hainanensis* Yu	+	+	+		+		+	+
壮细螯虾 *L. robusta* Stimpson			+					
猛细螯虾 *L. pugnax* De Man			+					
太平洋玻璃虾 *Pasiphaea pacifica* Rathbun				+				
日本玻璃虾 *P. japonica* Omori				+		+		+
中华玻璃虾 *P. sinensis* Hayashi et Miyashi				+				
沟额拟玻璃虾 *Parapasiphae sulcatifrons* Smith				+		+		+

种 类	渤海	黄海	东海		南海	日本	东南亚	印度
			大陆架	深海				
雕玻璃虾 *Glyphus marsupialis* Filhol			+			+		+
叶额真玻璃虾 *Eupasiphae latirostris*（Wood-Mason et Alcock）			+					+
刺虾科 Oplophoridae								
典型刺虾 *Oplophorus typus* A Milne-Eawards			+		+		+	+
短弯角棘虾 *Acanthephyra curtirostris* Wood-Mason			+		+	+	+	
长角棘虾 *A. armata* A Milne-Edwards			+		+		+	
弯额棘虾 *A. angusta* Bate			+				+	
脊甲棘虾 *A. carinata* Bate			+					
短角弓背虾 *Notostomns brevirostris* Bate			+				+	
长角弓背虾 *N. longirostris* Bate			+				+	
剪足虾科 Psalidopodidae								
粟刺剪足虾 *Psalidopus huxleyi* Wood-Mason et Alcock			+		+		+	
线足虾科 Nematocarcidae								
波形足线足虾 *Nematocarcinus undulatipes* Bate			+		+		+	
棒指虾科 Stylodactylidae								
多齿棒指虾 *Stylodactylus multidentatus* Kubo			+		+			
长臂虾科 Palaemonidae								
日本贝隐虾 *Conchodytes nipponensis*（De Haan）	+	+	+		+	+		
安氏白虾 *Exopalaemon annandalei*（Kemp）	+	+	+					
脊尾白虾 *E. carinicauda*（Holthuis）	+	+	+		+			
东方白虾 *E. arientalis*（Holthuis）			+		+			
秀丽白虾 *E. modestus*（Heller）	+	+	+		+			
海南沼虾 *Macrobrachium hainanense*（Parisi）			+		+			
日本沼虾 *M. nipponense*（De Haan）	+	+	+		+	+		
罗氏沼虾 *M. rosenbergii*（De Man）			+		+			
细螯沼虾 *M. superbum*（Heller）			+		+			
葛氏长臂虾 *Palaemon gravieri*（Yu）	+	+	+					
巨指长臂虾 *P. macrodactylus* Rathbun	+	+	+		+			
太平长臂虾 *P. pacificus*（Stimpson）			+		+	+		
敖氏长臂虾 *P. ormanni* Rathbum		+	+			+		
锯齿长臂虾 *P. serrifer*（Stimpson）		+	+	+		+	+	+
细指长臂虾 *P. tenuidactylus* Liu，liang et Yan		+	+	+				
土佐滨虾 *Periclimenes tosaensis* Kubo			+		+	+		
异指虾科 Processidae								

种类	渤海	黄海	东海		南海	日本	东南亚	印度
			大陆架	深海				
日本异指虾 *Processa japonica* (De Haan)			+		+	+	+	
东方拟异指虾 *Nikoides sibogae* De Man			+		+			
鼓虾科 Alpheidae								
鲜明鼓虾 *Alpheus distinguendus* De Man	+	+	+		+	+		+
日本鼓虾 *A. japonicus* Miers	+	+	+			+		
短脊鼓虾 *A. brevicristatus* De Haan	+	+	+			+		
刺螯鼓虾 *A. hoplocheles* Coutiere	+	+	+					
日本角鼓虾 *Athanas japonicus* Kubo		+	+			+		
大岛角鼓虾 *A. ashimai* Kubo		+	+			+		
粒螯次鼓虾 *Betaeus granulimanus* Yokoya			+			+		
三刺合鼓虾 *Synalpheus trispinosus* De Man			+		+	+		
长眼虾科 Ogyrididae								
东方长眼虾 *Ogyrides orientalis* (Stimpson)	+	+	+		+	+		
纹尾长眼科 *O. striaticauda* Kemp			+		+			+
藻虾科 Hippolytidae								
鞭腕虾 *Lysmata vittata* (Stimpson)	+	+	+		+	+	+	+
脊额外鞭腕虾 *Exhippolysmata. ensirostris* (Kemp)			+			+		+
疣背宽额虾 *Latreutes planirostris* (De Haan)	+	+	+			+		
刀形宽额虾 *L. laminirostris* Ortmann		+	+			+		
水母虾 *L. anoplonyx*. Kemp	+	+	+		+	+		
长足七腕虾 *Heptacarpus futilirostris* (Bate)	+	+	+			+		
屈腹七腕虾 *H. geniculatus* (Stimpson)		+	+					
长额七腕虾 *H. pandaloides* (Stimpson)		+	+					
中华安乐虾 *Eualus sinensis* (Yu)		+	+					
长角船形虾 *Tozeuma lanceolatum* Stimpson			+			+		
钩背船形虾 *T. armatum* Paulson	+	+	+			+	+	+
密毛船形虾 *T. tomentosum* (Baker)			+		+			
长额虾科 Pandalidae								
东海红虾 *Plesionika izumiae* Omori			+		+			
长足红虾 *P. martis* (A. Milne-Edwards)				+	+			
齿额红虾 *P. dentirostris* (Tung et Wang, Li)				+				
敖氏红虾 *P. ortmanni* Doflein			+	+				
大红虾 *P. grandis* Doflein			+	+				
高额红虾 *P. iothotes* Chace			+	+				

种　类	渤海	黄海	东海 大陆架	东海 深海	南海	日本	东南亚	印度
广大仿长额虾 *Pandalopsis amplus*（Bate）				+				
刺足拟长额虾 *Parapandalus spinipes*（Bate）			+	+	+	+		
滑脊等腕虾 *Heterocarpoides laevicarina*（Bate）			+		+	+		+
东方异腕虾 *Heterocarpus sibogae* De Man				+	+	+		
背刺异腕虾 *H. dorsalis* Bate				+	+			+
驼背异腕虾 *H. gibbosus* Bate				+	+		+	
纤细绿点虾 *Chlorotocella gracilis* Bate			+					
厚角绿虾 *Chlorotocus crassicornis*（Costa）			+		+			
褐虾科 Crangonidae								
脊腹褐虾 *Crangon affinis* De Haan	+	+	+			+		
圆腹褐虾 *C. cassiope* De Man	+	+	+					
锐刺疣褐虾 *Pontocaris rathbunae* Doflein			+					
拉氏爱琴虾 *Aegaeon lacazei*（Gourret）			+					
镰虾科 Glyphocrangonidae								
戟尾镰虾 *Glyphocrangon hastacauda* Bate				+	+			
粗镰虾 *G. regalis* Bate				+				
海螯虾科 Nephropsidae								
细掌刺海螯虾 *Acanthacaris tenuimana*（Bate）				+				
红斑后海螯虾 *Metanephrops thompsoni*（Bate）			+	+	+	+	+	
日本后海螯虾 *M. japonicus*（Tapparone-Canefri）			+			+		
史氏拟海螯虾 *Nephropsis stewarti* Wood-Mason				+	+	+	+	+
阿蛄虾科 Axiidae								
哈氏拟阿蛄虾 *Axiopsis harbereri*（Balss）			+					
长眼阿蛄虾 *Calocois japonicus*（Parisi）			+					
美人虾科 Callianassidae								
日本栉指虾 *Ctenocheles balssi* Kishinouye			+		+			
泥虾科 Laomediidae								
泥虾 *Laomedia astacina* De Haan		+	+		+			
蝼蛄虾科 Upogebiidae								
伍氏蝼蛄虾 *Upogebia wuhsienweni* Yu		+	+					
鞘虾科 Eryonidae								
安达曼硬鞭虾 *Stereomastis andamanensis* Alcock				+	+		+	+
细刺多螯虾 *Polycheles baccatus* Bate				+				
盲多螯虾 *P. typholps* Heller				+				

续表

种　类	渤海	黄海	东海 大陆架	东海 深海	南海	日本	东南亚	印度
龙虾科 Palinuridae								
脊龙虾 *Linuparus trigonus*（Von Siebold）			+			+	+	
中国龙虾 *Panulirus stimpsoni* Holthuis			+		+			
日本龙虾 *P. japonicus*（Von Siebold）			+			+		
锦秀龙虾 *P. ornatus*（Fabricius）			+		+	+	+	+
蝉虾科 Scyllaridae								
东方扁虾 *Thenus orientalis*（Lund）			+		+	+	+	+
毛缘扇虾 *Ibacus ciliatus*（Von Siebold）			+	+	+	+	+	
九齿扇虾 *I. novemdentatus* Gibbes			+	+	+	+	+	+
马氏蝉虾 *Scyllarus martensii* Pfeffer			+		+	+	+	
短角蝉虾 *S. brevicornis* Holthuis			+		+	+		
韩氏拟蝉虾 *Scyllarides haanii*（De Haan）			+		+			
贝氏蝉虾 *Scyllarus batei* Holthuis			+		+			

第四节　资源开发利用状况和资源量评估

一、资源利用现状

东海虾类资源利用历史较长，根据其利用状况，可划分为如下三个时期：1979 年以前，未发展桁杆拖虾作业，虾类资源的利用以定置张网和小拖船作业为主，利用的对象是分布在沿岸水域的广温、低盐种类和广温、广盐种类，如中国毛虾（*Acetes chinensis*）、细鳌虾（*Leptochela gracilis*）、脊尾白虾（*Exopalaemon carinicauda*）、安氏白虾（*E. annandalei*）、周氏新对虾（*Metapenaeus joyneri*）、哈氏仿对虾（*Parapenaeopsis hardwickii*）、葛氏长臂虾（*Palaemon gravieri*）、中华管鞭虾（*Solenocera crassicornis*）、细巧仿对虾（*Parapenaeopsis tenella*）等，其中以中国毛虾产量较高。浙江省 20 世纪 70 年代虾类年产量只有（7～9）× 10^4 t，其中中国毛虾（3～6）× 10^4 t，这时期近、外海的虾类资源尚未开发利用。1979—1984 年是专业拖虾发展初期，这一时期由于传统的主要经济鱼类资源衰退，海洋捕捞结构进行调整，江苏、浙江相继发展机帆船拖虾作业，在长江口、舟山渔场开展拖虾生产，取得较好的经济效益。浙江省嵊泗县嵊山镇是发展小机帆船拖虾作业最早的单位，1977 年仅有小机帆拖虾船 27 艘，虾产量 59 t，至 1984 年小机帆船发展到 322 艘，虾产量 2 259 t（表 2-4-1），1986 年达到 3 169 t，占全镇渔业总产量的 63%。小机帆船拖虾作业的发展及其显著的效益，促进了全省一批大型机帆船投入拖虾作业。如浙江全省 1980 年仅有大小拖虾渔船 145 艘，至 1984 年大小拖虾船发展到 2 100 多艘，利用对象以近海混合水区的广温、广盐种类为主，如哈氏仿对虾、葛氏长臂虾、中华管鞭虾、鹰爪虾、戴氏赤虾等，前4种虾类占当时拖虾作业虾类重量组成80%以上，作业渔场主要在吕泗渔场、长江口渔场和舟山渔场40~60 m水深一带海域。浙江全省的虾类产量从1980年7.8×10⁴ t至1985年上升到15×10⁴ t。

表2-4-1　嵊山镇历年拖虾单位和产量

项　目	1977年	1978年	1979年	1980年	1981年	1982年	1983年	1984年
小机帆船/艘	27	79	129	143	152	167	192	322
虾类产量/t	58.7	114.5	114.5	276.1	616.1	864.2	1 014.9	2 258.5

注：小机帆船为12匹和24匹马力①的渔船。

　　1985年以后是专业拖虾发展盛期，这时期随着近外海虾类资源调查的开展，新的虾类资源和渔场的开发，拖虾生产显著的经济效益，刺激了拖虾作业的进一步发展，浙江中南部的台州、温州和福建省闽东地区的有关市县也相继发展拖虾生产，拖虾渔场扩大到鱼山渔场、温台渔场和闽东渔场，在东海北部海域，拖虾渔场向东扩大到舟外渔场、江外渔场、沙外渔场和鱼外渔场，拖虾渔船也逐渐大型化，从原先的12~24 hp的小机帆船发展到40 hp、80 hp、120 hp、180 hp，20世纪90年代以后250 hp以上的钢质渔轮也投入拖虾生产，拖虾网具从过去的双囊袋发展到6~10个的多囊袋拖虾网，船上导航、通信等设备现代化，并开发利用了东海外海和南部海域高温高盐虾类种类，如假长缝拟对虾、凹管鞭虾、大管鞭虾、高脊管鞭虾、须赤虾、长角赤虾等。至20世纪90年代末21世纪初东海区的拖虾作业渔船已发展到1万余艘，虾类产量已达100×10⁴ t（包括毛虾等近洋张网虾类），其中浙江省拖虾渔船达6 000~8 000艘（包括兼作渔船），虾类产量达到（60~70）×10⁴ t，占东海区虾类产量65%~70%。浙江省虾类产量快速增长反映了东海区捕虾业的发展状况，自80年代后期以后，浙江省虾类产量增长较快，从1980年7.8×10⁴ t，1985年上升到15×10⁴ t，1989年为22.1×10⁴ t，至1994年上升到52.2×10⁴ t，1999年达到最高值73.5×10⁴ t，21世纪初以来保持在（60~70）×10⁴ t（图2-4-1）。拖虾作业渔场的扩大以及外海高温、高盐虾类资源的开发

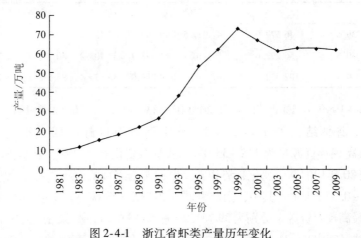

图2-4-1　浙江省虾类产量历年变化

① "匹"是英制的功率单位，hp，1匹=1匹马力=1马力=735瓦。

利用，促进了东海区海洋捕虾业的发展，成为80—90年代海洋捕捞新的增长点，对调整海洋捕捞结构，减轻带鱼等主要经济鱼类的捕捞压力，发展海洋捕捞业起重要的作用。同时也促进虾类加工产业的发展，增加了出口创汇产品，产生明显的经济效益和社会效益。

二、资源量评估

20世纪80年代中后期和90年代后期都曾对东海开展虾类资源调查，同时也进行资源量评估，评估方法都采用资源密度法，公式为

$$N = \sum_{i=1}^{n} D_i A_i, D_i = \frac{Y_i}{(1-E)S_i}$$

式中：N——整个调查区的现存资源量（t）；

　　　D_i——i渔区的资源密度（t/km²）；

　　　A_i——i渔区的面积（km²）；

　　　Y_i——i渔区的总渔获量（t），

　　　E——逃逸率（0.63）；

　　　S_i——i渔区的扫海面积（km²）。

1. 虾类总资源量

（1）1986—1989年调查海域为26°30′—31°30′N，125°00′E以西20～90 m水深海域，面积为102 872.5 km²，评估结果列于表2-4-2。全调查区平均现存资源量为98 293.9 t，最高现存资源量为109 299.0 t，从季节变化看，以春、夏季较高，秋、冬季较低。根据调查海域的面积，算出全调查区的资源密度为0.96～1.06 t/km²。北部海域（29°30′—31°30′N）现存资源量为42 009.4～48 267.6，资源密度为0.96～1.04 t/km²，南部海域（26°30′—29°30′N）现存资源量为56 284.5～61 031.4，资源密度为1.00～1.08 t/km²，南北海域资源密度基本相同。

表2-4-2　1986—1989年调查海域虾类资源量

调查海域	调查面积/km²	春 季/t	夏 季/t	秋 季/t	冬 季/t	平均/t	最高/t
北部 29°30′—31°30′N	46 579.9	47 929.5	48 267.6	27 133.2	44 707.1	42 009.4	48 267.6
南部 26°30′—29°30′N	56 292.6	59 430.2	61 031.4	53 705.2	50 971.0	56 284.5	61 031.4
合计 26°30′—31°30′N	102 872.5	107 359.7	109 299.0	80 838.4	95 678.1	98 293.9	109 299.0

（2）1998—1999年调查海域为26°00′—33°00′N，120°00′—127°00′E，总面积309 960.9 km²，评估结果列于表2-4-3。整个调查海区虾类四季平均现存资源量为95 926.0 t，最高现存资源量为112 155.1 t，从季节变化看，以春、夏季较高，秋、冬季较低，与20世纪80年代的季节变化趋势相同。根据调查海域的面积，得出全调查区的平均资源密度为0.31～0.45 t/km²。其中，南部海域（26°00′—28°00′N）虾类资源量较高，其平均现存资源量和最高现存资源量分别为39 751.2 t和55 911.2 t，资源密度为0.48～0.68 t/km²；其次为中部海域（28°00′—31°00′N）平均现存资源量和最高现存资源量分别为38 703.1 t和53 416.2 t，资源密度为0.29～0.39 t/km²；北部海域（31°00′—33°00′N）虾类资源量较低，为17 471.7 t和28 871.0 t，平均资源密度为0.19～0.31 t/km²。比较前后两次调查结果看出，

90 年代末，虾类的资源密度明显下降，每平方千米虾类的资源量，从 80 年代中后期 0.96 ~ 1.06 t 至 90 年代末降至 0.31 ~ 0.45 t，下降 57% ~ 68%，尤其以北部海域下降最为明显。

表 2-4-3　1998—1999 年调查海域虾类资源量

调查海域	调查面积/km²	春季/t	夏季/t	秋季/t	冬季/t	平均/t	最高/t
北 部 31°00′—33°00′N	91 911.1	16 152.2	6 800.1	28 871.0	18 063.6	17 471.7	28 871.0
中 部 28°00′—31°00′N	135 360.8	40 091.7	53 416.2	35 873.4	25 431.0	38 703.1	53 416.2
南 部 26°00′—28°00′N	82 689.0	55 911.2	50 279.8	31 213.7	21 600.2	39 751.2	55 911.2
全海域 26°00′—33°00′N	309 960.9	112 155.1	110 496.1	95 958.1	65 094.8	95 926.0	112 155.1

2. 主要经济种的资源量

根据 20 世纪 90 年代末的调查，东海大陆架 12 种主要经济虾类的资源量以假长缝拟对虾（*Parapenaeus fissuroides*）、长角赤虾（*Metapenaeopsis longirostris*）最高，四季平均现存资源在 15 000 多吨，最高现存资源量为 20 000 多吨，其次是葛氏长臂虾（*Palaemon gravieri*）、须赤虾（*Metapenaeopsis barbata*）、凹管鞭虾（*Solenocera koelbeli*）、中华管鞭虾（*S. crassicornis*）、鹰爪虾（*Trachypenaeus curvirostris*），其平均现存资源量在 5 000 ~ 10 000 t，最高现存资源量为 10 000 多吨。资源量相对较低的有大管鞭虾（*Solenocera melantho*）、哈氏仿对虾（*Parapenaeopsis hardwickii*）、高脊管鞭虾（*Solenocera alticarinata*）、戴氏赤虾（*Metapenaeopsis dalei*），其平均现存资源量在 3 000 ~ 5 000 t，最高现存资源量为 5 000 ~ 10 000 t，资源量最低的是日本囊对虾（*Marsupenaeus japonicus*），只有几百至 1 000 多吨（表 2-4-4）。不同海域，各个虾种资源量的高低也不一样，北部海域以葛氏长臂虾最高，其次是哈氏仿对虾和中华管鞭虾；中部海域以须赤虾、假长缝拟对虾最高，其次是凹管鞭虾、大管鞭虾、长角赤虾和戴氏赤虾；南部海域以长角赤虾、假长缝拟对虾最高，其次是凹管鞭虾、中华管鞭虾、高脊管鞭虾、鹰爪虾（表 2-4-4）。

表 2-4-4　东海大陆架主要经济虾类的资源量（t）

种　类		全调查区 26°—33°N 平均值—最高值	北　部 31°—33°N 平均值—最高值	中　部 28°—31°N 平均值—最高值	南　部 26°—28°N 平均值—最高值
假长缝拟对虾	*Parapenaeus fissuroides*	15 707 ~ 22 409	255 ~ 526	6 277 ~ 7 727	9 175 ~ 14 157
长角赤虾	*Metapenaeopsis longirostris*	15 906 ~ 27 758	—	3 391 ~ 6 096	12 515 ~ 21 662
葛氏长臂虾	*Palaemon gravieri*	9 458 ~ 14 744	7 803 ~ 13 698	1 655 ~ 4 636	
须赤虾	*Metapenaeopsis barbata*	7 427 ~ 11 642		6 684 ~ 11 519	743 ~ 1 857
凹管鞭虾	*Solenocera koelbeli*	5 505 ~ 12 834	—	3 328 ~ 7 496	2 176 ~ 5 338
中华管鞭虾	*Solenocera crassicornis*	5 422 ~ 9 449	1 962 ~ 3 000	1 148 ~ 2 144	2 312 ~ 6 019
鹰爪虾	*Trachypenaeus curvirostris*	5 201 ~ 10 182	934 ~ 2 111	2 228 ~ 2 928	2 040 ~ 7 398
大管鞭虾	*Solenocera melantho*	4 650 ~ 9 135		3 424 ~ 6 711	1 226 ~ 2 424
哈氏仿对虾	*Parapenaeopsis hardwickii*	3 977 ~ 9 217	2 461 ~ 7 099	974 ~ 1 852	541 ~ 1 046

续表

种　　类		全调查区 26°—33°N 平均值—最高值	北　部 31°—33°N 平均值—最高值	中　部 28°—31°N 平均值—最高值	南　部 26°—28°N 平均值—最高值
戴氏赤虾	*Metapenaeopsis dalei*	3 545 ~ 5 845	126 ~ 215	2 542 ~ 5 328	877 ~ 2 152
高脊管鞭虾	*Solenocera alticarinata*	3 973 ~ 8 854	388 ~ 928	464 ~ 928	3 122 ~ 7 748
日本囊对虾	*Marsupenaeus japonicus*	744 ~ 1 211	54 ~ 188	64 ~ 180	626 ~ 994

三、资源动态

海洋中的中小型虾类，因为难以鉴别月龄，难以建立生长模式，未能用数学模式评估其数量变动及估算可捕率等。近几年来，一些学者李明云（2000）、薛利建（2009）、贺舟挺（2009）、徐开达（2010）应用 ELEFAN I 和 ELEFAN II 技术，对虾类每月的体长资料进行分析，估算出几种虾类的生长参数（L_∞，K，t_0）、总死亡系数（Z）、自然死亡系数（M）、捕捞死亡系数（F）和开发率（E）等（表 2-4-5），为评估虾类的资源动态，分析最高持续渔获量等提供方便，这是值得进一步探索的，但其准确性仍取决于调查数据的真实性和每月大量的生物学测定资料。

表 2-4-5　几种主要经济虾类的种群参数

种　类		L_∞	K	t_0	Z	M	F	E
哈氏仿对虾	*Parapenaeopsis hardwickii*	128.0	1.7	− 0.115 8	8.323	2.742 7	5.585 3	67.06
中华管鞭虾	*Solenocera crassicornis*	112.8	1.2	− 0.267	4.710	2.036 1	2.673 9	56.77
大管鞭虾	*Solenocera melantho*	149.6	1.1	− 0.283	4.896	1.779 4	3.116 6	63.66
葛氏长臂虾	*Palaemon gravieri*	80.5	1.1	− 0.317 1	4.930	2.04	2.89	58.59

根据：李明云（2000），薛利建（2009），贺舟挺（2009）。

第五节　存在问题和管理对策

一、现状和问题

东海的渔业资源，自20世纪80年代以后，由于捕捞强度剧增，致使东海传统的底层鱼类资源衰退，捕食虾类的鱼类减少，使虾类生存空间扩大，有利于虾类资源的繁衍生长，资源发生量增多，资源数量增长较快，东海区三省一市的虾类产量，近几年达到（80 ~ 90）× 10⁴ t，其中浙江省为（60 ~ 70）× 10⁴ t，拖虾作业已成为东海区一大作业，对促进海洋捕捞业的发展、缓解主要经济鱼类的捕捞压力起重要作用。但是，随着拖虾作业的发展，拖虾渔船增多，全海区有大小拖虾船近万艘，对虾类资源造成强大的捕捞压力，尤其是1995年以后，由于实行伏季底拖网和帆张网休渔制度，导致7、8两个月转产拖虾的渔船剧增，另外，脉冲惊虾仪的大量使用，也强化了虾类资源的利用，造成虾类资源密度下降。根据拖虾监测资料，1992—1994 年，虾类平均网产量维持在 50～60 kg，而 1995 年降至 41.3 kg，1996 年又降到 36.7 kg。1997 年由于海况有利，暖流势力强盛，使外海高盐种类的虾类资源获得增产，但近海传统的葛氏长臂虾、哈氏仿对虾、鹰爪虾等，没有好转，反而下降。从拖虾渔获量组成看，根据 1998 年拖虾专业调查结果，虾类仅占总渔获量的 30.3%，而底杂鱼及其他占 60%～70%，与 80 年代拖虾渔获组成虾类占总渔获量的 60%～70% 相比正好相反。据调查，每平方千米虾类的资源量，从 80 年代 0.96～1.06 t 降至 90 年代末 0.31～0.46 t，下降了 57%～68%。上述反映出本海区虾类资源密度在减少，因此，必须加强虾类资源的管理，合理利用虾类资源。2003 年农业部发文规定，从 6 月 16 日至 7 月 16 日实行一个月的拖虾作业休渔期，2006 年起延长至两个月，即从 6 月 16 日至 8 月 16 日为拖虾作业休渔期，这对保护虾类资源起一定的作用，今后还需要进一步改进和完善，以实现虾类资源的可持续利用。

二、管理对策

1. 严格控制拖虾渔船增长

1995 年东海区开始实施底拖网、帆张网作业伏季休渔措施后，伏休期间转产搞拖虾作业的渔船剧增，全海区的拖虾渔船高达 1 万余艘，1995 年后虾类资源密度也开始下降，2003 年东海区开始实施拖虾作业休渔措施，拖虾作业渔船剧增的状况有所改观，但虾类的资源状况仍不如 20 世纪 80 年代的水平，因此，仍必须控制拖虾渔船增长，实行发放拖虾作业许可证制度，全海区的拖虾渔船，宜控制在 80 年代的实际数，即在 6 000～8 000 艘。

2. 杜绝使用脉冲惊虾仪

1992 年脉冲惊虾仪在舟山试验并开始用于生产，对增加拖虾作业产量发挥了作用，1994 年、1995 年以后大量推广，至 2000 年使用惊虾仪的拖虾船已有 4 000 多艘，但由于脉冲惊虾仪的制造混乱，脉冲渗数随意变更，使用和管理失控，脉冲惊虾仪已成为变相的电捕渔具，加剧了对虾类资源的破坏。从 2001 年开始浙江省全面禁止使用脉冲惊虾仪，这对保护虾类资源将会产生积极的作用。但是由于利益驱使，要扭转这一局面相当困难，违规使用惊虾仪的常有发生，必须加大宣传力度，加强管理力度，切实杜绝这一变相的电捕作业。

3. 完善拖虾作业休渔措施

虾类由于其个体小，又是多种类组成的捕捞对象，不同种类其生态属性不同、分布海域不同、繁殖期和幼虾出现高峰期不同，因此其捕捞渔场和渔期也不相同。根据上述特点，拖虾休渔期的设立必须考虑以下几个条件。

（1）以保护幼虾为主，增加补充群体的资源数量。一般情况下，休渔期的设立，一是保护亲体，增加资源的发生量；二是保护幼体，增加补充群体的资源数量。虾类由于其个体小，除日本囊对虾（*Marsupenaeus japonicus*）等少数大型虾类体长在 120～200 mm、体重 10～80 g 外，多数中小型虾类一般体长 60～120 mm、体重 3～20 g。它们的生命周期只有 1 年，其利用的最佳时期以接近或达到性成熟阶段，其个体最大，利用价值最高。所以，拖虾休渔期以保护幼虾为主，一般在拖虾汛期到来之前，也就是幼虾快速生长阶段，保护2~3个月，使幼虾长大，增加补充群体的资源数量，从而获得最佳的经济效益。

（2）根据捕捞海区的优势种类确定保护的对象。东海的虾类种类繁多，有156种，隶属于27科80属，但群体数量较多，经济价值较高，成为渔业捕捞对象的优势种只有20多种，其中高温高盐种类的假长缝拟对虾（*Parapenaeus fissuroides*）、凹管鞭虾（*Solenocera koelbeli*）、大管鞭虾（*S. melantho*）、高脊管鞭虾（*S. alticarinata*）、须赤虾（*Metapenaeopsis barbata*）、长角赤虾（*M. longirostris*）和广温广盐种类的葛氏长臂虾（*Palaemon gravieri*）、哈氏仿对虾（*Parapenaeopsis hardwickii*）、鹰爪虾（*Trachypenaeus curvirostris*）、中华管鞭虾（*Solenocera crassicornis*）、戴氏赤虾（*Metapenaeopsis dalei*）、日本囊对虾等是常见的主要捕捞对象，上述12种虾类占虾类总重量组成的85%，应列为保护的重点。

（3）根据虾类不同生态属性和分布海域确定保护区的范围。根据拖虾作业调查，东海20 m水深以东主要经济虾类的分布，一般有两大类群，一类是高温高盐生态属性的虾类，主要分布在31°00′N以南的东海中部和南部海域，其中中部海域占虾类总量的61%，南部海域占73%（表2-5-1），另一类是广温广盐生态属性的虾类，主要分布在31°00′N以北的广阔海域和60 m水深以浅的东海中南部沿岸海域，其中北部海域占82.6%，而中部和南部沿岸海域只占24.2%和12.9%（表2-5-2）。中、南部海域60 m水深以东外海，在高盐水的控制下，是高温高盐虾类的分布区；北部海域主要为高、低盐水的混合水区，盐度值较低，主要是广温广盐种类的分布区，尤以葛氏长臂虾占绝对优势，达到45%；中部和南部沿岸海域广温广盐种类所占比例少，在10%~20%。可以看出在20 m水深以东的拖虾作业海域，31°00′N以北海域主要为广温广盐种类的分布区，而31°00′N以南海域，主要为高温高盐种类的分布区。

表2-5-1　不同海域高温高盐种类优势种的渔获比重（%）

调查海域	假长缝拟对虾	凹管鞭虾	大管鞭虾	高脊管鞭虾	须赤虾	长角赤虾	合　计
北　部 31°00′—33°00′N	1.7	0.5	0	2.2	0	0	4.4
中　部 28°00′—31°00′N	16.2	8.6	8.9	1.2	17.3	8.7	60.9
南　部 26°00′—28°00′N	23.4	5.6	2.8	7.4	1.9	31.9	73.0

表2-5-2　不同海域广温广盐种类优势种的渔获比重（%）

调查海域	葛氏长臂虾	哈氏仿对虾	鹰爪虾	中华管鞭虾	戴氏赤虾	细巧仿对虾	合　计
北　部 31°00′—33°00′N	45.4	13.7	5.6	11.0	0.7	6.2	82.6
中　部 28°00′—31°00′N	4.3	2.5	5.8	3.0	5.4	3.2	24.2
南　部 26°00′—28°00′N	0	1.4	5.2	6.3	—	0.1	12.9

（4）根据主要捕捞对象幼虾出现高峰月份确定保护的时间。根据不同月份大量虾类生物学测定数据显示，高盐类群的虾类幼虾都出现在上半年，尤其是2—5月，新生代的虾类群体个体小，处在快速生长阶段，至6月份以后，逐渐长大，所以拖虾汛期集中在下半年。例如，凹管鞭虾，在渔汛前期（2—5月），捕捞群体的优势体长组为40~80 mm（占82%），平均体长为60.9 mm，平均体重3 g，至拖虾汛期（6—9月），捕捞群体的优势体

长组增长至 65～120 mm（占80%），平均体长为 89.6 mm，平均体重 9.5 g，比 2—5 月的平均体长增长了 28.7 mm，平均体重增长了 2 倍多，也就是说，渔汛前期捕 1 t 凹管鞭虾的话，汛期可以捕 3 t 的产量。又例如假长缝拟对虾，3—5 月捕捞群体的优势体长组为 50～85 mm（占80%），平均体长为 67.2 mm，平均体重 3 g，至 6—8 月捕捞群体的优势体长组增长至 65～105 mm（占81%），平均体长 83.4 mm，平均体重 6 g，体长增长 15.9 mm，体重增长 1 倍。在夏秋季的主要捕捞品种中，除上述两种外，还有大管鞭虾、高脊管鞭虾、须赤虾等，都是在夏秋季达到性成熟或接近性成熟，个体处在较大阶段，是利用的最佳时期。因此，对高盐种类群体拖虾休渔期的设立宜避开夏秋季，以 6 月份以前为宜。

对分布在 31°00′N 以北海域广温广盐类群的虾类，其幼虾主要出现在夏秋季，尤其是 8—11 月是新生代虾类群体快速生长阶段，主要捕捞汛期从秋末开始至翌年春季。例如，葛氏长臂虾，8—11 月，群体优势体长组 28～52 mm（占84%），平均值为 41.5 mm，至翌年 2—6 月优势体长增长至 42～66 mm（占89.4%），平均体长 54.1 mm，增长了 12.6 mm，平均体重从 8—10 月的 1.0 g，增长至 2—6 月的 2.2 g，增长 1.2 倍。又如哈氏仿对虾，8—10 月群体优势体长组 40—80 mm（占91.0%），平均体长 57.8 mm，至翌年 2—6 月，群体优势体长增长至 46—100 mm（占91.7%），平均体长为 69.5 mm，增长 11.7 mm。平均体重从 8—10 月的 2.2 g，增长至 2—6 月的 4.0 g，增 0.8 倍。再如鹰爪虾 9—12 月的群体优势组的平均体重 3.4 g，至翌年 4—7 月增长至 4.9 g，增长了 1.4 倍。因此，对广盐生态类群的虾类，其休渔期宜在夏末秋初，以 8—9 月份为宜。

根据上述虾类资源的特点，从完善虾类资源管理出发，建议实行划区管理，即在东海大陆架海域，以 30°00′N 为界，分南北两区，北部实行 7、8 两个月休渔期，主要保护葛氏长臂虾、哈氏仿对虾、日本囊对虾等广温广盐属性虾类幼虾和小虾。南部实行 4、5 月两个月休渔期，主要保护凹管鞭虾、大管鞭虾、假长缝拟对虾、须赤虾、高脊管鞭虾等高温高盐属性虾类幼虾和小虾。此方案主要从不同生态类群虾类的分布和生物学特点出发，保护效果较好，可望为北部海域秋冬季和中南部海域夏秋季两大拖虾汛期提供较多的虾类资源数量，以提高虾类资源的利用效益和拖虾作业的经济效益。但是实行划区管理比实行一刀切的统一管理措施，对渔政执法来说难度较大，渔政管理的工作量也要加大，如何处理好这一矛盾，有待进一步探讨。

4. 加强增殖放流，优化海区虾类资源结构

东海的虾类资源以中小型虾类为主，大型虾类种类少，群体数量也小，主要的大型虾类有日本囊对虾（*Marsupenaeus japonicus*）、中国明对虾（*Fenneropenaeus chinensis*）、长毛明对虾（*F. penicillatus*）和斑节对虾（*Penaeus monodon*）等，除日本囊对虾数量较多，可作为渔业的捕捞对象外，其他几种数量都很少。20 世纪 80 年代中期，在浙江象山港曾进行中国明对虾的增殖放流试验，当年放流，当年捕捞，年产量几百吨，但未形成自然种群。今后要继续开展大型虾类的增殖放流工作，尤其增加日本囊对虾的增殖放流规模，日本囊对虾更能适应东海的自然条件，要保护好海区大型虾类的亲虾，加速自然种群形成，以增加本海区大型虾类的群体数量，优化海区虾类资源结构，进一步提高捕虾渔业的经济效益和社会效益。

第三章　主要经济虾类渔业生物学

第一节　日本囊对虾

日本囊对虾（*Marsupenaeus japonicus* Bate，1888）（板图Ⅰ）。

分类地位：十足目，枝鳃亚目，对虾总科，对虾科，囊对虾属。

拉丁异名：*Penaeus japonicus* Bate。

中文俗名：日本对虾、竹节虾、花虾、斑竹虾、车虾。

英文名：Kuruma prawn，Japanese tiger prawer，wheel shrimp。

日文名：クルマエビ。

形态特征：体长 140~200 mm，体重 30~80 g 的大型虾类，最大的个体可达 238 mm，163.2 g。体表具棕色和蓝色相间的黄斑，附肢呈黄色，尾肢呈蓝色和黄色。额角齿式 8－10/1－2。头胸甲具中央沟和额角侧沟，额角侧沟很深，其宽度比额角后脊窄，伸至头胸甲后缘。第一触角鞭特别短，短于柄部，尾节有三对侧刺。

地理分布：分布于非洲东海岸、南非、红海、阿拉伯海、孟加拉湾、印度、马来西亚、印度尼西亚、澳大利亚北部、斐济、新加坡、菲律宾、日本、韩国、中国的南黄海、东海和南海。

经济意义：个体大，肉鲜美，可鲜食或制作虾干、虾仁。是东海数量较多的大型虾类，是拖虾作业重要的捕捞对象。生命力较强，出水后较长时间不死，对养殖和活虾运输十分有利。

一、群体组成

1. 体长体重组成

根据 8—11 月份捕捞汛期收集的 921 尾样品测定结果，日本囊对虾渔泛期捕捞群体的体长范围为 90~238 mm，平均体长 140.7 mm，优势组为 105~190 mm，占 91.8%；体重范围为 7~165 g，平均体重 32.1 g，优势组 10~60 g，占 87.6%。其中，雌虾个体比雄虾个体明显偏大（图 3-1-1），雌虾的体长范围为 90~238 mm，平均体长 148.2 mm，优势组 110~195 mm，占 89.3%；体重范围为 7~165 g，平均体重 38 g，优势组 12.5~72.5 g，占 86.7%。雄虾的体长范围 90~185 mm，平均体长 132.6 mm，优势组 105~170 mm，占 92.4%；体重范围 7~65 g，平均体重 25.5 g，优势组 10~50 g，占 94.3%。

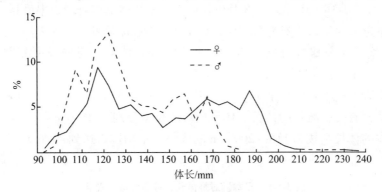

图 3-1-1　日本囊对虾捕捞群体体长组成分布

2. 体长与体重的关系

日本囊对虾体长与体重呈幂函数指数关系（图 3-1-2），可用 $W = aL^b$ 的关系式表达，

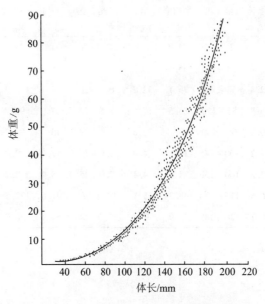

图 3-1-2　日本囊对虾体长与体重的关系

根据各个体长组中值和相对应的平均体重配合回归，求得其关系式如下：

$$W_{\female} = 1.213\ 7 \times 10^{-5} L^{2.964\ 7} \quad (r = 0.999)$$

$$W_{\male} = 0.983\ 6 \times 10^{-5} L^{3.008\ 1} \quad (r = 0.997)$$

式中，W 为体重（g），L 为体长（mm）。

二、繁殖和生长

日本囊对虾主要交配期在 9—11 月，10 月份多数雌虾腹部已带有精荚，翌年春季繁殖产卵，产卵期 2—5 月，个别大的雌虾，11 月份性腺发育达 Ⅳ 期，已临近产卵。5 月在浙江沿岸港湾、滩涂、岛屿周围海域出现较多的日本囊对虾幼虾，用推绲网或小拖网都可捕获，幼虾生长迅速，6 月下半月幼虾体长 25 ~ 75 mm，体重 0.4 ~ 4 g。以后每半个月体长的增长情况如图 3-1-3 所示。以 7—8 月生长最快，体长体重相对增长率最高，7 月体长相对增长率雌虾为 42.4%，雄虾为 32.2%，体重相对增长率雌虾为 173.3%，雄虾为 120%，8 月体长相对增长率雌雄虾分别为 30.2% 和 32.6%，体重相对增长率分别为 93.7% 和 110.8%（表 3-1-1）。这阶段群体体长为 71.9 ~ 113.4 mm，体重 4.1 ~ 15.6 g，处在从幼虾长至成虾阶段。9 月下半月至 10 月上半月，其体长体重相对增长率也较高，这与性腺开始迅速发育有关，雌虾的体长、体重相对增长率分别为 26.6% 和 122.5%，期间日本囊对虾群体的体长组成为 115 ~ 200 mm 的成虾，平均体重达到 41.6 g，处在交配和育肥阶段。

表 3-1-1　日本囊对虾体长、体重组成月变化

| 月份 | 体长/mm | | | | | | 体重/g | | | | | |
| | ♀ | | | ♂ | | | ♀ | | | ♂ | | |
	范围	平均值	相对增长率/%	范围	平均值	相对增长率/%	范围	平均值	相对增长率/%	范围	平均值	相对增长率/%
6 下	25 ~ 70	47.9		35 ~ 75	54.9		0.4 ~ 3.5	1.4		0.4 ~ 4.0	1.9	
7 上	25 ~ 85	50.5	5.4	30 ~ 115	55.3	0.7	0.2 ~ 7.0	1.5	7.1	0.2 ~ 8.0	2.0	5.3
7 下	45 ~ 105	71.9	42.4	50 ~ 100	73.1	32.2	0.8 ~ 10.0	4.1	173.3	1.0 ~ 12.5	4.4	120.0
8 上	50 ~ 125	86.1	19.7	55 ~ 120	85.5	17.0	1.5 ~ 22.5	7.9	92.7	2.5 ~ 19.5	7.4	68.2
8 下	65 ~ 150	112.1	30.2	65 ~ 150	113.4	32.6	3.5 ~ 37.5	15.3	93.7	3.0 ~ 32.5	15.6	110.8
9 上	95 ~ 150	120.2	7.2	100 ~ 145	119.2	4.9	9.0 ~ 37.5	18.2	19.0	10.0 ~ 32.5	18.0	15.4
9 下	90 ~ 165	122.8	2.2	100 ~ 160	124.5	4.4	7.0 ~ 45.0	18.7	2.7	9.0 ~ 42.5	19.6	8.9
10 上	115 ~ 200	155.5	26.6	115 ~ 170	143.3	15.1	10.0 ~ 77.5	41.6	122.5	20.0 ~ 50.0	33.1	68.9
10 下	125 ~ 205	172.1	10.7	120 ~ 185	153.9	7.4	17.5 ~ 90.0	54.1	30.0	17.5 ~ 65.0	37.7	13.9

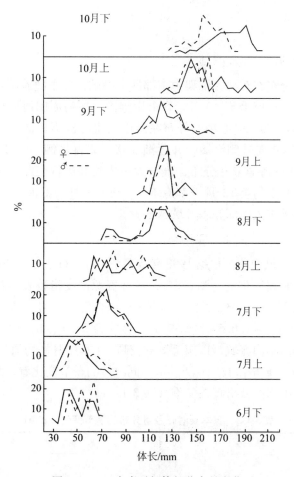

图 3-1-3　日本囊对虾体长分布月变化

三、雌雄性比

根据 5—11 月收集到的 1761 尾样品分析，日本囊对虾群体雌性略多于雄性，雌虾占 53.3%，雄虾占 46.7%，其雌雄性比为 1∶0.88。从各月的雌雄性比情况看（表 3-1-2），10 月雌虾的比例最高，达到 63.1%，而 11 月份雄虾的比例最高，为 61.0%，其他各月都在 50% 左右。

表 3-1-2　日本囊对虾雌雄性比月变化（%）

性　别	5 月	6 月	7 月	8 月	9 月	10 月	11 月	合　计
♀	57.1	44.4	58.0	42.9	47.2	63.1	39.0	53.3
♂	42.9	55.6	42.0	57.1	52.8	36.9	61.0	46.7

四、摄食习性

日本囊对虾以摄食底栖生物为主，兼食底层游泳动物，主要的食物类群有双壳类、腹足类、虾类、多毛类、短尾类、头足类、口足类、桡足类、涟虫等。

五、洄游分布

1. 洄游分布概况

日本囊对虾冬季分布在东海大陆架中南部深水海域，春季随着暖流势力增强，性腺成熟的亲虾进入沿岸海区产卵繁殖，5 月份在沿岸港湾、岛屿周围海域可捕到日本囊对虾幼虾，6—7 月份体长 30～70 mm 的小虾分布在沿岸浅水海区索饵成长，至 8 月份以后，体长 100 mm 以上的个体移向外侧海域，并逐渐北移，北自吕泗、长江口渔场，南至温台、闽东渔场水深 40～80 m 海域都有分布，继续索饵成长并进行交配，这时成为近海拖虾作业的捕捞对象，从 8 月下旬至 12 月份都有渔获，9—11 月为盛渔期，10 月下旬以后有自北向南移动趋势，冬季进入南部深水海域越冬。

2. 数量分布

（1）季节变化和区域变化。根据 1998 年 5 月、8 月、11 月和 1999 年 2 月 4 个季度月的调查资料，用单位时间渔获量（渔获率），或称资源密度指数表示日本囊对虾的数量分布状况。东海大陆架 26°00′—33°00′N，127°00′E 以西海域，日本囊对虾的平均渔获率为 65.9 g/h，以夏季最高，为 136.5 g/h，其次是春季为 57.5 g/h，秋、冬季较低，分别为 36.1 g/h 和 33.6 g/h。不同海域，以南部海域较高，4 季度月平均值为 197.7 g/h，北部和中部海域较低，为 21.3 g/h 和 18.1 g/h。从不同海域的季节变化看，北部海域和南部海域高峰期出现在夏季，中部海域出现在秋季（表 3-1-3）。

表 3-1-3　日本囊对虾数量分布的季节变化（g/h）

调查海域	春 季	夏 季	秋 季	冬 季	平均值
北　部 31°00′—33°00′N	—	73.9	10.0	1.2	21.3
中　部 28°00′—31°00′N	8.0	8.3	50.9	5.3	18.1
南　部 26°00′—28°00′N	207.0	403.3	42.0	118.6	197.7
全海域 26°00′—33°00′N	57.5	136.5	36.1	33.6	65.9

（2）时空变化。不同季节、不同调查站位日本囊对虾渔获率分布如图 3-1-4 所示。春季（5 月），日本囊对虾主要分布在南部（26°00′—28°00′N）100 m 水深附近海域，渔获率为 500～1 000 g/h，北部和中部海域数量很少，只有个别站位有少量渔获。夏季（8 月），在北部和南部有两个比较集中的分布区，北部在长江口、吕泗渔场，以长江口区渔获较高，高的站位达到 1 180 g/h。南部海域与春季大致相同，但比春季分布偏里，中部的舟山、鱼山渔场数量少。秋季（11 月），分布比较均匀，长江口以南的舟山、鱼山、温台、闽东渔场都有分布，但 500 g/h 以上的高密度分布区少，只有南部一个站位在 1 000 g/h 以上，多数站位在 250 g/h 以下，北部长江口、吕泗渔场的密集分布区已消失，逐渐向外侧和南部海域移动。冬季（翌年 2 月）密集区出现在南部（26°00′—28°00′N）60～100 m 水深海域，北部海域没有分布，中部海域只在舟外、鱼外渔场有小范围的分布区。

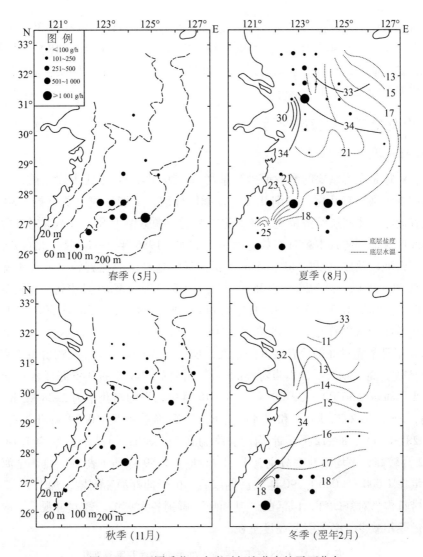

图 3-1-4 不同季节日本囊对虾渔获率的平面分布

六、群落生态

1. 生态习性

日本囊对虾属热带暖水性近海种，分布于南黄海、东海和南海，栖息水深从几米至100 m海域，喜沙质和沙泥底质，幼虾适温、适盐范围较低，生活在水温14～18℃、盐度15～30的沿岸浅水区、港湾、滩涂、岛屿周围海域，用推缯网常可捕获。成虾适温适盐范围较高，分布在底温17～24℃，底盐30～34的近海海域。有白天潜伏底内，夜间进行索饵活动的习性，其幼虾和成虾生命力都较强，离水后较长时间不死，对养殖、放流增殖和活虾运输很有利。

2. 群落分布与水温、盐度的关系

从图3-1-4夏季和冬季底层水温、盐度与日本囊对虾的分布状况看，夏季（8月），日

本囊对虾分布区的底层水温为 17～25℃，底层盐度范围比较广，从盐度 30～34 以上的海域都有分布。冬季（翌年 2 月），日本囊对虾分布区水温范围在 15～18℃，盐度在 34 以上，可见，日本囊对虾成虾对水温的适应范围在 15～25℃，对盐度的适应范围在 30～34以上，属广温广盐属性的虾类。

七、渔业状况和资源量评估

1. 渔业状况

日本囊对虾是东海重要的渔业捕捞对象之一。20 世纪 80 年代中期以前，资源数量较少，试捕调查每网只有几尾，多则几千克，群体分散，未能形成专业捕捞。80 年代中期以后，随着近海主要底层经济鱼类资源衰退，虾类资源数量上升，日本囊对虾数量也开始上升，拖虾作业捕到的日本囊对虾数量增多。例如，1986 年 9—11 月，北自长江口渔场，南至鱼山、大陈以及披山以东 40～65 m 水深海域，拖虾渔船捕到较多的日本囊对虾，一般网产量有 10～25 kg，高的网产达 25～30 kg，从 9 月中旬至 10 月中旬，温岭县拖虾渔船在浙江中南部渔场平均每艘渔船捕获日本囊对虾 200～250 kg，高的达 500～1 000 kg。在南部南北鹿渔场的张网作业，一艘渔船带 14 顶网，一天可捕到日本囊对虾 10 多千克。1987—1988 年日本囊对虾仍然有较好的鱼发，加上当时收购出口，收购价每千克高达 40～60 元，经济效益高，刺激了日本囊对虾的生产。根据 1988 年浙江省海洋水产研究所拖虾调查，在北部海域（30°00′—32°00′N），7—10 月份，平均渔获率为 2.28 kg/h，以 9、10月份较高，分别为 2.72 kg/h 和 2.49 kg/h，最高渔获率为 10.29 kg/h。在南部海域（27°00′—28°30′N），8—12 月，平均渔获率为 0.58 kg/h，最高渔获率为 7.14 kg/h，以11 月和 12 月较高，平均渔获率分别为 1.31 kg/h 和 1.59 kg/h（表 3-1-4）。全海区日本囊对虾年产量在 1 000～3 000 t。90 年代后期以后，由于捕虾渔船剧增，加上 5—7 月沿岸海域大量捕捞日本囊对虾幼虾，以活的"基围虾"鲜销各大宾馆，效益可观，造成日本囊对虾资源数量逐年减少，必须引起高度重视。

表 3-1-4 1988 年不同海域日本囊对虾渔获率月变化

调查海域	月 份	拖网总时数/h	渔获量/kg	平均渔获率/kg·h⁻¹	最高渔获率/kg·h⁻¹
	7	14	19.5	1.39	3.43
北部近海	8	98	106.5	1.09	6.86
（30°00′—32°00′N）	9	200	543.0	2.72	10.29
水深 20～70 m	10	200	497.0	2.49	9.43
	合 计	512	1 166.0	2.28	10.29
	8	161	37.0	0.23	4.29
南部近海	9	200	103.8	0.52	7.14
（27°00′—28°30′N）	10	165	73.0	0.44	2.57
水深 40～90 m	11	60	78.5	1.31	3.86
	12	46	73.0	1.59	5.14
	合 计	632	365.3	0.58	7.14

2. 资源量评估

根据1998—1999年4个季度月的调查资料，采用资源密度法评估日本囊对虾的资源量，调查海区范围为26°00′—33°00′N，127°00′′E以西115个站位，总面积31×10^4 km^2，求得日本囊对虾的平均现存资源量为744 t，最高现存资源量为1 211 t，出现在夏季，其次是春季（5月），为861 t，秋、冬季较低。不同海域，以南部海域最高，平均资源量为626 t，最高资源量994 t，出现在夏季。北部海域和中部海域较低，平均资源量只有54 t和64 t，最高资源量分别为188 t和180 t（表3-1-5）。

表3-1-5　日本囊对虾资源量的季节变化（t）

调查海域	春季	夏季	秋季	冬季	平均	最高
北　部 31°00′—33°00′N	—	188	25	3	54	188
中　部 28°00′—31°00′N	28	29	180	19	64	180
南　部 26°00′—28°00′N	833	994	187	490	626	994
全海域 26°00′—33°00′N	861	1 211	391	511	744	1 211

与20世纪80年代中期比较，当时同样采用资源密度法，对26°30′—31°30′N，125°00′E以西102 872.5 km^{2}海域进行估算，日本囊对虾最高资源量为2 485 t（俞存根等，1994），而90年代后期调查，最高现存资源量只有1 211 t，前后两次调查面积虽然不同，但后者的调查海域覆盖了前者的调查海域，并向东、向南部和北部扩大了范围，调查面积扩大，资源量反而减少。若以每平方千米的资源量来比较，则从80年代中期24 kg/km^2，下降至90年代末期4 kg/km^2，下降了83%。可见日本囊对虾资源数量下降相当明显。

八、渔业管理

日本囊对虾的数量虽不如假长缝拟对虾、须赤虾、凹管鞭虾、大管鞭虾、葛氏长臂虾、鹰爪虾、中华管鞭虾、哈氏仿对虾等主要经济虾类多，但日本囊对虾的个体大，经济价值高，是东海大型虾类中资源数量最多的一种，应列为重点保护对象，除减轻捕捞强度外，在幼虾生长阶段，要加强保护。从5月至7月，要禁止沿岸小型作业捕捞日本囊对虾幼虾，保证汛期有较多的资源补充量。在渔汛期间，要杜绝惊虾仪的使用。为了优化东海虾类资源结构，增加大型虾类的资源数量，要加强日本囊对虾的增殖放流工作。日本囊对虾的生命力强，适合东海的自然条件，要通过增殖放流增加日本囊对虾的种群数量，优化海区虾类资源组成，从而提高拖虾作业的经济效益和生态效益。

第二节　葛氏长臂虾

葛氏长臂虾［*Palaemon gravieri*（Yu）］（图板Ⅰ）。

分类地位：十足目，腹胚亚目，真虾次目，长臂虾总科，长臂虾科，长臂虾属。

拉丁异名：*Leander gravieri* Yu。

中文俗名：红狮头虾、渣子虾、桃红虾、红虾、花虾。

英文名：Chinese ditch prawn。

形态特征：体长 50 ~ 70 mm，体重 2.5 ~ 5.0 g 的中型虾类。体色淡黄色，具红棕色斑纹。额角强大，长度等于或长于头胸甲，上缘基部平直，无鸡冠状隆起，末端稍向上升起，齿式 12 – 17/5 – 7。第二腹肢两性构造不同，雄性内肢内缘另生一枝细长棒状突起，称雄性附肢，雌性抱卵。

地理分布：中国的渤海、黄海、东海，朝鲜半岛西岸，是我国和朝鲜半岛近海的特有种。

经济意义：个体较小，但肉质坚实鲜美，可鲜食或干制成虾米。东海北部产量高，是沿岸张网作业和近海拖虾作业重要的捕捞对象。

一、群体组成

1. 体长组成

葛氏长臂虾体长范围 24 ~ 76 mm，平均体长 47.6 mm，优势组 36 ~ 56 mm，占 71.6%，其中雌虾体长范围 24 ~ 76 mm，平均体长 50.3 mm，优势组 40 ~ 65 mm，占 82.3%；雄虾体长范围 26 ~ 58 mm，平均体长 42.1 mm，优势组 35 ~ 50 mm，占 82.3%，雌虾明显大于雄虾（图 3-2-1）。

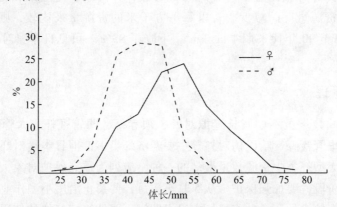

图 3-2-1　葛氏长臂虾捕捞群体体长组成分布

不同月份体长组成如表 3-2-1 所示，2—7 月份体长明显大于其他月份，雌虾平均体长为 55.7 mm，雄虾平均体长为 45.8 mm，其中 5、6 月份个体最大，且雌、雄个体大小差距大。8 月份开始，小个体大量出现，存在大小两个优势群体。9—11 月份以小个体为主，雌虾平均体长为 44.5 mm 以下，雄虾平均体长在 43.7 以下，雌雄个体大小差距缩小。

表 3-2-1 葛氏长臂虾群体组成月分布

月 份	雌 雄	体长/mm				体重/g				样本数
		范 围	平均值	优势组	/%	范 围	平均值	优势组	/%	
2—7 月	♀	30~76	55.7	50~64	74.5	0.4~8.8	2.9	1.6~3.8	70.4	840
	♂	28~58	45.8	42~52	71.6	0.4~2.8	1.4	0.8~1.8	70.0	352
8—1 月	♀	24~74	46.2	36~54	76.3	0.1~6.6	1.7	0.8~2.4	70.5	1 087
	♂	26~54	40.3	34~46	74.8	0.1~2.2	1.1	0.6~1.6	81.3	635
合 计	♀	24~76	50.3	40~62	75.9	0.1~8.8	2.2	0.8~3.0	69.7	1 927
	♂	26~58	42.1	36~48	68.9	0.1~2.8	1.2	0.6~1.6	74.2	987

2. 体重组成

葛氏长臂虾体重范围 0.1~8.8 g，平均体重 1.86 g，优势组 0.4~2.8 g，占 80.3%，其中雌虾体重范围 0.1~8.8 g，平均体重 2.21 g，优势组 0.8~3.0 g，占 69.7%；雄虾体重范围 0.1~2.8 g，平均体重 1.17 g，优势组 0.6~1.6 g，占 74.2%，雌虾体重明显大于雄虾。从不同月份体重组成看（表 3-2-1），与体长组成趋势相似，2—7 月体重较大，雌虾平均体重为 2.9 g，雄虾平均体重为 1.4 g，其中 5、6 月份个体最大，且雌雄个体差距大。8 月份开始小个体大量出现，存在大小两个优势群体。9—11 月份以小个体为主，雌虾平均体重在 1.7 g 以下，雄虾平均体重在 1.3 g 以下，雌雄个体大小差距缩小。

3. 体长与体重的关系

根据葛氏长臂虾样本测定结果，获得体长与体重的关系呈幂函数类型（图 3-2-2），用 $W = aL^b$ 关系式拟合，得到回归方程为

$$W_♀ = 6.641\ 5 \times 10^{-6}L^{3.209\ 4} \quad (r = 0.999\ 6)$$

$$W_♂ = 2.372\ 7 \times 10^{-5}L^{2.868\ 6} \quad (r = 0.999\ 3)$$

从图 3-2-2 看出，雌虾体长 50 mm 以下的小个体体长的增长比较明显，而 50 mm 以上的个体体重增加速度明显加快，雄性不太明显。

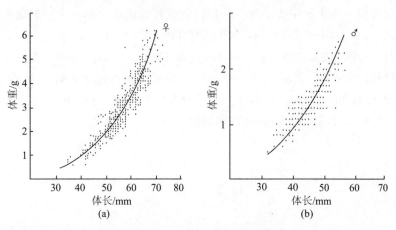

图 3-2-2 葛氏长臂虾体长与体重的关系

4. 肥满度与体长的关系

从不同体长组的肥满度（100 W/L³）的变化可以看出，体长 50 mm 以上的个体肥满度明显高于 50 mm 以下个体，体长 50 mm 为葛氏长臂虾肥满度高低的主要分界线（表3-2-2）。

表 3-2-2　葛氏长臂虾不同体长组肥满度

体长组/mm	34	38	42	46	50	54	58	62	66	70
肥满度	1.43	1.44	1.41	1.42	1.45	1.51	1.52	1.57	1.57	1.61	1.67

二、繁殖和生长

1. 繁殖

葛氏长臂虾属真虾类，繁殖期腹部抱卵，在一个生殖期内多次排卵，产卵期比较长，一年中除 1 月份未发现抱卵亲体外，其他各月均有出现，抱卵率 4、5 月份最高，达到 100%，3 月和 6、7 月抱卵率在 70% 以上，9—11 月抱卵率在 34% ~ 57%，其他月份也有一定比例的抱卵亲体。产卵高峰在 4—5 月，秋季出现次高峰，主要在 10 月，属双峰型产卵类型（图3-2-3）。

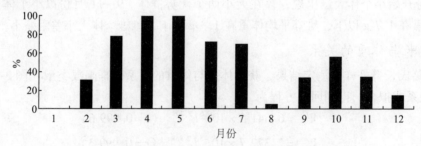

图 3-2-3　葛氏长臂虾抱卵率的月变化

2. 生长

葛氏长臂虾属一年生的甲壳动物，一年内就成长为成熟个体。由于其繁殖期较长，有春季高峰和秋季高峰两个产卵群，春季出生的群体，7—8 月份出现大量体长 35 mm 的小虾，8—10 月份，小虾成长迅速（图3-2-4a），至 11—12 月体长为 45 ~ 55 mm，翌年春季继续长大，体长达到 55 ~ 70 mm（图3-2-4b），同时达到性成熟产卵。秋季出生的群体，11—12 月份体长为 30 ~ 45 mm 的小虾，翌年春季生长加速，8—10 月份，体长达到 55 ~ 70 mm（图3-2-4c），性腺发育成熟并产卵繁殖。

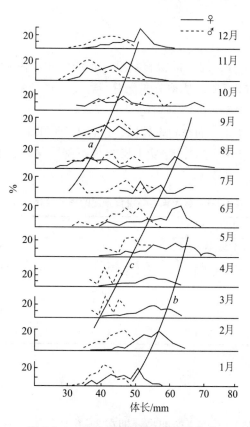

图 3-2-4　葛氏长臂虾体长组成月变化

三、雌雄性比

根据周年 2 783 尾样本分析，葛氏长臂虾雌虾多于雄虾，雌虾占 66.3%，雄虾只占 33.7%，其雌雄性比为 1:0.51。其中，3、4、5 月和 8 月雌虾高达 80% 以上，雄虾比例较高的月份只出现在 6 月和 10 月，分别为 53.3% 和 53.1%（图 3-2-5）。

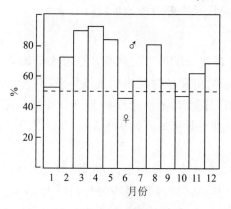

图 3-2-5　葛氏长臂虾雌雄性比月变化

四、摄食强度

葛氏长臂虾周年都摄食，周年的摄食强度以 1 级为主，占 41.9%，其次是 2 级，占 25.9%，3 级较低，只占 8.1%。从季节变化看，春夏季摄食强度达 3 级的比重较低，只有 2.6% 和 4.6%，而空胃率较高，分别达到 35.7% 和 39.5%；秋冬季，3 级的比重相对较高，达到 16.7% 和 14.6%，而空胃率较低，只有 2.6% 和 0（表 3-2-3），表明葛氏长臂虾秋冬季的摄食强度高于春夏季，春夏季摄食量下降，与葛氏长臂虾处在繁殖高峰期有关。

表 3-2-3　葛氏长臂虾摄食强度的季节变化（%）

季　节	0	1	2	3
春	35.7	42.6	19.1	2.6
夏	39.5	41.9	14.0	4.6
秋	2.6	35.9	44.8	16.7
冬	0	51.2	34.2	14.6
年平均	24.1	41.9	25.9	8.1

五、洄游分布

1. 洄游分布概况

葛氏长臂虾的生命周期 1 年，产卵高峰期在 3—6 月（丁天明等，2002），产卵场在长江口、江苏沿岸、浙江北部岛屿周围水域，夏季是当年生的幼虾出现的高峰期，幼虾分布在沿岸海域索饵成长，随着个体长大逐渐向东移动。春夏季，葛氏长臂虾的密集中心都在沿岸海域，群体组成主要为亲虾和当年生的小虾。秋季，当年生小虾逐渐长大向东分布到 60～100 m 水深海域，并在该海域索饵、肥育、越冬，冬末春初开始向西移动，春季返回沿岸海域产卵繁殖。可见，秋冬季密集中心都分布在外侧海域，这时群体组成主要为成虾，并接近性成熟，也是葛氏长臂虾资源数量较高的季节。

2. 数量分布

（1）季节变化。根据 1998—1999 年的调查，东海大陆架 26°00′—33°00′N，127°00′E 以西海域，一年四季葛氏长臂虾单位时间渔获量（渔获率）平均值为 1.20 kg/h，其中以秋季最高，达到 1.81 kg/h，其次是冬季为 1.43 kg/h，春季和夏季较低，分别为 0.83 kg/h 和 0.73 kg/h。单位时间渔获个数平均值为 949.3 ind/h，其季节变化呈秋季 > 夏季 > 冬季 > 春季（表 3-2-4）。

（2）区域变化。从表 3-2-4 明显地看出，北部海域（31°00′—33°00′N），葛氏长臂虾单位时间渔获量和渔获个数最高，4 季度平均值分别为 3.26 kg/h 和 2 245.8 ind/h，而中部海域（28°00′—31°00′N）和南部海域（26°00′—28°00′N）很低，只有 0.47 kg/h、561.7 ind/h 和 0.02 kg/h、4.1 ind/h，尤其南部海域除春季有少量分布外，夏、秋、冬三季都没有分布，可见该种分布的区域性非常明显。

表3-2-4　葛氏长臂虾数量分布的季节变化和区域变化

调查 海域	春		夏		秋		冬		平均值	
	ind/h	kg/h	ind/h	kg/h	ind/h	kg/h	ind/h	kg/h	ind/h	kg/h
北　部	1 088.0	2.65	256.7	0.52	5 193.3	5.53	2 445.1	4.35	2 245.8	3.26
中　部	7.9	0.02	1 796.3	1.31	265.3	0.30	177.2	0.25	561.7	0.47
南　部	16.3	0.08	0	0	0	0	0	0	4.1	0.02
全海域	338.8	0.83	941.3	0.73	1 695.9	1.81	821.2	1.43	949.3	1.20

3. 时空变化

图3-2-6是葛氏长臂虾春、夏、秋、冬4季度单位时间渔获量（渔获率）的平面分布。春季（5月）葛氏长臂虾主要分布在北部近岸海域，以长江口、吕泗渔场分布最密集，渔获率大于10 kg/h有3个站位，最高达到40.9 kg/h，位于32°45′N，122°15′E，中部和南部海域渔获率较低，都在5 kg/h以下。夏季（8月），密集中心往南移至舟山群岛外侧水域，渔获率10 kg/h以上有2个站位，最高达到36.9 kg/h，位于30°15′N，123°15′E，在调查区的东北部，除出现15.1 kg/h的站位外，其余站位都在5 kg/h以下。秋季（11月），密集中心向东移动，在31°00′—33°00′N，125°00′—126°30′E，出现多处10 kg/h以上的密集中心，最高达到44.4 kg/h，位于32°15′N，125°45′E。在吕泗渔场、大沙渔场和舟山渔场也有5 kg/h以上的分布区。冬季（翌年2月），密集中心开始向西移动，在31°00′—33°00′N、123°30′—125°00′E出现多处5 kg/h以上的分布区，最高站位达到21.8 kg/h，位于31°45′N，124°45′E。由上述看出，春夏季葛氏长臂虾分布在近岸海域，秋冬季移向外侧深水海域。

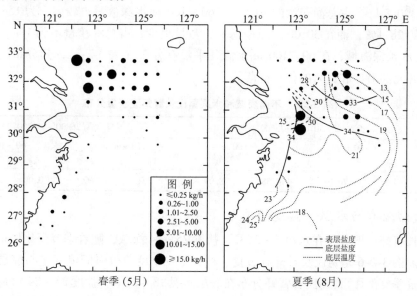

春季（5月）　　　　　夏季（8月）

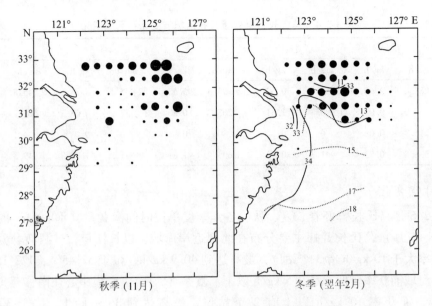

图 3-2-6　不同季节葛氏长臂虾渔获率的平面分布

六、群落生态

1. 群落分布与水深的关系

为了更好说明群落分布与水深的关系，以 30°00′N 为界，分北部（30°00′—33°00′N）和南部（26°00′—30°00′N）对其进行分析，北部 30°00′N 以北，是葛氏长臂虾数量分布最集中的海域，渔获量达到 544 kg，占总渔获量的 99.0%，其中以 20~60 m 水深分布数量最大，达到 390.3 kg，占总渔获量的 70.9%，60~100 m 水深数量也较多，为 154.6 kg，占总渔获量的 28.1%，而在 30°00′N 以南海域，数量很少，占总渔获量不到 1%，主要分布在 20~60 m 水深海域，在 60~100 m 水深几乎没有分布（表 3-2-5），其分布的区域性明显，是东海北部沿岸和近海的优势群落。

表 3-2-5　不同海域和水深葛氏长臂虾渔获量分布

项　目	北　部（30°00′—33°00′N）				南　部（26°00′—30°00′N）			
	20~60 m		60~100 m		20~60 m		60~100 m	
	kg	%	kg	%	kg	%	kg	%
渔获量	390.31	70.93	154.58	28.09	5.33	0.97	0.06	0.01

2. 群落分布与水温、盐度的关系

葛氏长臂虾一般分布在水温 5~25℃、盐度 25~34 海域，随着季节变化作东西、南北方向移动。图 3-2-6 是葛氏长臂虾春、夏、秋、冬 4 季度单位时间渔获量与底层水温、盐度分布，夏季（8 月），葛氏长臂虾分布在底层水温 13~21℃，盐度 25~34 海域，其密集中心处在长江冲淡水与外海高盐水交汇区，渔获率达到 15 kg/h 以上。冬季（翌年 2 月），其栖息海域水温降至 10~13℃，盐度仍维持在 34 以下，密集中心分布在水深 50~60 m 海域。可见，葛氏长臂虾适温和适盐范围都比较广，属广温广盐性种。

3. 群落分布与硝酸盐分布的关系

吕华庆（2006）研究了葛氏长臂虾密度分布与硝酸盐分布的关系指出，硝酸盐的多寡，影响初级生产力的高低程度，进而反映生物密度的大小。东海北部海域秋冬季是葛氏长臂分布密度最高的季节，结果显示，葛氏长臂虾的密度分布与硝酸盐浓度分布呈反比关系，且吻合很好（图3-2-7），因此渔汛期调查该海域硝酸盐浓度的分布状况可以作为该海域葛氏长臂虾密度分布指标之一，对预报中心渔场很有帮助。

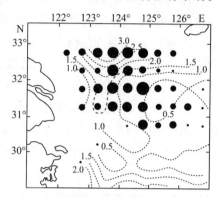

图 3-2-7　冬季葛氏长臂虾密度分布与 10 m 层硝酸盐浓度（$\mu mol/dm^3$）分布

七、渔业状况和资源量评估

1. 渔业状况

葛氏长臂虾是东海重要的捕捞对象，20 世纪 70 年代末以前为沿岸定置张网和小型拖虾船所利用，以利用春季生殖群体为主，除鲜销之外，也制成虾米，著名的黄龙虾米就是由葛氏长臂虾制成。自 80 年代初东海发展桁杆拖虾作业以后，随着拖虾渔船马力增大，拖虾渔场向东扩展，分布在 60 ~ 100 m 海域的索饵群体和越冬群体也被充分利用，成为东海北部拖虾作业重要的捕捞品种之一。

2. 资源量评估

根据 1998—1999 年调查资料，采用资源密度法评估葛氏长臂虾的资源量，评估范围为 $26°00'—33°00'N$，$127°00'E$ 以西海域，总面积为 $31 \times 10^4 \ km^2$，评估结果列于表 3-2-6，全调查区 4 个季度的平均现存资源量为 9 458 t，以秋季最高，达到 14 744 t，其次是冬季为 10 945 t，春季和夏季较低，仅为 6 000 吨余，按不同调查海域分，其资源量以北部海域最高，平均现存资源量和最高现存资源量分别为 7 803.4 t 和 13 698.3 t，其次是中部海域，分别为 1 654.8 t 和 4 636.0 t，南部海域由于数量太少，忽略不计。

表 3-2-6　葛氏长臂虾资源量的季节变化（t）

调查海域	春季	夏季	秋季	冬季	平均值	最高值
北　部	6 011.2	1 426.7	13 698.3	10 077.5	7 803.4	13 698.3
中　部	70.3	4 636.0	1 045.8	867.0	1 654.8	4 636.0

续表

调查海域	春 季	夏 季	秋 季	冬 季	平均值	最高值
南 部	—	—	—	—	—	—
合 计	6 081.5	6 062.7	14 744.1	10 944.5	9 458.2	14 744.1

20 世纪 80 年代曾对东海虾类资源进行调查，调查范围为 26°30′—31°30′N，125°00′E 以西海域，同样采用资源密度法评估调查海域葛氏长臂虾的资源量，评估结果如表 3-2-7 所示。比较两次调查结果可以看出，90 年代葛氏长臂虾平均资源量高于 80 年代平均资源量，而且高峰季节出现不一致，90 年代高峰期是在秋季，而 80 年代是在春季。分析其原因，90 年代调查范围较 80 年代有所扩大，向北扩大 1 个半纬度，向东扩大 2 个经度，而在这扩大的海域，秋冬季正是葛氏长臂虾的密集分布区，所以秋、冬两季葛氏长臂虾资源量明显增加，高峰期也出现在秋季，平均资源量也增加。另外，自 90 年代初以后，随着拖虾渔船数量增加，马力增强，拖虾作业向外海拓展，捕捞强度加大，强化了对葛氏长臂虾的利用，葛氏长臂虾剩余群体减少，导致次年春季进入近海产卵的生殖群体数量减少，导致渔获高峰期也发生变化。

表 3-2-7　1986—1989 年葛氏长臂虾资源量（t）

项　目	春	夏	秋	冬	平均值
季度月资源量	23 726.5	895.3	2 107.0	783.9	6 878.2
季度平均值	17 572.1	1 462.2	4 066.8	3 201.2	6 575.6

八、资源动态

贺舟挺等（2009）根据 2006—2008 年葛氏长臂虾各月的体长频数，应用 FiSAT Ⅱ 统计软件估算出葛氏长臂虾的生长参数 $K = 1.1$，极限体长 $L_\infty = 80.45$ mm，起始年龄 $t_0 = -0.317\ 2$。采用变换体长曲线法估算葛氏长臂虾的总死亡系数 $Z = 4.93$，根据 Pauly 的自然死亡系数估算的经验公式，计算在当前捕捞状态下的自然死亡系数 $M = 2.04$，捕捞死亡系数 $F = Z - M = 2.89$，利用率 $E = F/Z = 58.59\%$，开捕体长 $L_C = 51.39$ mm。根据估算的捕捞死亡系数 F、自然死亡系数 M、总死亡系数 Z、生长参数 K、t_0 及体长体重的回归方程，代入 Beverton-Hont 模型进行计算，得到在一定开发率和初捕体长下，所对应的相对单位补充量渔获量（图 3-2-8）。当前，在平均选择体长 $L_C = 51.39$ mm，捕捞死亡系数 $F = 2.89$ 情况下，所对应的单位补充量渔获量为图中的 A 点，B 点为最大值，如果达到单位补充量渔获量的最大值，单位补充量渔获量只增加 14.71%，而开发率要提高 68.97%。图 3-2-9 为单位补充量渔获量和单位补充量的 2D 分析曲线图，与竖直线相交的点为现行点，在现有状况，提高开发率，单位补充量渔获量增加速度逐渐减慢，而单位补充量资源量却直线下降。如果单就葛氏长臂虾群体的利用来看，该群体还未达到充分利用水平，还可稍微提高捕捞努力量，但因葛氏长臂虾比其他主要经济虾类个体偏小，考虑到其他中大型虾类的捕捞规格，认为葛氏长臂虾的资源利用，宜保持现有的状况，无须提高捕捞努力量。

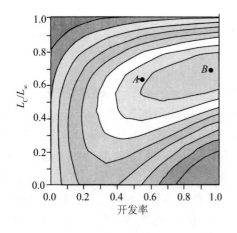

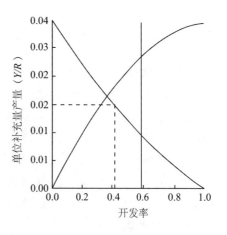

图 3-2-8　单位补充量渔获量分析　　　　图 3-2-9　单位补充量渔获量的 2D 分析
（根据贺舟挺等，2009）　　　　　　　（根据贺舟挺等，2009）

九、渔业管理

葛氏长臂虾是东海北部重要的渔业捕捞对象之一，其繁殖高峰期在春季，夏季大量出现 40 mm 以下的幼虾，尤其是 7—8 月份是当年生幼虾出现高峰期，为使幼虾继续长大，增加补充群体的资源数量，夏季宜控制对葛氏长臂虾的利用，至秋末—初春，当年生群体已长大，达到捕捞规格，而且性腺已发育，这时是利用葛氏长臂虾的最佳季节，也是渔获量最高的季节。

第三节　哈氏仿对虾

哈氏仿对虾［*Parapenaeopsis hardwickii*（Miers）］（图板 I）。

分类地位：十足目，枝鳃亚目，对虾总科，对虾科，仿对虾属。

拉丁异名：*Penaeus hardwickii* Miers。

中文俗名：滑皮虾、青皮、硬壳虾。

英文名：Spear littoral shrimp。

日文名：ケンエビ。

形态特征：体长 60~100 mm，体重 2.5~11.0 g 的中型虾类，甲壳硬，体表光滑，活体呈青色，尾肢末缘呈棕黄色，腹肢呈棕色。额角强大，末端向上翘起，长度超过第一触角柄末端。额角齿式 7-8/0，上缘末半部无齿。额角后脊几乎伸至头胸甲后缘，额角侧脊及侧沟伸至胃上刺下方消失。鳃区中部有一短横缝，伸至头胸甲侧缘。尾节两侧缘无刺。

地理分布：分布于印度，马来西亚，加里曼丹，新加坡，日本，中国的黄海南部、东海和南海。

经济意义：肉质鲜美，被视为虾类上品，为人们所喜食，多为鲜销或制成虾干、虾米，畅销国内外市场。是沿岸张网作业和近海拖虾作业重要的捕捞对象。

一、群体组成

1. 体长体重组成

根据 9 468 尾样品测定结果,哈氏仿对虾雌性明显多于雄性,其雌雄性比为 1∶0. 62,雌虾个体也明显大于雄虾个体。周年捕捞群体雌虾的体长范围为 25 ~ 120 mm,平均体长 71. 6 mm,优势组 50 ~ 95 mm,占 85. 6%(图 3-3-1);体重范围 0. 25 ~ 18. 0 g,平均体重 5. 0 g,优势组 1. 5 ~ 10. 0 g,占 83. 2%。雄虾的体长范围为 25 ~ 90 mm,平均全长 57. 9 mm,优势组 45 ~ 70 mm,占 86. 1%;体重范围 0. 25 ~ 9. 0 g,平均体重 2. 3 g,优势组 1. 0 ~ 3. 5 g,占 80. 7%。哈氏仿对虾雌雄群体各月的体长、体重组成如表 3-3-1 所示,从表中看出,雌虾的平均体长和平均体重的最大值出现在 5—7 月,分别为 78. 8 ~ 88. 8 mm、6. 2 ~ 8. 2 g,最小值出现在 9—10 月,分别为 60. 9 ~ 61. 9 mm、3. 0 ~ 3. 2 g。雄虾的平均体长和平均体重的最大值出现在上半年,以 5 月份最高,为 62. 5 mm、2. 8 g,最小值出现在 9—10 月,分别为 49. 4 ~ 52. 1 mm、1. 5 ~ 1. 7 g。

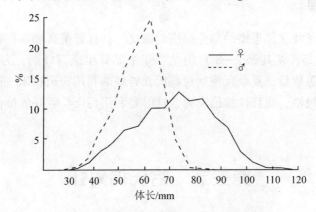

图 3-3-1 哈氏仿对虾捕捞群体体长组成分布

表 3-3-1 哈氏仿对虾体长、体重组成月变化

月	性别	样品数/ind.	体长范围/mm	平均体长/mm	优势体长/mm 范围	%	体重范围/g	平均体重/g	优势体重/g 范围	%
1	♀	833	25 ~ 110	73. 3	60 ~ 95	80	0. 2 ~ 15. 0	5. 2	1. 0 ~ 8. 5	84
2	♀	559	30 ~ 105	71. 0	55 ~ 90	79	0. 2 ~ 14. 0	4. 5	1. 0 ~ 7. 5	84
3	♀	258	35 ~ 100	73. 5	60 ~ 90	82	0. 5 ~ 12. 5	5. 4	2. 0 ~ 9. 0	84
4	♀	199	35 ~ 105	74. 0	60 ~ 95	78	0. 5 ~ 15. 0	5. 7	2. 5 ~ 9. 0	74
5	♀	178	45 ~ 115	78. 8	65 ~ 95	85	1. 0 ~ 16. 5	6. 2	3. 0 ~ 9. 0	77
6	♀	182	50 ~ 115	88. 8	75 ~ 105	85	1. 5 ~ 15. 0	8. 2	4. 0 ~ 10. 5	75
7	♀	141	35 ~ 115	88. 7	80 ~ 110	73	0. 5 ~ 17. 5	8. 3	5. 5 ~ 13. 0	72
8	♀	220	35 ~ 120	70. 3	45 ~ 90	83	0. 5 ~ 15. 0	4. 6	1. 0 ~ 7. 5	74
9	♀	226	30 ~ 100	60. 9	40 ~ 75	83	0. 2 ~ 10. 5	3. 0	0. 5 ~ 4. 5	82

月	性别	样品数/ind.	体长范围/mm	平均体长/mm	优势体长/mm		体重范围/g	平均体重/g	优势体重/g	
					范围	%			范围	%
10	♀	994	25~110	61.9	45~80	81	0.2~11.5	3.2	0.5~6.0	88
11	♀	1 022	25~115	69.8	50~95	82	0.2~18.0	4.7	0.5~7.5	79
12	♀	1 033	30~110	76.5	60~95	86	0.3~15.0	5.9	2.0~9.5	83
1	♂	686	30~80	58.9	50~70	84	0.3~6.5	2.4	1.0~3.5	84
2	♂	510	25~90	58.3	50~70	73	0.3~5.5	2.3	1.0~4.0	87
3	♂	109	40~75	58.7	50~70	85	0.5~5.0	2.6	1.5~4.0	87
4	♂	158	40~80	57.8	45~65	83	0.5~5.0	2.5	1.5~4.0	86
5	♂	92	40~80	62.5	50~75	89	0.5~5.0	2.8	1.5~4.0	79
6	♂	31	40~85	58.0	45~70	84	0.5~6.0	2.2	1.0~3.5	81
7	♂	37	45~70	57.6	50~65	84	1.0~4.0	2.1	1.0~3.0	91
8	♂	99	35~75	55.3	40~65	89	0.2~4.5	1.9	0.5~2.5	72
9	♂	70	30~65	49.4	35~60	81	0.2~3.0	1.5	0.5~2.5	86
10	♂	429	30~75	52.1	40~60	84	0.2~5.0	1.7	0.5~2.5	88
11	♂	591	30~80	56.3	45~70	86	0.2~5.0	2.1	0.5~3.0	84
12	♂	811	30~80	61.4	50~75	91	0.2~7.0	2.7	1.0~4.0	89

2. 体长与体重的关系

根据生物学测定数据，哈氏仿对虾体长与体重关系曲线呈幂函数类型（图3-3-2），其体长（L）、体重（W）的关系式如下：

$$W_{♀} = 2.098\ 3 \times 10^{-5} L^{2.868\ 0} \quad (r = 0.997\ 6)$$

$$W_{♂} = 0.393\ 1 \times 10^{-5} L^{3.248\ 4} \quad (r = 0.980\ 5)$$

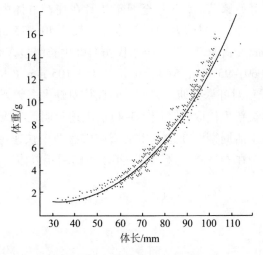

图 3-3-2 哈氏仿对虾体长与体重的关系

二、繁殖和生长

1. 繁殖期

哈氏仿对虾性腺成熟度月变化如图3-3-3所示。3月开始出现Ⅲ期个体，4月Ⅲ期个体增多，5月Ⅲ期个体达到55%，并出现Ⅳ期和Ⅴ期个体，两者占30%，自5—9月都有Ⅴ期个体出现，其中6、7月份Ⅳ、Ⅴ期个体的比例最高，达到67%和56%，其次是9月份，Ⅴ期个体也有48%，11月以后Ⅳ、Ⅴ期个体就不再出现了。上述表明，东海哈氏仿对虾繁殖期在5—9月，高峰期在6—7月，次高峰在9月。

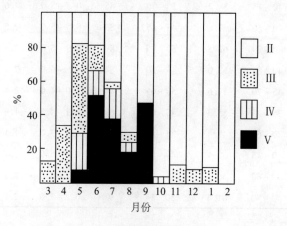

图3-3-3 哈氏仿对虾性腺成熟度月变化

2. 生长规律

海洋中小型虾类，属1年生的甲壳动物，其月龄目前尚无法判别，难以建立生长模式，但从大量的生物学测定数据，繁殖期、各月群体的组成变化等，也可以反映出其生长规律。

哈氏仿对虾自5月开始繁殖后，7月至翌年2月在捕捞群体中都出现体长30~40 mm的幼虾，这些幼虾生长迅速，9月雌虾的优势体长组长至40~75 mm（占83%），12月优势体长组达到60~95 mm（占86%）。冬季哈氏仿对虾生长缓慢，翌年4月开始加速生长，优势体长组从4月份的60~95 mm，6月份生长至75~105 mm（占85%），7月达到80~110 mm。这时正是哈氏仿对虾繁殖期，繁殖后哈氏仿对虾大多数死亡，自8月以后这一群体就消失了，捕捞群体被新生代取代（图3-3-4）。上述表明，哈氏仿对虾从夏季开始繁殖至翌年夏季完成了一个生活周期，在这一生活周期中有两个快速生长期，一是在夏秋季，这是当年生群体，另一个在春夏季，这是上一年出生的越年群体。

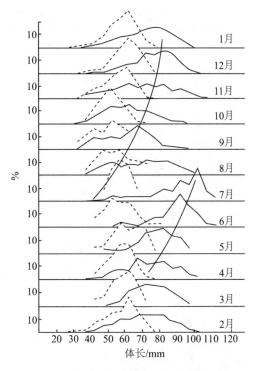

图 3-3-4 哈氏仿对虾体长分布月变化

为了更详细了解其生长情况，下面把当年生群体和越年群体分开进行叙述。表 3-3-2 是哈氏仿对虾当年生群体体长相对增长率的月变化，从表中看出，10—11 月相对增长率最高，雌虾达到 17.5%，雄虾为 13.9%，其次是 11—12 月，雌虾为 9.3%，雄虾为 7.9%。表 3-3-3 是哈氏仿对虾越年群体体长相对增长率的月变化，5—6 月雌虾的相对增长率最高，达到 13.8%，其次是 6—7 月，为 5%。雄虾相对增长率较高的出现在 4—5 月，为 6.2%，6、7 月份反映不出群体的生长趋势，可能因雄虾样品数量少之故。从上述看出，夏秋季快速生长期主要出现在 10—12 月，以 10—11 月生长最快。春夏季快速生长期主要在 4—7 月，雌虾以 5—6 月份生长最快，雄虾以 4—5 月生长最快。

表 3-3-2 哈氏仿对虾当年生群体体长相对增长率月变化

月	♀					♂				
	样品数 /ind.	优势体长组 /mm	%	平均体长 /mm	相对增长率 /%	样品数 /ind.	优势体长组 /mm	%	平均体长 /mm	相对增长率 /%
9	226	40～75	83	59.8		70	35～60	81	48.6	
10	994	45～80	81	61.3	2.5	429	40～60	84	51.0	4.9
11	1 022	50～95	82	72.0	17.5	591	45～70	86	58.1	13.9
12	1 033	60～95	86	78.7	9.3	811	50～75	91	62.7	7.9

表 3-3-3　哈氏仿对虾越年群体体长相对增长率月变化

月	♀					♂				
	样品数 /ind.	优势体长组 /mm	%	平均体长 /mm	相对增长率 /%	样品数 /ind.	优势体长组 /mm	%	平均体长 /mm	相对增长率 /%
3	258	60～90	82	74.9		109	50～70	85	60.1	
4	199	60～95	78	77.0	2.8	158	50～70	82	60.1	0
5	178	65～95	85	80.3	4.3	92	50～75	89	63.8	6.2
6	182	75～105	85	91.4	13.8	31	45～70	84	56.9	-10.8
7	141	80～110	73	96.0	5.0	37	50～70	91	58.5	2.8

三、雌雄性比

从周年平均资料看，哈氏仿对虾雌虾占优势，达到 60%，雄虾只占 40%，在繁殖阶段（5—9 月），雌虾的比例更高，尤其 6、7 月份雌虾达到 80% 左右。冬季雌虾的比例相对较低，但也超过 50%（图 3-3-5）。

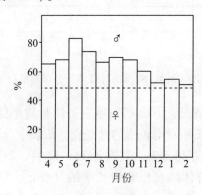

图 3-3-5　哈氏仿对虾雌雄性比月变化

四、摄食强度

哈氏仿对虾周年都有摄食，从周年平均值看，以 1 级最高，占 57.8%，其次是 2 级，占 25.2%，3 级较低，只占 1.9%，空胃率占 15.5%。从不同季节看，4 个季节都以 1 级最高，达到 43%～61%，但空胃率以夏季和冬季最高，分别达到 14.3% 和 25.4%（表 3-3-4），说明哈氏仿对虾在繁殖期和越冬期减少摄食。

表 3-3-4　哈氏仿对虾摄食强度的季节变化（%）

季　节	0 级	1 级	2 级	3 级
春　季	5.6	58.3	33.3	2.8
夏　季	14.3	42.9	34.3	8.5
秋　季	8.8	59.2	31.3	0.8
冬　季	25.4	61.4	12.7	0.5
全　年	15.5	57.8	25.2	1.9

五、洄游分布

1. 洄游分布概况

哈氏仿对虾分布于沿岸低盐水和外海高盐水的混合水区，自沿岸数米水深至外侧60 m水深都有分布，在30°00′N以北的东海北部海域，受长江冲淡水向东扩展的影响，向东可分布到127°00′E，100 m水深海域。在30°00′N以南海域，则分布在60 m水深以浅的近海海域。春季，哈氏仿对虾由外侧深水海域进入沿岸浅水海域产卵繁殖。夏季幼虾密集分布在30 m水深以浅的沿岸海域索饵成长，并随个体逐渐长大向外侧海区移动。秋季在30~60 m水深海域分布密度较高，冬季向东可分布到江外、舟外渔场100 m水深海域越冬。该渔场冬季底层水温10~13℃，底层盐度32~34，处在高盐水锋面以北，是哈氏仿对虾良好的越冬场。

2. 数量分布的季节变化和区域变化

根据1998年5月、8月、11月和1999年2月拖虾专业调查资料，用单位时间渔获量（渔获率）或称资源密度指数来表示哈氏仿对虾的数量分布状况。从表3-3-5看出，全调查区一年四季的平均渔获率为458.7 g/h，以秋季最高，为1 078.1 g/h，夏季最低，只有80.3 g/h。按不同调查海域比较，以北部海域（31°00′—33°00′N，122°00′—127°00′E）最高，为990.9 g/h，其次是中部海域（28°00′—31°00′N，122°00′—127°00′E），南部海域（26°00′—28°00′N，120°00′—125°30′E）最低，只有137.3 g/h。从表3-3-5还可看出不同海域哈氏仿对虾渔获率的季节变化，北部和中部海域的高峰期都出现在秋季，分别为2 732.6 g/h和523.5 g/h，低峰期都出现在夏季，而南部海域的高峰期出现在夏季，为266.6 g/h，低峰期出现在春季。由于春夏季哈氏仿对虾进入近岸海域繁殖，在外侧深水海域数量减少。据刘瑞玉等（1964）对浙江近岸海域的调查，夏季哈氏仿对虾多密集于水深30 m以内近岸浅水区，8月份的密集区在水深20 m以内的近岸部分，外侧海区的密度少，这与本次调查是一致的。南部海域由于水温比中、北部海域高，哈氏仿对虾提早进入近岸水域产卵，因而外侧海区低峰期提早在春季出现。

表3-3-5 哈氏仿对虾数量分布的季节变化（g/h）

调查海域	春 季	夏 季	秋 季	冬 季	平均值
北 部 31°00′—33°00′N	434.2	13.6	2 732.6	782.0	990.9
中 部 28°00′—31°00′N	67.3	15.2	523.5	508.0	279.1
南 部 26°00′—28°00′N	47.6	266.6	68.3	166.7	137.3
全海域 26°00′—33°00′N	173.8	80.3	1 078.1	502.6	458.7

六、群落生态

1. 群落分布与水深的关系

图3-3-6是哈氏仿对虾4个季度月平均渔获率与水深分布，从图上看出哈氏仿对虾主要分布在20~60 m水深海域。在30°00′N以北海域，由于受长江冲淡水向东扩展的影响，哈氏仿对虾自20 m水深向东可分布到127°00′E，100 m水深海域，而在30°00′N以南，只分布在

70 m 水深以浅海域，在 70 m 水深以东就未见有分布，可见哈氏仿对虾属沿岸近海分布群落。

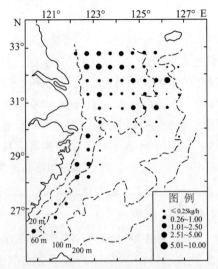

图 3-3-6　哈氏仿对虾 4 季度平均渔获率与水深分布

2. 群落分布与水温、盐度的关系

哈氏仿对虾一般分布在水温 10～24℃，盐度 30～34 海域，随着季节变化，做东西、南北短距离的移动。在夏、秋季高温季节，随着台湾暖流水向北推进，哈氏仿对虾密集中心向北移动，主要分布在 31°30′—33°30′N，122°00′—126°30′E 海域。该海域夏季水温 13～23℃，盐度 30～34（图3-3-7）。冬春季随着水温下降，暖流势力减弱，暖流水向南退缩，哈氏仿对虾密集中心向东南部外侧海区移动，主要分布区在 30°30′—32°00′N，124°00′—126°30′E 海域，该海域冬季水温 11～13.5℃，盐度 33～34。分布在 30°30′N 以南沿岸海域的哈氏仿对虾，冬季也向外侧深水海域高盐水一侧移动（图3-3-8）。但都很少分布在盐度 34 以上的高盐水域，属于广温广盐性质的群落特征。

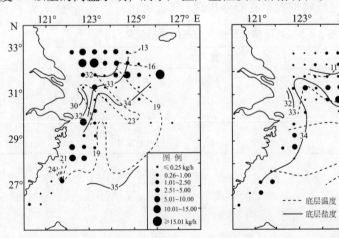

图 3-3-7　夏秋季哈氏仿对虾渔获率与水温　　图 3-3-8　冬季哈氏仿对虾渔获率与水温
　　　　　　　盐度分布　　　　　　　　　　　　　　　　　盐度分布

七、渔业状况和资源量评估

1. 渔业状况

哈氏仿对虾是东海重要的捕捞对象，20 世纪 70 年代以前为沿岸定置张网和小型拖网船所利用，以捕捞沿岸水域的生殖群体为主，产量不高，但质量佳，渔获物主要为鲜销，被群众列为可以上宴席的水产品。80 年代初东海区发展桁杆拖虾作业以后，扩大了拖虾渔场，分布在近海外侧的索饵群体和越冬群体也被充分利用，渔期在秋冬季，渔获量有所提高，是东海沿岸和北部海域重要的捕捞品种之一。

2. 资源量评估

根据 1998 年 5 月、8 月、11 月和 1999 年 2 月 4 个季度月拖虾定点调查资料，采用资源密度法，评估哈氏仿对虾的资源量，评估范围为 26°00′—33°00′N，127°00′E 以西海域，总面积为 $31 \times 10^4 \text{ km}^2$，求得哈氏仿对虾平均现存资源量为 3 977 t，最高现存资源量为 9 217 t。不同季节资源量不同，以秋季最高，资源量为 9 217 t，其次是冬季为 4 185 t，夏季最低，只有 1 111 t。不同海域，哈氏仿对虾资源量以北部海域最高，其平均现存资源量和最高现存资源量为 2 461 t 和 7 099 t，其次是中部海域，南部海域最低，只有 541 t 和 1 046 t。从不同海域的季节变化看，北部和中部海域的高峰期都出现在秋季，低峰期在夏季，而南部海域的高峰期在夏季，低峰期在春季（表 3-3-6）。

表 3-3-6　哈氏仿对虾资源量的季节变化（t）

调查海域	春 季	夏 季	秋 季	冬 季	平均资源量	最高资源量
北　部 31°00′—33°00′N	991	33	7 099	1 724	2 461	7 099
中　部 28°00′—31°00′N	221	32	1 852	1 792	974	1 852
南　部 26°00′—28°00′N	183	1 046	266	669	541	1 046
全海域 26°00′—33°00′N	1 395	1 111	9 217	4 185	3 977	9 217

与 20 世纪 80 年代中期比较，哈氏仿对虾资源量明显下降。80 年代末期对东海 26°30′—31°30′N，125°00′E 以西海域进行拖虾调查，同样采用资源密度法评估哈氏仿对虾的资源量，比较两次的评估结果，90 年代末哈氏仿对虾的平均现存资源量 3 977 t，比 80 年代中期 16 465 t 下降了 12 488 t，以每平方千米的资源量计算，则从 80 年代中期 160.1 kg/km^2 下降到 90 年代末的 12.8 kg/km^2，下降了 92%。因此，对哈氏仿对虾必须加强保护和合理利用。

八、资源动态和最高持续渔获量

李明云等（2000）应用 ELEFAN Ⅰ 和 ELEFAN Ⅱ 技术，对哈氏仿对虾每月的体长资料进行分析，估算出哈氏仿对虾的生长参数 $K = 1.7$，极限体长 $L_\infty = 128$ mm，体重 $W_\infty = 23.19$ g，自然死亡系数 $M = 2.742\ 7$，总死亡系数 $Z = 8.323$，捕捞死亡系数 $F = 5.585\ 3$，利用率 $E = 67.06\%$，极限年龄为 1.323 岁，选择体长为 59.67 mm。根据上述估算的捕捞

死亡系数 F、自然死亡系数 M、总死亡系数 Z、生长参数 K、t_0 及体长与体重的回归方程，代入 Beverton_Holt 模型进行积分，分别计算出单位补充量的产量和产值。当捕捞死亡系数 $F = 5.5853$ 时，各开捕体长 L_C 所对应的单位补充量的产量和产值绘于图 3-3-9、图 3-3-10。表明在目前捕捞水平下，当开捕体长增加到 70 mm 时，单位补充量产量达到最大，若再继续增大开捕体长，产量反而下降。从产值曲线看，当开捕体长增大到 80 mm 时，单位补充量的产值达到最大。

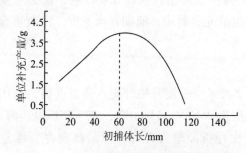

图 3-3-9 不同开捕体长单位补充量的产量
（根据李明云，2000）

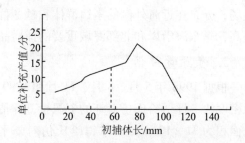

图 3-3-10 不同开捕体长单位补充量的产值
（根据李明云，2000）

当开捕体长 $L_C = 60$ mm 时，各捕捞死亡系数所对应的单位补充量的产量和产值如图 3-3-11，图 3-3-12 所示，表明当捕捞死亡水平提高时，产量几乎不再增加，而产值反而减少。反之，当捕捞水平降低时，产量虽略有减少，但产值反而提高。通过上述分析表明，哈氏仿对虾群体的利用已达到相当充分的水平，若保持现有的捕捞水平，把开捕体长增加到 70 mm，单位补充产量可增加 1.77%，产值可增加 10.78%。

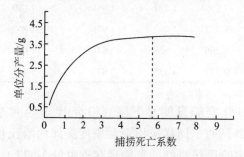

图 3-3-11 不同死亡系数下单位补充量的产量
（根据李明云，2000）

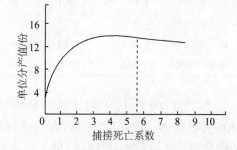

图 3-3-12 不同死亡系数下单位补充量的产值
（根据李明云，2000）

九、渔业管理

加强对哈氏仿对虾的管理和合理利用，除了减轻捕捞强度，实施休渔措施是行之有效的办法之一，根据哈氏仿对虾的生物学特性，宜在当年生群体加速生长阶段进行保护，尤其在捕捞群体平均体长平均体重最小值阶段（9—10 月）进行保护，取得效益是最高的，如 9、10 月份雌虾平均体重为 3.1 g，至翌年 5—7 月份平均体重可达到 7.6 g，增长了1.45 倍，就是说 9—10 月份捕捞 1 t 产量至翌年 5—7 月可捕 2.45 t。由于虾类是多种类组成，在制定休渔措施时，必须根据分布在同一海域的优势种类的生物学特点，筛选出最佳的休渔时间，才会提高拖虾作业的总体效益。东海大陆架拖虾作业捕捞的虾类主要有广温广盐和高温高盐两个生态类群，哈氏仿对虾、葛氏长臂虾、中华管鞭虾、鹰爪虾等优势种主要分布在31°00′N以北海域和南部60 m水深以浅沿岸海域，同属广温广盐性虾类，其幼虾主要出现在夏秋季，因此其休渔期应在夏秋季为宜。而31°00′N以南海域其优势种假长缝拟对虾（*Parapenaeus fissuroides*）、大管鞭虾（*Solenocera melantho*）、凹管鞭虾（*S. koelbeli*）、高脊管鞭虾（*S. alticarinata*）、须赤虾（*Metapenaeopsis barbata*）等属高温高盐性虾类，其幼虾主要出现在冬春季，拖虾汛期主要在夏秋季，其休渔时间就不同于北部海域，因此对东海拖虾作业休渔期的设立，宜采取划区管理的办法，这是符合虾类种类多，不同种类生态属性不同，分布海域不同，繁殖期和幼虾出现高峰期不同，捕捞汛期和渔场不同等特点的。通过休渔措施的贯彻实施，有利于提高拖虾作业的经济效益和社会效益。

第四节　鹰　爪　虾

鹰爪虾［*Trachypenaeus curvirostris*（Stimpson）］（图板Ⅰ）。

分类地位：十足目，枝鳃亚目，对虾总科，对虾科，鹰爪虾属。

拉丁异名：*Penaeus curvirostris* Stimpson。

中文俗名：厚壳虾、沙虾、粗皮、梅虾。

英文名：White-hair rough shrimp, Southern rough shrimp。

日文名：サルエビ。

形态特征：体长50～95 mm，体重1.5～12.0 g的中型虾类。腹部各节前缘白色，后半部为红黄色。体形粗短，甲壳甚厚，表面粗糙。额角为头胸甲的1/2，额角齿式5－7/0。成长的雌虾，额角末端向上弯曲，雄虾或幼虾则平直前伸。尾节后部两侧各具3对活动刺。雄性生殖器对称，呈锚形。

地理分布：分布于中国、朝鲜、韩国、日本、马来西亚、印度尼西亚、澳大利亚、印度、非洲东岸、马达加斯加、地中海东部，是印度—西太平洋广分布种。

经济意义：可鲜食或干制成虾米，是近海拖虾作业重要的捕捞对象，东海北部海域产量较高，与葛氏长臂虾、哈氏仿对虾、中华管鞭虾一起，构成东海北部海域四大虾类优势种。

一、群体组成

1. 体长体重组成

根据7 254尾样本的测定结果，鹰爪虾雌虾个体明显大于雄虾。周年雌虾的体长范围为25～120 mm，平均体长为72.4 mm，优势组50～95 mm，占87.8%（图3-4-1）；体重范围为0.3～21.5 g，平均体重6.1 g，优势组为1～10 g，占85.7%。雄虾的体长范围为30～95 mm，平均体长57.9 mm，优势组50～70 mm，占83.1%；体重范围0.3～11.5 g，平均体重2.7 g，优势组1.0~4.0 g，占89.1%。鹰爪虾雌雄群体各月体长体重组成列于表3-4-1，雌虾的平均体长和平均体重最大值出现在6—7月，分别为80.3~80.9 mm 和7.9~8.1 g，最小值出现在9—11月份，平均体长为66.3~67.7 mm，平均体重为4.8~5.3 g。雄虾的平均体长和平均体重的最大值出现在4—7月，分别为59.0~59.8 mm 和2.9~3.1 g，2月份平均体长和平均体重也较大，为61.7 mm 和3.1 g，最小值出现在9—12月，平均体长和平均体重为55.0~56.9 mm 和2.4~2.7 g，3月份也出现最小值，平均体长和平均体重为54.1 mm 和2.3 g。

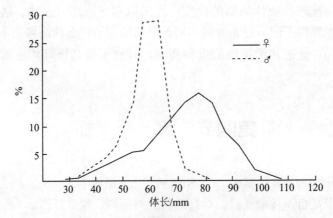

图 3-4-1　鹰爪虾捕捞群体体长组成分布

表 3-4-1　鹰爪虾体长体重组成月分布

月	雌雄	样本数/ind.	体长范围/mm	平均体长/mm	优势体长/mm 范围	%	体重范围/g	平均体重/g	优势体重/g 范围	%
1	♀	233	30~100	68.6	45~95	83.5	0.3~15.0	5.5	0.5~8.5	79.0
2	♀	207	45~115	78.2	60~100	85.3	1.0~17.0	7.1	2.0~10.5	74.0
3	♀	48	35~85	63.3	50~80	79.1	0.5~9.0	4.0	1.5~6.5	75.0
4	♀	122	45~95	73.7	60~85	81.9	1.0~12.0	6.4	3.5~9.0	77.0
5	♀	435	35~115	75.6	55~100	84.4	0.5~21.5	6.9	2.0~10.5	78.4
6	♀	732	40~105	80.3	65~95	90.3	1.0~16.0	7.9	3.5~12.0	90.4
7	♀	246	50~105	80.9	65~95	88.1	2.0~16.0	8.1	4.5~11.5	79.7
8	♀	423	30~105	71.6	45~85	87.4	0.3~15.0	5.5	1.0~9.5	89.4
9	♀	423	30~105	67.4	50~85	85.7	3.0~16.0	4.8	1.0~8.5	89.6
10	♀	433	25~120	67.7	50~85	88.6	0.3~15.5	4.9	1.0~7.5	89.1
11	♀	560	30~105	66.3	40~90	85.0	0.3~18.0	5.3	0.5~8.5	86.4
12	♀	322	30~100	68.2	45~90	87.8	0.3~13.5	5.3	0.5~8.0	80.1
1	♂	283	30~75	56.8	40~70	95.7	0.3~5.0	2.6	1.0~4.0	86.2
2	♂	96	40~90	61.7	55~75	81.3	0.5~10.0	3.1	2.0~4.5	77.1
3	♂	38	40~65	54.1	40~60	86.8	0.5~4.0	2.3	1.5~3.5	73.7

续表

月	雌雄	样本数 /ind.	体长范围 /mm	平均体长 /mm	优势体长/mm		体重范围 /g	平均体重/g	优势体重/g	
					范围	%			范围	%
4	♂	124	30~75	59.0	50~70	91.9	0.5~5.0	3.1	2.0~4.5	92.7
5	♂	193	40~95	59.9	50~70	76.4	0.5~11.5	2.9	1.5~4.5	88.1
6	♂	548	40~80	59.5	50~70	92.1	0.5~6.0	2.9	1.5~4.0	88.9
7	♂	244	35~75	59.8	50~70	90.1	0.5~10.0	2.9	1.5~4.0	89.8
8	♂	343	35~90	58.6	45~70	93.6	0.5~9.0	2.8	1.0~4.0	91.8
9	♂	221	40~85	56.7	45~65	92.3	0.5~7.5	2.6	1.5~3.5	84.6
10	♂	282	35~75	56.9	45~65	94.0	0.5~5.0	2.7	1.5~4.0	92.2
11	♂	401	30~85	55.7	40~70	88	0.3~8.5	2.5	0.5~4.0	90.0
12	♂	297	30~75	55.0	35~65	90.9	0.3~5.5	2.4	0.5~4.0	96.3

2. 体长和体重的关系

鹰爪虾体长（L）和体重（W）的关系如图 3-4-2 所示，其关系式如下：

$$W_♀ = 0.584\ 3 \times 10^5 L^{3.157\ 0} \quad (r = 0.995)$$

$$W_♂ = 3.110\ 6 \times 10^5 L^{2.787\ 0} \quad (r = 0.996)$$

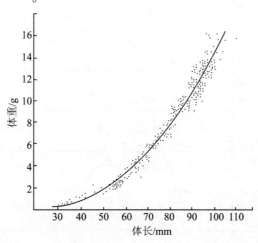

图 3-4-2 鹰爪虾体长与体重的关系（♀）

二、繁殖和生长

1. 繁殖

鹰爪虾 5 月份开始性腺成熟度出现Ⅲ期和Ⅳ期个体，占雌虾比重 14%，6—8 月性腺已发育成熟，Ⅴ期个体所占比重最高，分别达到 48%、53% 和 23%，Ⅳ期也占有较多比重，分别为 26%、10% 和 8%，9 月份Ⅴ期个体较少，只占 8%，10 月份以后，基本结束繁殖产卵。其产卵期在 5—9 月，盛期为 6—8 月（图 3-4-3）。

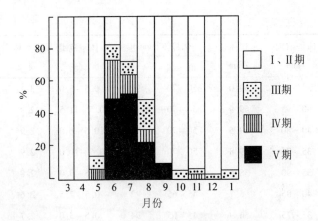

图 3-4-3 鹰爪虾性腺成熟度月变化

2. 生长

鹰爪虾5—8月繁殖后，7—8月份开始出现30~40 mm的幼虾，9月份以后生长加速（图3-4-4b）。由于产卵期较长，从9月份到翌年1月都有幼虾出现，11月至翌年1月，50 mm以下的幼虾比例较高，达到20%~24%，并逐月成长（图3-4-4c），补充到捕捞群体中去，翌年春夏季加速生长，性腺逐渐成熟并产卵繁殖，产卵后亲虾逐渐死亡，5月份体

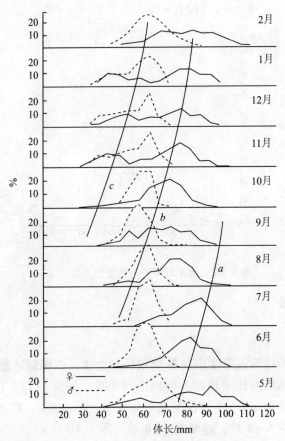

图 3-4-4 鹰爪虾体长分布月变化

长 70 ~ 115 mm 的生殖群体，至 8、9 月份剩下无几（图 3-4-4a），10 月份以后这一群体就消失了，捕捞群体被新生代（补充群体）代替。

三、雌雄性比

根据周年资料，鹰爪虾雌性多于雄性，雌虾占 56.9%，雄虾占 43.1%，其雌雄性比为 1∶0.75。从不同月份看，以 2、3 月份雌虾的比重最高，分别达到 70%，其次是 5 月和 9 月，占 65% 左右。雄虾较多的月份出现在 1 月和 4 月，分别占 55% 和 66%（图 3-4-5）。

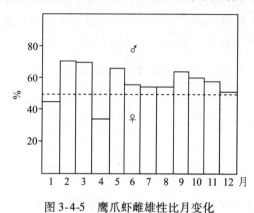

图 3-4-5 鹰爪虾雌雄性比月变化

四、摄食强度

鹰爪虾周年都有摄食，摄食强度以 1 级和 2 级为主，分别占 58.1% 和 22.0%，3 级较低，只占 3.6%。年平均空胃率为 16.3%，以夏、秋季较高，占 20% 左右，冬春季较低，为 12% 左右（表 3-4-2）。表明鹰爪虾繁殖期减少摄食，而索饵成长期增加摄食量。

表 3-4-2　鹰爪虾摄食强度的季节变化（%）

季　节	0 级	1 级	2 级	3 级
春　季	12.8	55.9	25.0	6.3
夏　季	21.8	65.6	11.9	0.7
秋　季	19.0	60.0	19.4	1.6
冬　季	12.9	52.1	30.1	4.9
平均值	16.3	58.1	22.0	3.6

五、洄游分布

1. 洄游分布概况

鹰爪虾栖息在混合水区偏高盐水一侧，春季从越冬海区进入近海产卵，在舟山渔场台湾暖流峰舌区形成比较集中的分布区。夏季在近海海域产卵繁殖，幼虾也分布在近海海域索饵成长。秋季幼虾逐渐长大并向外侧海域移动，在 40 ~ 65 m 水深海域都有分布，在 30°00′N 以北海域分布面广，可达到 127°00′E。冬季鹰爪虾分散在较深海域越冬。

2. 数量分布

（1）季节变化和区域变化。根据 20 世纪 90 年代末期的调查资料，东海 26°00′—33°00′N，127°00′E 以西海域，鹰爪虾单位时间渔获量（渔获率）平均值为 528 g/h，以夏季最高，达到 814 g/h，其次是秋季，为 601 g/h，冬季最低，只有 219 g/h。不同海域，以中部（28°00′—31°00′N）和南部（26°00′—28°00′N）海域较高，分别为 632 g/h 和 507 g/h，北部（31°00′—33°00′N）海域较低，只有 399 g/h。中部海域鹰爪虾的高峰期较长，春、夏、秋三季的渔获率在 679～830 g/h，而北部和南部海域，高峰期时间短，北部只出现在秋季，渔获率为 948 g/h，其他季节在 312 g/h 以下，南部只出现在夏季，渔获率高达 1 839 g/h，其他季节较低，在 90 g/h 以下（表 3-4-3）。

表 3-4-3　鹰爪虾数量分布的季节变化（g/h）

调查海域	春 季	夏 季	秋 季	冬 季	平均值
北　部 31°00′—33°00′N	312	117	948	218	399
中　部 28°00′—31°00′N	830	686	679	331	632
南　部 26°00′—28°00′N	90	1 839	65	35	507
全海域 26°00′—33°00′N	479	814	601	219	528

（2）时空变化。不同季节、不同站位鹰爪虾渔获率分布如图 3-4-6 所示，鹰爪虾一般分布在 40～65 m 水深海域，30°00′N 以北向东可分布到 127°00′E、100 m 水深海域，即在江外、沙外渔场。春季（5 月），鹰爪虾从越冬海域逐渐向舟山渔场近海聚集，进行产卵活动，在舟山群岛以东，台湾暖流锋舌区形成密集的分布区，渔获率在 5～10 kg/h。夏季（8 月），高密集中心出现在南部近海，在鱼山东北和洞头以东形成高密集分布区，渔获率在 20～30 kg/h，30°00′N 以北海域比较分散。秋季（11 月），鹰爪虾密集中心向北和东北方向移动，北部在江外、沙外渔场有较多的分布，渔获率在 2.5～6.0 kg/h，南部则在大陈岛东南形成密集的分布中心，渔获率在 10 kg/h。冬季（翌年 2 月），鹰爪虾分布比较分散，北部和南部海域数量少，移向舟山渔场外侧深水海域越冬。

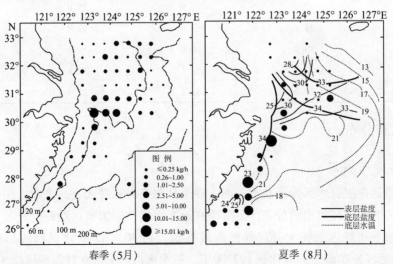

春季（5 月）　　　　　　　　　　　夏季（8 月）

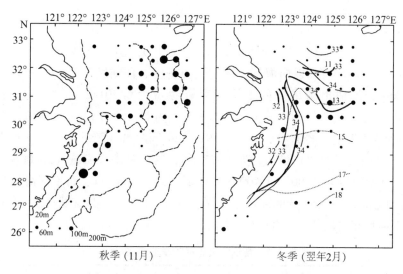

图 3-4-6 鹰爪虾不同季节渔获率的平面分布

六、群落生态

1. 群落分布与水深的关系

鹰爪虾一般分布在 40~65 m 水深海域，在 30°00′N 以北海域，由于受长江冲淡水向东扩展的影响，可分布到 100 m 水深海域，该海域盐度在 34 以下。在 30°00′N 以南海域主要分布在 65 m 水深以内海域（图 3-4-6），属近海广分布种。

2. 群落分布与水温、盐度的关系

鹰爪虾群落主要分布在水温 11~25℃，盐度 32~34 水域，在盐度 33~34 海域鹰爪虾数量较多，即在 60 m 等深线附近海域较为密集，北部海域向东可达 127°00′N，该海域在长江冲淡水影响下，盐度也在 34 以下。在调查区东南部海域，即 30°00′N 以南，65 m 水深以东海域，该海域在外海高盐水控制下，盐度大于 34，鹰爪虾较少有分布（图 3-4-6）。与哈氏仿对虾（*Parapenaeopsis hardwickii*）、中华管鞭虾（*Solenocera crassicornis*）比较，其分布海域基本相同，但鹰爪虾分布海域略偏外，水深较深，对盐度要求也略偏高。

七、渔业状况和资源量评估

1. 渔业状况

鹰爪虾是体形粗短，甲壳较厚，表面粗糙的中型虾类，主要分布在 40~65 m 水深海域，因捕捞汛期在梅雨季节，也称梅虾，是东海拖虾作业重要的捕捞对象之一。它与哈氏仿对虾、中华管鞭虾、葛氏长臂虾（*Palaemon gravieri*）栖息在同一海域，构成东海近海和北部海域拖虾作业四大重要捕捞对象，它们占该海域拖虾作业虾类总量的 80% 以上，但由于过度利用的原因，加上汛期以捕生殖群体为主，其资源数量比 20 世纪 80 年代有所下降，须加强管理和合理利用。

2. 资源量评估

根据 1998 年 5、8、11 月和 1999 年 2 月 4 个季度月拖虾定点调查资料，调查范围为 26°00′—33°00′N，127°00′E 以西海域，采用资源密度法评估鹰爪虾的资源量，评估面积为 31 × 10⁴ km²，评估出鹰爪虾的平均现存资源量为 5 201.2 t，最高现存资源量为 10 182 t。不同季节，鹰爪虾的资源量以夏季最高，为 10 182.0 t，其次为春、秋两季，分别为 4 063 t 和 4 769 t，冬季最低，只有 1 791 t。不同海域，鹰爪虾的平均现存资源量以中部海域（28°00′—31°00′N）最高，为 2 227.5 t，其次是南部海域（26°00′—28°00′N），为 2 040.2 t，北部海域（31°00′—33°00′N）较低，只有 933.5 t。而不同海域最高现存资源量以南部海域最高，达到 7 398.0 t，出现在夏季，其次是中部海域（2 927.6 t），出现在春季，北部海域相对较低（2 111.3 t），出现在秋季（表3-4-4）。

表 3-4-4 鹰爪虾资源量的季节变化（t）

调查海域		春 季	夏 季	秋 季	冬 季	平均值	最高值
北 部	31°00′—33°00′N	773.8	364.2	2 111.3	484.7	933.5	2 111.3
中 部	28°00′—31°00′N	2 927.6	2 419.8	2 396.2	1 166.3	2 227.5	2 927.6
南 部	26°00′—28°00′N	361.2	7 398.0	261.9	139.6	2 040.2	7 398.0
全海域	26°00′—33°00′N	4 062.6	10 182.0	4 769.4	1 790.6	5 201.2	10 182.0

3. 与 20 世纪 80 年代中期比较

20 世纪 80 年代中后期，曾对东海 26°30′—31°30′N，20 m 水深至 125°00′E 海域进行拖虾调查，同样采用资源密度法评估了虾类的资源量。当时鹰爪虾的平均现存资源量为 18 094.5 t，最高现存资源量为 29 892.5 t，其季节变化以夏季最高，其次是春、秋两季（表3-4-5），与 20 世纪 90 年代末调查的季节变化趋势相似。但 90 年代末调查结果表明，鹰爪虾的资源量却大大下降，与 80 年代中后期相比，其平均现存资源量和最高现存资源量分别下降 71.3% 和 65.9%。前后两次调查海域面积虽然不同，但后者调查海域覆盖了前者调查海域，并向东部、北部和南部扩大了调查范围，调查面积扩大，资源总量反而减少，若以每平方千米的平均资源量来比较，则从 80 年代中后期的 180.9 kg/km²，下降至 90 年代末的 16.8 kg/km²，下降了 90.7%，可见鹰爪虾资源量下降相当明显。

表 3-4-5 1986—1989 年鹰爪虾资源量的季节变化（t）

调查海域		春 季	夏 季	秋 季	冬 季	平均值	最高值
北 部	29°30′—31°30′N	14 713.9	26 203.0	5 277.2	5 014.5	12 802.2	26 203.0
南 部	26°30′—29°30′N	833.7	3 689.5	14 435.5	2 210.6	5 292.3	14 435.5
全海域	26°30′—31°30′N	15 547.6	29 892.5	19 712.7	7 225.0	18 094.5	29 892.5

八、渔业管理

捕捞强度增大是造成鹰爪虾资源量下降的主要原因。自 20 世纪 80 年代初开始发展桁杆拖虾作业以来，东海近、外海的虾类资源得到开发利用，虾类产量增长较快，近几年东海区虾类产量达到（80～90）×10⁴ t，其中浙江省为（60～70）×10⁴ t，对减轻主要经济鱼类的捕捞压力，促进海洋捕捞业的发展起重要作用。但是随着拖虾作业的发展，拖虾渔船增多，全海区有大小拖虾船万余艘，对虾类资源造成强大的捕捞压力，尤其是1995年以后，实行伏季底拖网和帆张网休渔制度，导致7、8月转产拖虾的渔船剧增。另外脉冲惊虾仪的使用，也强化对虾类资源的利用，造成虾类资源密度下降。据90年代末调查，虾类仅占总渔获量30.3%，而底杂鱼及其他占60%～70%，与80年代中期拖虾渔获组成虾类占60%～70%相比，正好相反，虾类平均资源密度0.31～0.45 t/km²，与80年代中期虾类平均资源密度0.98～1.45 t/km²相比，下降了68%，尤其是近海广温广盐属性的虾类下降幅度更为明显，外海高温高盐属性的虾类的资源量还能保持相对稳定。造成鹰爪虾资源密度下降的原因，除了前面提到的捕捞压力过大外，鹰爪虾汛期正好是该虾繁殖的高峰期，虾群相对密集，对亲体利用过度，另外新生代出现的秋、冬季，小虾也被过度捕捞，如此周年强化利用的结果，势必造成资源数量减少。因此，必须加强对鹰爪虾的保护和合理利用。从全海区的虾类资源来讲，必须减轻捕捞强度，减轻对虾类资源的捕捞压力，实施拖虾作业捕捞许可证制度、严格执法，杜绝违规使用脉冲惊虾仪，使捕捞强度与虾类资源状况相适应。就鹰爪虾本身而言，对其繁殖期或小虾出现高峰期实行休渔措施。由于虾类是一年生的甲壳动物，其利用的最佳时期是接近或达到性成熟阶段，其个体最大，利用价值也最高，从经济学的角度来考虑，鹰爪虾的休渔期以选择小虾出现的高峰月份（11月至翌年1月）为宜，让新生代的小虾长大再利用，会产生更高的经济效益和社会效益。但从总体上来说，还必须与栖息在同一海域的优势虾类一起考虑，制定出合理的休渔时间。

第五节　中华管鞭虾

中华管鞭虾［*Solenocera crassicornis*（H. Milne-Edwards）］（图板Ⅰ）。

分类地位：十足目，枝鳃亚目，对虾总科，管鞭虾科，管鞭虾属。

拉丁异名：*Solenocera sinensis* Yu。

中文俗名：红虾，大脚红虾，红落头虾，毛竹节虾（舟山）。

英文名：Coastal mud shrimp。

日文名：アカスエビ。

形态特征：体长50～90 mm，体重1.5～9.0 g的中型虾类，甲壳薄而光滑，体呈红色，第1～6腹节后缘颜色较浓，呈鲜红色带状。头胸甲较大，易脱落。额角短，额角齿式8－10/0，额角后脊很低，伸至头胸甲后缘。第一触角鞭成管状。尾节侧缘无不动刺。

地理分布：分布于中国的黄海南部、东海和南海、日本、印度、印度尼西亚、阿拉弗拉海。

经济意义：是沿岸张网作业和近海拖虾作业重要的捕捞对象，可鲜食或制成虾干、虾仁，虾仁色泽鲜红，是制作冻虾仁的重要原料之一，用于出口或内销。

一、群体组成

1. 体长体重组成

根据3 136尾样品的测定结果，中华管鞭虾雌虾个体略大于雄虾个体。周年雌虾个体的体长范围为24～110 mm，平均体长为66.0 mm，优势组45～90 mm，占84.5%（图3-5-1）；体重范围0.2～16 g，平均体重4.1 g，以1～8 g占优势，占82.5%。雄虾的体长范围28～90 mm，平均体长58.1 mm，优势组45～70 mm，占84.8%；体重范围0.2～8.5 g，平均体重2.6 g，优势体重1.0～4.0 g，占85.1%。

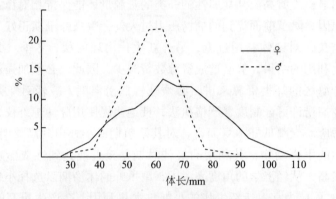

图3-5-1　中华管鞭虾捕捞群体体长组成分布

中华管鞭虾雌、雄群体不同季节体长体重组成列于表3-5-1，春季雌虾和雄虾群体的平均体长和平均体重都较高，分别为72.6 mm、61.8 mm和4.9 g、2.8 g，其次是秋季，雌、雄群体的平均体长为67.9 mm、59.0 mm，平均体重为4.6 g、2.6 g，冬季相对较低。

表3-5-1　中华管鞭虾体长体重组成的季节变化

季节	雌雄	样本数/ind.	体长范围/mm	平均体长/mm	优势体长/mm 范围	优势体长/mm %	体重范围/g	平均体重/g	优势体重/g 范围	优势体重/g %
春	♀	228	38～105	72.6	55～90	78.0	0.5～15.0	4.9	1.0～7.5	81.1
	♂	190	42～80	61.8	50～75	90.0	0.5～70	2.8	1.0～4.5	84.7
夏	♀	320	34～110	64.5	48～85	85.6	0.2～15.0	3.7	1.0～6.5	87.2
	♂	194	34～85	57.0	46～80	84.5	0.5～65	2.4	1.0～4.0	85.1
秋	♀	661	24～105	67.9	48～95	87.4	0.2～13.5	4.6	0.5～8.0	87.0
	♂	579	30～90	59.0	46～90	93.1	0.2～85	2.6	1.0～4.0	92.1
冬	♀	420	26～105	60.8	40～90	88.6	0.2～16.0	3.4	0.5～7.0	87.9
	♂	544	28～80	56.4	42～75	93.8	0.2～7.0	2.6	1.0～4.0	90.4
全年	♀	1 629	24～110	66.0	45～90	84.5	0.2～16.0	4.1	1.0～8.0	82.5
	♂	1 507	28～90	58.1	46～70	84.8	0.2～8.5	2.6	1.0～4.0	85.1

2. 体长和体重的关系

中华管鞭虾体长与体重的关系呈幂函数增长（图 3-5-2），关系式如下：

$$W_{\female} = 1.447\,2 \times 10^{-5} L^{2.982\,4} \quad (r = 0.999)$$

$$W_{\male} = 1.398\,2 \times 10^{-5} L^{2.984\,3} \quad (r = 0.998)$$

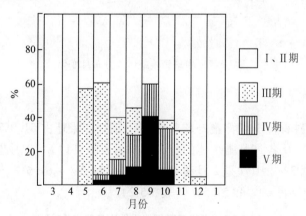

图 3-5-2　中华管鞭虾体长与体重的关系

二、繁殖和生长

1. 繁殖

中华管鞭虾 5 月份雌虾性腺发育等级以 III 期为主，接近 60%，6 月份开始出现 IV 期和 V 期个体，各占 3% 左右，7 月份 IV 期和 V 期个体增多，分别占 10% 和 6%，8—10 月 IV 期和 V 期的成熟个体最高，达到 30% ~ 60%，其中 V 期个体以 9 月份最高，达到 40%。可见，中华管鞭虾的繁殖期在 6—10 月，繁殖盛期在 8—10 月（图 3-5-3）。

图 3-5-3　中华管鞭虾性腺成熟度的月变化

2. 生长

中华管鞭虾自 6 月份开始繁殖后，9 月份开始出现 30 ~ 40 mm 的幼虾，由于繁殖期较长，从 9 月至翌年 1 月都有幼虾出现，这些幼虾长至翌年 1 月份，其优势体长组已达到

40~65 mm（图 3-5-4a），春夏季生长加速，早出生的群体，6 月份雌虾平均体长达到 68 mm（图 3-5-4b），并开始繁殖产卵。迟出生的群体，7 月至 12 月体长增长较快（图 3-5-4c），雌虾平均体长从 7 月份 58.4 mm 至 11 月增长至 68.5 mm，雄虾从 7 月份 54.9 mm 至 11 月份增长至 59.1 mm。这阶段中华管鞭虾个体达到最大值，也是中华管鞭虾的繁殖期，繁殖后大多数个体死亡，12 月份以后，这一群体数量大大减少，捕捞群体被新生代取代。

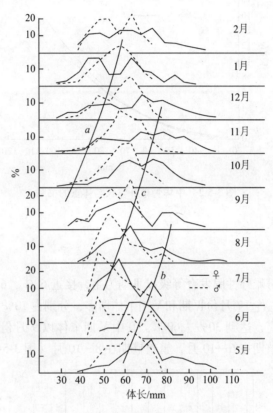

图 3-5-4　中华管鞭虾体长分布月变化

三、雌雄性比

从周年平均资料看，中华管鞭虾雌虾略多于雄虾，雌虾占 51.9%，雄虾占 48.1%。雌雄性比为 1:0.93。从各月雌雄个体的分布情况看，雌虾以 8、9 月份繁殖高峰期最高，分别占 64.9% 和 79.3%，其次是 2 月和 4—6 月，占 54.3%~61.5%。雄虾比例较高出现在 12 月和 1 月，分别占 60% 和 57.5%（表 3-5-2）。

表 3-5-2　中华管鞭虾雌雄性比月变化（%）

雌雄	4 月	5 月	6 月	7 月	8 月	9 月	10 月	11 月	12 月	1 月	2 月
♀	61.5	54.3	57.3	48.9	64.9	79.3	48.8	52.8	40.0	42.5	56.5
♂	38.5	45.7	42.7	51.1	35.1	20.7	51.2	47.2	60.0	57.5	43.5

四、摄食强度

中华管鞭虾一年四季都摄食，食性较广，主要摄食双壳类、桡足类、长尾类、头足类、多毛类等五个类群。摄食强度以 1 级为主，四季平均值为 54.3%，其次是 2 级，平均值为 23.7%，3 级较低，只占 5.7%，平均空胃率占 16.3%。摄食强度的季节变化不明显，各季节都是 1 级 > 2 级 > 3 级，空胃率则以夏季和冬季最高，分别占 25.0% 和 24.5%，秋季最低，只占 9.4%（表 3-5-3）。

表 3-5-3　中华管鞭虾摄食强度的季节变化（%）

季　节	0 级	1 级	2 级	3 级
春　季	18.1	51.9	23.0	7.0
夏　季	25.0	50.0	25.0	0
秋　季	9.4	52.1	31.0	7.5
冬　季	24.5	64.0	10.8	0.7

五、洄游分布

1. 洄游分布概况

中华管鞭虾分布于沿岸低盐水与外海高盐水交汇的混合水区，在 30°00′N 以北的东海北部广阔海域和南部沿海 20～60 m 水深海域都有分布，在长江口外和瓯江、闽江口外丰水期向东可分布到 100 m 水深海域。夏季性成熟的亲虾，从外侧深水海域进入沿岸浅水海域产卵，幼虾在沿岸浅水海域索饵成长。秋季逐渐向外侧深水海域移动，在 30～60 m 水深海域分布密度较高，成为拖虾作业的捕捞对象。

2. 数量分布

（1）数量分布的季节变化和区域变化。中华管鞭虾的数量分布，用单位时间渔获量（渔获率），或称资源密度指数来表示，全调查区中华管鞭虾一年四季的平均渔获率为542 g/h，在全海区主要经济虾类中，仅次于假长缝拟对虾（*Parapenaeus fissuroides*）、长角赤虾（*Metapenaeopsis longirostris*）、葛氏长臂虾（*Palaemon gravieri*）、须赤虾（*Metapenaeopsis barbata*）、凹管鞭虾（*Solenocera koelbeli*），居第 6 位。从季节变化看以春季较高，渔获率为 839 g/h，秋季次之，渔获率为 665 g/h，冬季最低，只有 224 g/h。从不同海域比较，以北部海域（31°00′—33°00′N，122°00′—127°00′E）较高，为 792 g/h，其次是南部海域（26°00′—28°00′N，122°00′—125°30′E）为 610 g/h，中部海域较低，只有 325 g/h。不同海域中华管鞭虾渔获率的高峰期也不同，北部海域高峰出现在夏、秋季，渔获率超过 1 000 g/h，中部海域出现在秋季（608 g/h），南部海域出现在春季，渔获率达到1 637 g/h（表 3-5-4）

表 3-5-4　中华管鞭虾数量分布的季节变化（g/h）

调查海域	春　季	夏　季	秋　季	冬　季	平均值
北　部 31°00′—33°00′N	869.2	1 018.9	1 062.2	217.3	791.9
中　部 28°00′—31°00′N	338.1	163.2	607.7	192.8	325.4
南　部 26°00′—28°00′N	1 636.6	221.6	296.4	284.3	609.7
全海域 26°00′—33°00′N	838.5	438.9	664.8	224.1	541.6

（2）数量分布的时空变化。中华管鞭虾不同季节，不同调查站位渔获率的分布如图 3-5-5 所示。从图上看出。其分布海域主要在 20～60 m 水深的近海海域，在北部的长江口外及南部的瓯江、闽江口外、向东可分布到 100 m 水深海域。春季中华管鞭虾有两个密集分布区，一是在北部外海的沙外渔场，另一处在南部近海的温台、闽东渔场，渔获率高的站位北部为 5 000～10 000 g/h，出现在济洲岛西南部，南部达到 10 000～15 000 g/h，出现在闽东渔场近海。夏季，中华管鞭虾主要分布在 30°00′N 以北广阔海域，高密度区有向近海移动趋势，出现在长江口外，渔获率为 5 500 g/h，外侧海域也有较多分布，渔获率在 3 000～5 000 g/h，而南部的温台、闽东近海数量比春季大为减少，高密度区也没有出现。秋季主要分布区仍在 30°00′N 以北海域和南部近海，高密度区有向北移动趋势，北部出现在大沙渔场，南部出现在鱼山、大陈海域，渔获率都在 5 000～10 000 g/h。冬季北部海域高密度区消失。渔获率在 1 000 g/h 以下，南部渔场在温台近海有 5 000 g/h 的高密度分布区出现。

六、群落生态

1. 群落分布与水深的关系

中华管鞭虾分布在沿岸、近海海域，其分布水深一般在 20～60 m，在河口区由于江河冲淡水向东扩展的作用，向东可分布到 100 m 水深（图 3-5-5），一般不超过 100 m 水深海域，属沿岸近海分布群落。

2. 群落分布与水温、盐度关系

中华管鞭虾一般分布在沿岸低盐水系和外海高盐水系交汇的混合水域，该水域盐度在 30～34，底层水温，夏季为 13～25℃，冬季为 10～18℃（图 3-5-5），水温、盐度变化幅度较大，而在盐度大于 34 的台湾暖流水控制海域，中华管鞭虾几乎没有分布，属广温广盐性质的沿岸近海生态群落。

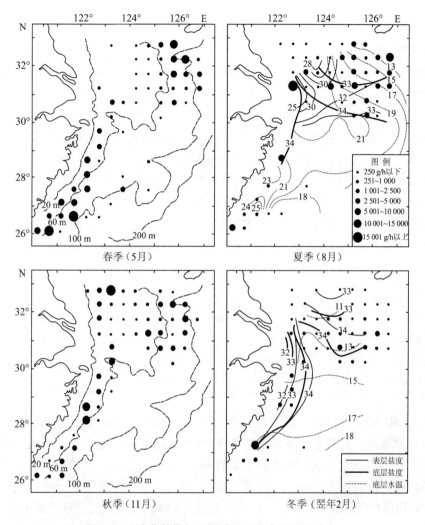

图 3-5-5 中华管鞭虾不同季节渔获率的平面分布

七、渔业状况和资源量评估

1. 渔业状况

中华管鞭虾利用历史较长，20世纪70年代末以前，主要为沿岸定置张网的兼捕对象，资源未得到充分利用。80年代初发展桁杆拖虾作业以后，在东海30°00′N以北海域和南部60 m水深以浅的近岸海域成为桁杆拖虾作业重要的捕捞对象之一。自80年代以后，由于拖虾渔船增加，捕捞强度加大，与中华管鞭虾分布在同一海域的哈氏仿对虾、鹰爪虾等资源数量明显减少，而中华管鞭虾没有出现明显的波动，资源数量相对较稳定，这与其繁殖期、幼虾出现高峰期与上述两种不同，避开了鹰爪虾汛和哈氏仿对虾汛的捕捞高峰期有关，但对中华管鞭虾也必须加强保护和合理利用，使沿岸近海的优势虾种保持稳产高产，实现虾类资源的可持续利用。

2. 资源量评估

根据 1998 年 5 月、8 月、11 月和 1999 年 2 月 4 个季度月拖虾定点调查资料，调查海域为 26°00′—33°00′N，127°00′E 以西 31×10⁴ km²，采用资源密度法评估中华管鞭虾的资源量，求得中华管鞭虾的平均现存资源量为 5 422 t，最高现存资源量为 9 449 t。不同季节中华管鞭虾的资源量不同，以春季（5 月）最高，资源量为 9 449 t，其次是秋季（11 月）为 5 439 t，冬季最低，只有 2 332 t（表 3-5-5）。不同海域中华管鞭虾资源量以南部海域（26°00′—28°00′N）最高，其平均现存资源量和最高现存资源量分别为 2 312 t 和 6 019 t，其次是北部海域（31°00′—33°00′N），其平均现存资源量和最高现存资源量分别为 1 962 t 和 3 000 t，中部海域（28°00′—31°00′N）相对较低。不同海域中华管鞭虾资源量的季节变化也不相同，北部海域高峰期出现在夏季，低峰期在冬季，中部海域高峰期出现在秋季，低峰期在夏季，南部海域高峰期出现在春季，低峰期在夏季（表 3-5-5）。

表 3-5-5　中华管鞭资源量的季节变化（t）

调查海域	春 季	夏 季	秋 季	冬 季	平均值	最高值
北　部 31°00′—33°00′N	2 237	3 000	2 104	508	1 962	3 000
中　部 28°00′—31°00′N	1 193	576	2 144	680	1 148	2 144
南　部 26°00′—28°00′N	6 019	891	1 192	1 144	2 312	6 019
全海域 26°00′—33°00′N	9 449	4 467	5 439	2 332	5 422	9 449

20 世纪 80 年代中后期，也曾对东海虾类进行调查，调查范围为 26°30′—31°30′N，125°00′E 以西海域，同样采用资源密度法评估中华管鞭虾的资源量，全调查区的平均现存资源量为 4 036 t，最高出现在秋季，为 8 473 t，最低出现在春季，为 1 001 t。29°30′N 以北海域平均现存资源量为 2 158 t，以夏季最高（3 266 t），春季最低（468 t），29°30′N 以南海域，平均现存资源量为 1 878 t，以秋季最高（5 544 t），春季最低（536 t）（表 3-5-6）。比较两次的调查结果，90 年代末平均现存资源量 5 422 t 较 80 年代中后期的平均现存资源量 4 036 t 增加了 1386 t，但每平方千米的资源量 17.5 kg/km² 比 80 年代中后期 39.2 kg/km² 减少 55%，其原因在于 90 年代末的调查面积向外海扩大，而中华管鞭虾密集区主要在沿岸和近海，因而造成每平方千米的资源量减少。

表 3-5-6　1986—1989 年中华管鞭虾资源量（t）

调查海域	春 季	夏 季	秋 季	冬 季	平均值
北　部 29°30′—31°30′N	467.7	3 266.3	2 928.7	1 972.4	2 158.0
南　部 26°30′—29°30′N	536.4	759.0	5 543.9	672.1	1 877.9
全海域 26°30′—31°30′N	1 001.1	4 025.0	8 472.6	2 644.5	4 035.8

八、资源动态

薛利建等（2009）根据 2006—2008 年中华管鞭虾各月的体长频数，应用 FiSAT Ⅱ 软件估算出中华管鞭虾的生长参数 $K = 1.2$，极限体长 $L_\infty = 112.88$ mm，起始年龄 $t_0 =$

-0.267。根据 Pauly 建立的自然死亡系数估算的经验公式，计算在当前捕捞状态下的自然死亡系数 $M = 2.036\ 06$，由变换体长渔获曲线法估算出中华管鞭虾的总死亡系数 $Z = 4.71$，捕捞死亡系数 $F = Z - M = 2.673\ 9$，利用率 $E = F/Z = 56.77\%$，开捕体长 $L_c = 65.32\ mm$。应用〈everton and Hont Y/R Anarysis〉模块，输入 $M/K = 1.696\ 72$，分析当前捕捞状态下中华管鞭虾单位补充量渔获量随开发率 E 和 L_c/L_∞ 变化的等值线图（图 3-5-6），图中 P 点代表当前的利用状态，M 点为理论最佳利用状态。当 $L_c/L_\infty = 0.6$ 时，E 从 0.6 增加到 0.7 或下降至 0.5，则 Y/R 分别上升 4.88% 和下降 7.32%。假设开捕体长稳定在现行状态（$L_c = 65.32\ mm$），对 Y/R 相对 E 的二维分析结果（图 3-5-7），从图看出，当 E 从现在的 0.567 7 增加到 0.875 时，Y/R 达到最大值，但 Y/R 增加的幅度没有开发率快，相应的捕捞死亡系数（F）增加更多，表明当前中华管鞭虾的利用状态较为合理，开捕体长也处于最佳位置，若降低 10% 左右的捕捞努力量水平，将有可能实现中华管鞭虾的可持续利用。

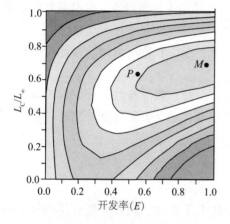

图 3-5-6　单位补充量渔获量等值线

（根据薛利建等，2009）

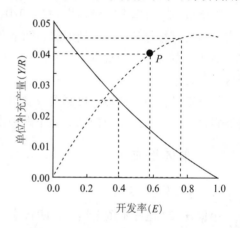

图 3-5-7　L_c 为 65.32 mm 时 Y/R 的二维分析

（根据薛利建等，2009）

九、渔业管理

为了保持中华管鞭虾的可持续利用，除了减轻捕捞强度外，在幼虾快速生长阶段，应加强保护，从中华管鞭虾自身来讲，12 月至翌年 2 月在捕捞群体中出现较多体长 50 mm 以下的小虾，以翌年 1 月份最高，达到 43.8%，12 月和翌年 2 月分别为 23.4% 和 26.2%，如果能在这段时间减少对其捕捞，至夏秋季小虾长大，将增加资源补充量，产生更大的经济效益和社会效益。但在制定休渔措施时，还必须与栖息在同一海域的优势虾类统一考虑，制定合理的管理办法，才会提高综合的利用效益。

第六节　凹管鞭虾

凹管鞭虾［*Solenocera koelbeli* De Man］（图板Ⅰ）。

分类地位：十足目，枝鳃亚目，对虾总科，管鞭虾科，管鞭虾属。

拉丁异名：*Solenocera depressa*（Kubo）。

中文俗名：红虾、外海红虾。

英文名：Chinese mud shrimp。

日文名：ヒゲナガクダヒゲエビ。

形态特征：体长60～110 mm，体重2.5～19.0 g的中型虾类。甲壳表面光滑，体橙红色。额角短，平直向上，额角齿式7－9/0，额角后脊伸达头胸甲后缘，没有薄片状的显著高突。额角后脊与颈沟交汇处形成一凹下部分。尾节末端侧缘有一对不动刺。

地理分布：分布于日本、马来西亚、中国的台湾、东海和南海海域，是印度—西太平洋区广分布种。

经济意义：肉质鲜嫩，可鲜食或制成虾干、虾仁，虾仁色泽鲜红，是制成冻虾仁的重要原料之一，用于出口或内销。是东海中南部桁杆拖虾作业重要的捕捞对象之一。

一、群体组成

1. 体长体重组成

根据6 122尾样本测定结果，凹管鞭虾雌虾个体大于雄虾。周年雌虾群体的体长范围为25～135 mm，平均体长76.0 mm，优势组45～105 mm，占82%（图3-6-1）；体重范围0.2～27.0 g，平均体重7.0 g，优势组1.0～15.0 g，占85%。雄虾群体的体长范围25～115 mm，平均体长72.8 mm，优势组45～100 mm，占93%（图3-6-1）；体重范围0.2～18.5 g，平均体重5.5 g，优势组1.0～11.0 g，占91.2%。

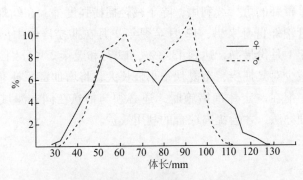

图3-6-1　凹管鞭虾捕捞群体体长组成分布

雌雄群体各月的体长、体重分布如表3-6-1所示。从表中看出，该种的平均体长和平均体重最大值出现在6—9月，雌虾分别为84.9～86.7 mm，8.0～10.2 g；雄虾分别为77.8～

82.8 mm，5.9~7.8 g，这时正是凹管鞭虾的捕捞汛期。平均体长和平均体重最小值，雌虾出现在 2—4 月，体长 61.7~62.8 mm，体重 3.3~4.1 g；雄虾出现在 1—4 月和 11—12 月，体长 58.6~63.3 mm，体重 2.9~3.6 g。从表 3-6-1 还可看出，8—10 月出现两组优势组。8 月体长在 35~55 mm，体重 0.2~3.0 g 的优势组，这是当年生优势群体，这一优势群体的体长体重自 8 月以后逐月增长，至 12 月体长、体重分别达到 50~80 mm，1.0~7.0 g，其优势组所占比重也逐月增加，体长、体重从 8 月占 18% 和 23% 至 12 月增加到 71% 和 77%。而另一优势组，8 月份体长 80~115 mm，体重 7.0~18.0 g 是越年优势群体，这一优势组的体长、体重自 8 月份以后也略有增长。但其优势组所占的比重却逐月下降，至 11 月以后这一优势组就消失了，被当年生优势群体取代。从上述看出，8—10 月出现两个群体优势组并存，同时进行交替，即上一年出生的群体被当年出生群体取代。

表 3-6-1　凹管鞭虾体长、体重组成月变化

月	性别	样品数/ind.	体长范围/mm	平均体长/mm	优势体长/mm				体重范围/g	平均体重/g	优势体重/g			
					范围	%	范围	%			范围	%	范围	%
2	♀	273	25~110	62.8	—	—	40~90	81	0.2~20.0	4.1	—	—	0.5~6.5	70
3	♀	68	35~90	62.6	—	—	45~75	78	0.5~10.0	3.5	—	—	1.0~6.0	82
4	♀	348	35~120	61.7	—	—	50~75	82	0.3~22.5	3.3	—	—	1.0~6.0	91
5	♀	240	35~130	75.4	—	—	50~95	85	0.5~27.0	6.3	—	—	1.0~10.5	86
6	♀	418	40~130	84.9	—	—	60~100	85	1.0~26.0	8.0	—	—	2.5~12.5	89
7	♀	39	50~110	85.3	—	—	70~100	79	1.5~17.0	8.4	—	—	3.5~13.0	85
8	♀	490	30~135	85.5	35~55	18	80~115	66	0.2~26.0	9.9	0.2~3.0	23	7.0~18.0	57
9	♀	566	25~130	86.7	40~60	22	85~115	64	0.2~26.5	10.2	0.5~3.0	25	8.5~16.5	57
10	♀	222	25~125	68.5	45~65	52	85~120	24	0.2~24.0	5.3	1.0~4.5	62	10.5~15.5	12
11	♀	296	30~125	65.9	45~75	65	—	—	0.3~18.0	4.5	0.5~6.0	78	—	—
12	♀	78	35~125	70.6	50~80	71	—	—	0.5~21.0	5.4	1.0~7.0	77	—	—
1	♀	39	25~110	72.8	60~85	77	—	—	0.5~13.0	5.2	2.0~6.5	79	—	—
2	♂	153	30~90	58.6	—	—	40~70	77	0.3~10.0	2.9	—	—	0.5~5.0	88
3	♂	73	35~100	61.8	—	—	50~75	89	0.5~12.5	3.4	—	—	1.5~5.0	84
4	♂	311	30~105	62.9	—	—	50~75	81	0.3~14.0	3.4	—	—	1.0~6.5	91
5	♂	160	40~100	68.3	—	—	55~85	81	0.5~11.5	4.2	—	—	1.5~7.0	84
6	♂	411	40~110	77.8	—	—	65~95	83	1.0~15.0	5.9	—	—	2.5~9.0	86
7	♂	80	50~105	80.8	—	—	70~95	81	1.0~12.0	6.7	—	—	4.0~9.5	80
8	♂	463	30~115	82.8	40~55	9	70~100	77	0.3~18.5	7.8	0.5~2.5	11	5.0~12.0	73
9	♂	719	30~110	80.9	40~60	18	80~100	67	0.3~16.5	7.3	1.0~3.0	20	5.5~12.0	73
10	♂	290	25~110	65.9	45~65	58	80~105	29	0.2~14.5	4.5	1.0~3.5	60	7.0~11.0	22
11	♂	234	35~105	61.3	45~70	73	—	—	0.3~14.0	3.6	1.0~4.5	74	—	—
12	♂	102	35~105	63.3	50~70	82	—	—	0.5~11.0	3.4	1.5~4.5	87	—	—
1	♂	49	40~85	60.1	50~75	86	—	—	0.5~7.0	2.8	1.5~4.5	82	—	—

2. 体长与体重的关系

凹管鞭虾体长与体重的关系曲线呈幂函数类型（图3-6-2），符合指数增长型，可用 $W = aL^b$ 的关系式表达。根据各个体长组中值和相对应的平均体重配合回归，求得其体长（L）、体重（W）关系式如下：

$$W_♀ = 1.213\ 7 \times 10^{-5} L^{2.964\ 7} \quad (r = 0.999\ 0)$$

$$W_♂ = 0.983\ 6 \times 10^{-5} L^{3.008\ 1} \quad (r = 0.996\ 8)$$

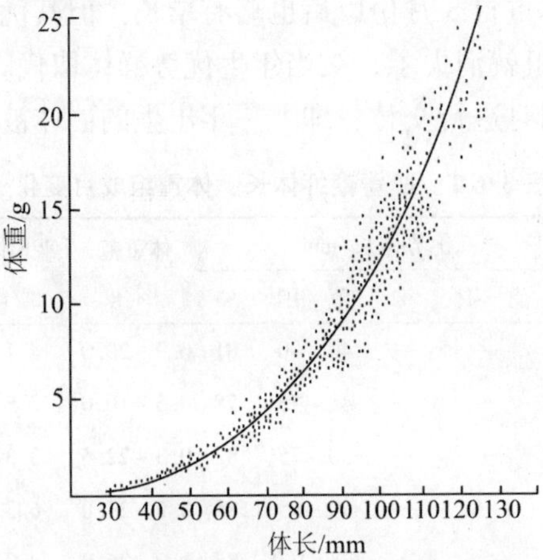

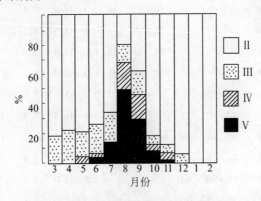

图 3-6-2　凹管鞭虾体长与体重的关系（♀）

二、繁殖和生长

1. 繁殖

根据凹管鞭虾生物学测定资料，其性腺成熟度逐月发生变化，3—4月份出现Ⅲ期个体，约占雌虾20%，5月份开始出现Ⅳ期个体，6—11月出现Ⅴ期个体，其中8—9月Ⅴ期个体比重最高，达到48.9%和30.3%，Ⅲ、Ⅳ期个体也占有较高比例，分别在11%～16%和16%～17%，自12月以后，Ⅳ、Ⅴ期个体不再出现（图3-6-3）。可见，凹管鞭虾繁殖期在6—11月，高峰期为8—9月。

图 3-6-3　凹管鞭虾性成熟度月变化

2. 生长

由于凹管鞭虾的月龄目前尚无法判别，难以建立生长模式，但从各月群体大量的体长、体重测定数据，基本上可反映出其生长规律。凹管鞭虾自6月份开始繁殖后，8月至翌年2月在捕捞群体中都出现体长25~40 mm的幼虾，这些幼虾生长迅速。从图3-6-4*a*看出，8月份幼虾群体优势组35~55 mm，至12月达到50~75 mm，进入冬季这一群体生长缓慢，至翌年4月又开始加速生长，群体优势组自4月的50~75 mm，至8—9月达到80~115 mm（图3-6-4*b*），自10月以后，这一群体的数量就大大减少了，逐渐被新生群体取代。

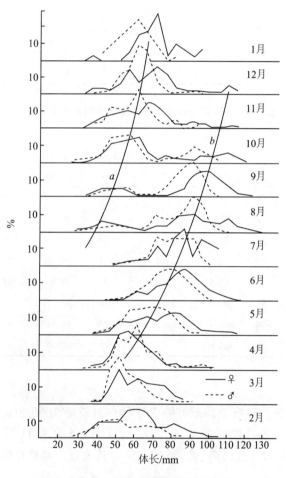

图3-6-4 凹管鞭虾体长分布月变化

把当年生群体和越年群体分开进行叙述，更详细了解其生长情况。表3-6-2是当年生群体体长相对增长率的月变化，从表中看出，8—11月相对增长率都较高，雌虾在11.2%~12.9%，雄虾在5.9%~7.9%，12月以后相对增长率就下降了。表3-6-3是越年群体体长相对增长率的月变化，4—6月相对增长率较高，雌虾达到13.4%~22.4%，雄虾为14.1%~14.8%。8月份以后生长缓慢，这时多数个体已达性成熟，产卵后死亡。从

上述看出凹管鞭虾一周年中出现2次快速生长期，即夏秋季（8—11月）快速生长期和春夏季（4—6月）快速生长期。

表3-6-2　凹管鞭虾当年生群体体长相对增长率月变化

月	♀					♂				
	样品数/ind.	优势体长组/mm	%	平均体长/mm	相对增长率/%	样品数/ind.	优势体长组/mm	%	平均体长/mm	相对增长率/%
8	165	35～55	84	44.2	—	57	40～55	74	47.7	—
9	155	40～60	79	49.9	12.9	154	40～60	85	50.5	5.9
10	155	45～65	75	55.6	11.4	193	45～65	87	54.1	7.9
11	250	45～75	77	61.8	11.2	202	45～70	84	57.9	7.0
12	66	50～80	83	66.5	7.6	98	50～70	85	61.4	6.0
1	35	60～85	85	70.8	6.5	49	50～75	86	61.5	0.1

表3-6-3　凹管鞭虾越年群体体长相对增长率月变化

月	♀					♂				
	样品数/ind.	优势体长组/mm	%	平均体长/mm	相对增长率/%	样品数/ind.	优势体长组/mm	%	平均体长/mm	相对增长率/%
3	68	45～75	78	59.8	—	73	50～75	89	60.4	—
4	348	50～75	82	60.3	0.8	311	50～75	81	60.9	0.8
5	240	50～95	85	73.8	22.4	160	55～85	81	69.5	14.1
6	418	60～100	85	83.7	13.4	411	65～95	83	79.8	14.8
7	39	70～100	79	85.6	2.3	80	70～95	81	82.5	3.4
8	325	80～115	81	96.2	12.4	406	70～100	88	87.5	6.1
9	411	85～115	88	100.1	4.1	565	80～100	85	90.3	3.2
10	67	85～120	79	104.6	4.5	97	80～100	86	92.5	2.4

三、雌雄性比

根据周年资料分析，凹管鞭虾雌虾略多于雄虾，雌虾为50.3%，雄虾为49.7%，其雌雄性比为1∶0.99。从各月数据看（表3-6-4），2月、5月和11月雌虾相对较高，达到55.8%～64.1%，而7月雄性最高，达到67.2%，其他月份雌雄虾的比例较接近。

表3-6-4　凹管鞭虾雌雄性比月变化（%）

性　别	1月	2月	3月	4月	5月	6月	7月	8月	9月	10月	11月	12月	合　计
♀	44.3	64.1	48.2	52.8	60.0	50.4	32.8	51.4	44.0	43.4	55.8	43.3	50.3
♂	55.7	35.9	51.8	47.2	40.0	49.6	67.2	48.6	56.0	56.6	44.2	56.7	49.7

四、摄食强度

凹管鞭虾一年四季都摄食，摄食强度较高，以1、2级为主，年平均值1级占50%，2

级占34.2%，其次是3级，占9.1%，空胃率较低只占6.7%。不同季节摄食强度以夏季较高，1、2、3级合计占98.9%，其中3级占20.7%，2级占43.0%，分别为一年四季最高值，而空胃率最低，只占1.1%，其他季节相差不明显（表3-6-5）。

表3-6-5 凹管鞭虾摄食强度的季节变化（%）

季 节	0 级	1 级	2 级	3 级
春	9.6	39.7	39.1	11.5
夏	1.1	35.2	43.0	20.7
秋	9.1	60.2	26.6	4.2
冬	5.7	51.5	37.0	4.8

五、洄游分布

1. 洄游分布概况

凹管鞭虾系高温高盐属性虾类，分布于东海外侧及舟山渔场以南海域，即在舟山渔场、舟外渔场、江外渔场、鱼山渔场、温台渔场及闽东渔场60～120 m水深海域，该海域在外海高盐水控制下，夏秋季随着高盐水势力增强，在舟山渔场南部及鱼山渔场一带海域有较密集分布，形成捕捞渔场。凹管鞭虾幼虾10月份出现后，分布在高盐水西侧海域，次年3—5月，体长50～70 mm的群体数量最多，在鱼山、大陈岛以东50～70 m水深分布密集，此时生长快，6月份以后达到捕捞规格。

2. 数量分布

（1）数量分布的季节变化和区域变化。凹管鞭虾的数量分布，用单位时间渔获量（渔获率）来表示。根据1998年5月、8月、11月和1999年2月拖虾专业调查资料，调查范围为26°00′—33°00′N，127°00′E以西海域，全调查区4个季度月平均渔获率为562.3 g/h，以秋季最高，达到1283.8 g/h，其他季节渔获率近似，都在320 g/h左右。不同海域差异较大，以中部海域（28°00′—31°00′N，122°00′—127°00′E）最高，为943.5 g/h，其次是南部海域（26°00′—28°00′N，120°00′—125°30′E），渔获率为540.9 g/h，北部海域（31°00′—33°00′N，122°00′—127°00′E）最低，只有35.9 g/h，而且只出现在125°00′E以东海域。中部和南部海域数量分布的高峰期都出现在秋季，其渔获率分别达到2 124.9 g/h和1 327.0 g/h（表3-6-6）。

表3-6-6 凹管鞭虾数量分布的季节变化（g/h）

调查海域	春 季	夏 季	秋 季	冬 季	平均值
北 部 31°00′—33°00′N	0	68.0	45.1	30.5	35.9
中 部 28°00′—31°00′N	579.4	515.4	2 124.9	554.5	943.5
南 部 26°00′—28°00′N	303.2	251.1	1 327.0	282.3	540.9
全海域 26°00′—33°00′N	331.0	310.3	1 283.8	324.0	562.3

（2）数量分布的时空变化。图3-6-5是凹管鞭虾春、夏、秋、冬4季渔获率的平面分布，春季（5月）凹管鞭主要分布在舟山渔场南部和鱼山渔场60～100 m水深海域，以舟山渔场南部较为密集，高的站位渔获率在10 kg/h以上，位于29°15′N，123°′15′E。夏季（8月）分布面比较广，从北面的沙外、江外渔场至中部的舟山渔场、鱼山渔场到南部的温台、闽东渔场都有分布，但密集中心不明显，多数站位的渔获率在2.5～5.0 kg/h和2.5 kg/h以下。秋季（11月）主要密集分布在舟山渔场、鱼山渔场、温台渔场和闽东渔场，尤以鱼山渔场南部和温台渔场北部60～100 m水深海域最为密集，渔获率大于15 kg/h的站位有两个，5～15 kg/h的站位有3个，在闽东渔场和舟山渔场也有5～15 kg/h的密集分布区。冬季（翌年2月）虾群分散，没有明显的密集分布区，渔获率也较低，但在舟山渔场和鱼山渔场仍有2.5～5.0 kg/h的分布区。

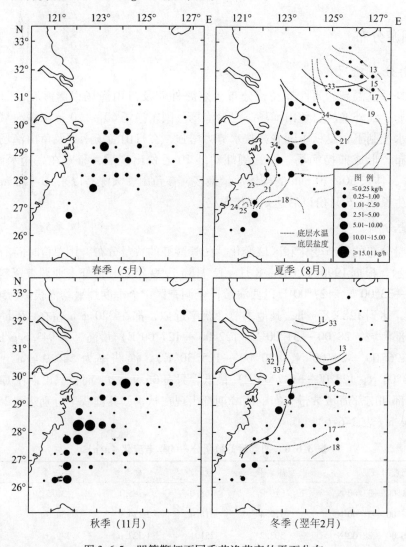

图3-6-5　凹管鞭虾不同季节渔获率的平面分布

六、群落生态

1. 群落分布与水深的关系

凹管鞭虾一般分布在 60 ~ 100 m 水深的东海高盐水海域，以高盐水西侧分布较为密集，在长江口区及以北海域、闽、浙沿岸 40 m 水深以内海域未见有分布（图 3-6-6），属热带性的近海分布种。

2. 群落分布与水温、盐度的关系

凹管鞭虾一般分布在水温 13 ~ 25℃，盐度 34 以上海域（图 3-6-6），随着季节变化做东西、南北短距离移动。夏秋季节外海高盐水强盛，凹管鞭虾分布面广，从北面的沙外、江外渔场至南面的闽东渔场都有分布，适温的范围也比较广，底层水温从北部 13℃ 至南部 25℃ 都有分布，底层盐度除主要密集区在盐度 34 以上外，在北部的沙外、江外渔场盐度 33 左右海域也有少量分布，这一海域因受黄海暖流北上的影响带来少量虾类。冬春季节高盐水势力减弱，凹管鞭虾分布往南退缩，适温范围较窄，一般分布在底层水温 13 ~ 18℃，盐度 34 以上海域（图 3-6-5），凹管鞭虾为高温高盐属性的热带近海种。

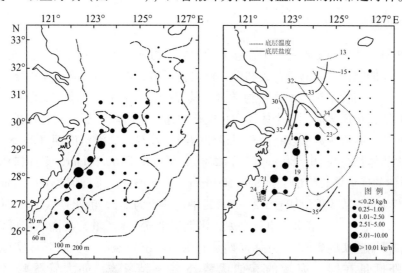

图 3-6-6　凹管鞭虾四季度月平均渔获率与水深、水温、盐度分布

七、渔业状况和资源量评估

1. 渔业状况

凹管鞭虾是东海重要的渔业捕捞对象之一，20 世纪 80 年代初以前，基本未开发利用，80 年代初发展桁杆拖虾作业以后，于 80 年代中期才得到开发利用，渔期 6—9 月，渔场在东海外海和浙江中南部海域，是桁杆拖虾作业重要的捕捞对象，是水产加工业制作冻虾仁的重要原料之一。

2. 资源量评估

根据 1998 年 5 月、8 月、11 月和 1999 年 2 月拖虾定点调查资料，调查范围为

26°00′—33°00′N，127°00′E 以西海域，采用资源密度法评估凹管鞭虾的资源量。全调查区总面积为 31×10^4 km²，估算出凹管鞭虾平均现存资源量为 5 505 t，最高现存资源量为 12 834 t，出现在秋季，其次为冬、春季，分别为 3 092 t 和 3 264 t，夏季较低，只有 2 828 t。不同海域，以中部海域（28°00′—31°00′N，122°00′—127°00′E）最高，平均现存资源量为 3 328 t，最高现存资源量为 7 496 t，出现在秋季，其次为南部海域（26°00′—28°00′N，120°00′—125°30′E），平均现存资源量和最高现存资源量分别为 2 176 t 和 5 338 t（表3-6-7）。北部海域（31°00′—33°00′N，122°00′—127°00′E）数量极少，忽略不计。

表3-6-7   凹管鞭虾资源量的季节变化（t）

调查海域	春 季	夏 季	秋 季	冬 季	平均值	最高值
北　部 31°00′—33°00′N	—	—	—	—	—	—
中　部 28°00′—31°00′N	2 044	1 818	7 496	1 956	3 328	7 496
南　部 26°00′—28°00′N	1 220	1 010	5 338	1 136	2 176	5 338
全海域 26°00′—33°00′N	3 264	2 828	12 834	3 092	5 505	12 834

八、渔业管理

凹管鞭虾虽然利用历史不长，但在强大的捕捞压力下，也会出现波动，必须采取合理的利用措施，才能维持资源的可持续利用。根据我国渔业管理的现状，实施休渔措施仍然是可行的办法。从凹管鞭虾的群体生物学看，其捕捞汛期在6—9月，也是一年中个体长到最大值的时期，在这之前，虾个体还小，处在快速生长阶段，这时实行保护，使小虾长大，增加补充群体的资源数量，将会获得最佳的经济效益。如渔汛前期（2—5月），凹管鞭虾群体的优势体长组为 40～80 mm（占82%），平均值为 60.9 mm，至捕捞汛期（6—9月），捕捞群体的优势体长组增长至 65～120 mm（占80%），平均值为 89.6 mm，平均体长增长了 28.7 mm。从体重组成看，2—5月，平均体重为 3 g，渔汛期（6—9月）平均体重增长到 9.5 g，增长了二倍多，也就是说，汛期前捕捞 1 t 产量，至渔汛期可以捕 3 t 的产量。因此，汛期前实施2—3个月休渔期是有明显经济效益的。但在具体实施时还必须和与凹管鞭虾栖息在同一海域的其他优势虾类一起考虑，如大管鞭虾（*Solenocera melantho*）、假长缝拟对虾（*Parapenaeus fissuroides*）等，制定出合理的休渔期，才能提高拖虾作业的总体效益。

第七节　大管鞭虾

大管鞭虾［*Solenocera melantho* De Man］（图板Ⅱ）。

分类地位：十足目，枝鳃亚目，对虾总科，管鞭虾科，管鞭虾属。

拉丁异名：*solenocera prominentis*（kubo）。

中文俗名：大红虾、外海红虾、台湾红。

英文名：Black mud shrimp，large mud shrimp。

形态特征：体长 65~120 mm，体重 3~21 g 的中型虾类。甲壳表面光滑，体橙红色。额角较短，齿式 8/0，额角后脊明显伸达头胸甲后缘，没有薄片状的显著高突。额角后脊与颈沟交汇处没有形成缺刻。尾节末端侧缘有一对不动刺。

地理分布：分布于日本，中国的台湾、东海和南海海域。

经济意义：肉质鲜嫩，可鲜食或制成虾干、虾仁，虾仁色泽鲜红，是制作冻虾仁的重要原料，用于出口和内销。东海外海和南部海域数量较多，是桁杆拖虾作业重要的捕捞对象，渔期 6—9 月。

一、群体组成

1. 体长体重组成

根据全年 1 797 尾样本的测定结果，东海大管鞭虾雌虾大于雄虾，雌虾的体长范围为 30~150 mm，平均体长 82.6 mm，优势组 50~110 mm，占 72.6%（图 3-7-1）；体重范围为 0.5~45.0 g，平均体重 8.7 g，优势组 1.5~15 g，占 74.8%。雄虾的体长范围 30~115 mm，平均体长 77.8 mm，优势组 55~100 mm，占 85.7%（图 3-7-1）；体重范围 0.5~16.0 g，平均体重 6.6 g，优势组 2.5~10.0 g，占 79.6%。

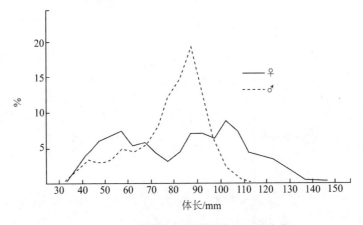

图 3-7-1 大管鞭虾捕捞群体体长组成分布

不同季节大管鞭虾的群体组成不同，冬、春季群体个体较小，雌虾平均体长分别为 62.9 mm 和 74.2 mm，平均体重为 4.4 g 和 6.1 g，尤其是 2—4 月份，体长 70 mm 以下的小虾比例很高，占 79.8%。夏、秋季群体的个体较大，雌虾平均体长分别为 89.5 mm 和 96.6 mm，平均体重为 10.6 g 和 12.3 g，尤其是 6—9 月份，体长 70 mm 以上的大虾比例高达 76.7%（表 3-7-1）。

表 3-7-1　大管鞭虾群体组成的季节变化

季节	雌雄	样本数/ind.	体长范围/mm	平均体长/mm	优势体长/mm 范围	优势体长/mm %	体重范围/g	平均体重/g	优势体重/g 范围	优势体重/g %
春	♀	426	35~140	74.2	45~95	77.0	1.0~25	6.1	1.0~9	78.2
	♂	194	35~115	68.3	50~85	80.4	0.5~15	4.6	2.0~7	80.4
夏	♀	295	30~150	89.5	75~130	71.2	0.5~45	10.6	6.0~19	65.8
	♂	246	30~115	78.7	65~100	83.7	0.5~16	6.7	4.0~11	80.5
秋	♀	251	40~135	96.6	80~130	84.5	1.0~30	12.3	8.0~20	79.3
	♂	189	40~110	84.8	75~100	86.2	1.0~15	8.1	6.0~11	83.6
冬	♀	100	30~125	62.9	30~70	78.0	0.5~22	4.4	0.5~4	78.0
	♂	96	35~105	80.9	40~70	23.0	0.5~12	7.1	7.0~10	61.5
					85~100	62.5			1.0~2.5	16.6

2. 体长与体重的关系

大管鞭虾体长与体重的关系如图 3-7-2 所示，其关系式如下：

$$W_♀ = 6.1477 \times 10^{-6} L^{3.1424} \quad (r = 0.9794)$$

$$W_♂ = 8.4015 \times 10^{-6} L^{3.0696} \quad (r = 0.9714)$$

式中，W 为体重（g），L 为体长（mm）。

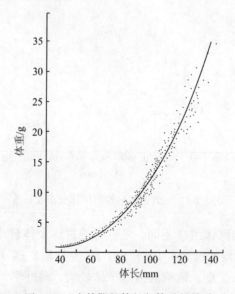

图 3-7-2　大管鞭虾体长与体重的关系

二、繁殖和生长

1. 繁殖

根据生物学测定资料，大管鞭虾 1—5 月性腺成熟度为 Ⅰ、Ⅱ 期，6 月出现 Ⅲ 期个体，7—11 月有较多的 Ⅳ 期、Ⅴ 期个体出现，其中以 9 月、10 月 Ⅳ 期、Ⅴ 期个体的比例较高，占48%～70%，可见大管鞭虾的繁殖期在7—11月，繁殖高峰期在9月、10月，12月份的性腺成熟度又恢复到Ⅰ、Ⅱ期为主，达到93.8%（图3-7-3）。

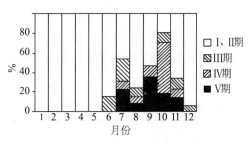

图3-7-3　大管鞭虾性腺成熟度月变化

2. 生长

大管鞭虾夏季繁殖后，8月份开始出现体长30～55 mm的小虾，从8月至11月都有小虾出现（图3-7-4b），这是当年生的补充群，这一群体经过秋冬季生长、越冬，翌年2—3月份群体体长优势组达到40～80 mm，3—6月份是补充群体快速生长阶段，雌虾的平均体长从3月份的59.9 mm，至6月份达到105.8 mm，增长76.6%。6—11月达到最大值，雌虾优势体长达到80～115 mm（图3-7-4a），这时正是大管鞭虾的繁殖期，也是捕捞大管鞭的渔汛期。自12月以后这一群体数量大大减少，捕捞群体被新生代的补充群体替代。

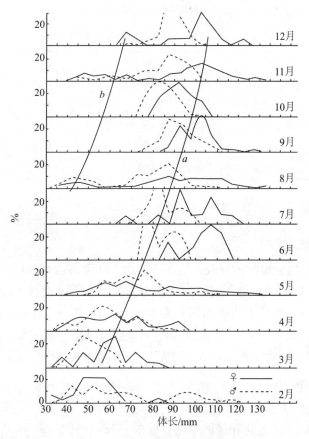

图3-7-4　大管鞭虾体长分布月变化

三、雌雄性比

大管鞭虾群体雌性多于雄性，周年平均雌虾占 59.7%，雄虾占 40.3%，其雌雄性比为 1∶0.68。上半年以雌虾居多，其中 2 月和 5 月多达 70%，其他月份也在 55% 以上。下半年以雄虾居多，除 8 月和 11 月较低外，其他月份都超过 52%，其中 10 月、12 月高达 69.3% 和 79.5%（表 3-7-2）。

表 3-7-2　大管鞭虾雌雄性比的月变化（%）

雌 雄	2 月	3 月	4 月	5 月	6 月	7 月	8 月	9 月	10 月	11 月	12 月	平 均
♀	71.2	56.1	59.2	71.8	62.5	39.4	55.2	48.0	30.7	69.7	20.5	59.7
♂	28.8	43.9	40.8	28.2	37.5	60.6	44.8	52.0	69.3	30.3	79.5	40.3

四、摄食强度

大管鞭虾周年都摄食，摄食量较高，摄食强度主要以 1、2 级为主。4 季度平均百分比，1 级为 50.8%，2 级为 29.7%，3 级为 9.1%，空胃率为 10.4%（表 3-7-3）。不同季节其摄食强度不同，春夏季加强摄食，1~3 级合计达到 93% 以上，空胃率较低，为 6.3% 和 6.7%。这时正是大管鞭虾快速生长阶段，而秋冬季摄食量略有减少，空胃率上升，尤其是秋季，空胃率达到 19.9%，这时是大管鞭虾繁殖高峰期。

表 3-7-3　大管鞭虾摄食强度的季节变化（%）

季 节	0 级	1 级	2 级	3 级
春 季	6.3	46.8	37.4	9.5
夏 季	6.7	52.9	28.7	11.7
秋 季	19.9	54.8	19.9	5.3
冬 季	11.8	44.1	35.6	8.5
合 计	10.4	50.8	29.7	9.1

五、洄游分布

1. 洄游分布概况

大管鞭虾是高温高盐属性的虾类，分布于东海大陆架高盐水海域，在舟外渔场、鱼山渔场和温台渔场分布密度较高。春季大管鞭虾从东海外侧深水海区，随台湾暖流水向北和西北方向移动，在舟外渔场、鱼山渔场和温台渔场 60~80 m 水深一带海域有密集分布，并在这一带海域索饵成长，6—9 月形成拖虾作业捕捞汛期。该种夏、秋季进行繁殖，幼虾在 60 m 水深附近海域索饵成长，秋末之后，随着高盐水向南退缩，移向外侧和南部深水海域越冬。

2. 数量分布

（1）数量分布的季节变化和区域变化。根据 1998 年 5 月、8 月、11 月和 1999 年 2 月对26°00′—33°00′N，127°00′E 以西海域的调查资料，用单位时间渔获量（渔获率）表示大管鞭的数量分布状况，全调查区 4 个季度月的平均渔获率为 492.4 g/h，以夏季最高，为 984.4 g/h，冬季最低，只有 57.9 g/h，春、秋季比较接近，在 450 g/h 左右。不同海域大管鞭虾的数量分布明显不同，北部海域（31°00′—33°00′N）未见有渔获，中部海域（28°00′—31°00′N）数量最高，四季平均值达到 970.6 g/h，其次是南部海域（26°00′—28°00′N），为 269.8 g/h（表3-7-4）。

表 3-7-4 大管鞭虾数量分布的季节变化（g/h）

调查海域	春 季	夏 季	秋 季	冬 季	平均值
北 部 31°00′—33°00′N	—	—	—	—	—
中 部 28°00′—31°00′N	1 143.7	1 902.5	706.2	129.8	970.6
南 部 26°00′—28°00′N	—	602.6	471.2	5.4	269.8
全海域 26°00′—33°00′N	497.3	984.4	430.0	57.9	492.4

（2）数量分布的时空变化。不同季节，各调查站位大管鞭虾的数量分布如图 3-7-5 所示。比较 4 个季度月的数量分布状况，夏季（8月）大管鞭虾的分布密度较高，渔获率在 10 kg/h 以上的站位有 5 个，中心分布区出现在 30°00′—31°00′N、125°00′—127°00′E，最高站位渔获率为 24.3 kg/h。春季（5月）中心区分布区与夏季相似，但分布范围较小，高密集区出现的站位也比夏季少，总体的分布量不大；秋季（11月）的分布范围与夏季相差不大，但高密度的站位少，只在南部出现 1 站渔获率超过 10 kg/h；冬季（翌年 2 月）其数量分布，无论从分布范围、分布数量来讲都是最小的，各个站位的渔获率处在 2.5 kg/h 以下。另外，在长江口以东海域和 60 m 水深以浅的沿岸海域，由于长江冲淡水和江浙沿岸水的影响，盐度低，温度年间变化幅度大，未见有大管鞭虾分布。

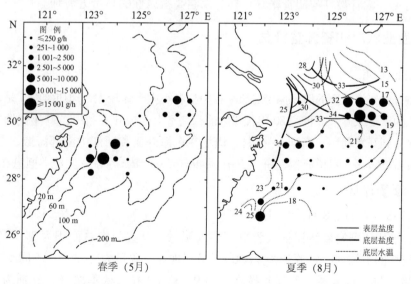

春季（5月）　　夏季（8月）

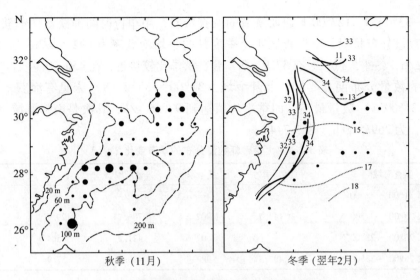

图 3-7-5　大管鞭虾不同季节渔获率的平面分布

六、群落生态

从图 3-7-5 看出，大管鞭虾一般分布在 60～100 m 水深海域，以高盐水西侧和北侧的分布较为密集，在长江口区及以北海域，闽、浙沿岸 60 m 水深以浅海域没有分布，其分布区在底层水温 13～25℃、底层盐度 33.5 以上的高盐水海域，随着季节的变化做东西、南北移动。夏秋季外海高盐水强盛，大管鞭虾分布面广，从北部的舟外渔场到南部的闽东渔场都有分布，夏季其分布海域水温 15～25℃，盐度 33.5 以上。冬季外海高盐水势力减弱，大管鞭虾分布向南退缩，分布范围缩小，分布在底层水温 13～17℃，底层盐度 34 以上海域，可见，大管鞭虾与凹管鞭虾一样为高温高盐属性的热带近海种。

七、渔业状况和资源量评估

1. 渔业状况

大管鞭虾是东海重要的渔业捕捞对象，在中型虾类中个体较大，肉质鲜红，是水产加工业制作冻虾仁的重要原料。20 世纪 80 年代初以前，基本上未被开发利用，80 年代发展桁杆拖虾作业以后才得到开发利用，渔期 6—9 月，渔场在东海外侧和浙江中南部海域，与凹管鞭虾（*Solenocera koelbeli*）、假长缝拟对虾（*Parapenaeus fissuroides*）等高盐种类栖息在同一海域。

2. 资源量评估

根据 1998 年 5 月、8 月、11 月和 1999 年 2 月对 26°00′—33°00′N，127°00′E 以西海域调查资料，采用资源密度法评估大管鞭虾的资源量。调查区内总面积为 31×10^4 km²，评估出大管鞭虾的平均现存资源量为 4 650 t，最高现存资源量为 9 135 t。不同季节，大管鞭虾的资源量不同，以夏季（8 月）最高，为 9 135 t，春、秋季次之，分别为 4 599 t 和 4 386 t，冬季（翌年 2 月）最低，只有 480 t（表 3-7-5）。不同海域，大管鞭虾的资源量以中部海域最高，其平均现存资源量和最高现存资源量为 3 424 t 和 6 711 t，其次是南部海域，分别为 1 226 t 和 2 424 t，北部海域数量极少。从季节变化来看，中部和南部海域资源量的高峰期都出现在夏季，低峰期都在冬季。

表 3-7-5　大管鞭虾资源量的季节变化（t）

调查海域	春　季	夏　季	秋　季	冬　季	平均值	最高值
北　部 31°00′—33°00′N	—	—	—	—	—	—
中　部 28°00′—31°00′N	4 035	6 711	2 491	458	3 424	6 711
南　部 26°00′—28°00′N	564	2 424	1 895	22	1 226	2 424
全海域 26°00′—33°00′N	4 599	9 135	4 386	480	4 650	9 135

八、资源动态

薛利建等（2009）根据 2006—2008 年大管鞭虾各月的体长频数，应用 FiSAT Ⅱ 软件的 ELLFAN Ⅰ 模块估算出大管鞭虾的生长参数 $K = 1.1$，极限体长 $L_\infty = 149.63$ mm，起始年龄 $t_0 = -0.283$。再根据 Pauly 建立的自然死亡系数估算的经验公式，计算在当前捕捞状态下的自然死亡系数 $M = 1.7794$。应用 FiSAT 软件的〈Length-converted Catch Curve〉模块估算出当前捕捞状态下大管鞭虾的总死亡系数 $Z = 4.896$，捕捞死亡系数 $F = Z - M = 3.117$，利用率 $E = F/Z = 63.66\%$。当前捕捞状态下大管鞭虾各体长组被捕获概率随体长的加大而增大，用移动平均的计算方法得出其选择体长 $L_C = 97.74$ mm。分析当前捕捞状态下大管鞭虾单位补充量渔获量随开发率 E 和 L_C/L_∞ 变化的等值线图（图3-7-6），图中 P 点代表当前的利用状态，M 点为理论最佳利用状态。当 $L_C/L_\infty = 0.6$ 时，E 从 0.6 增加到 0.7 或下降至 0.5，则 Y/R 分别上升 4.55% 和下降 6.82%；当 $L_C/L_\infty = 0.7$ 时，E 从 0.6 增加到 0.7 或下降至 0.5，则 Y/R 分别上升 0.82% 和下降 11.36%。假设开捕体长稳定在现行状态（$L_C = 97.75$ mm），对 Y/R 相对 E 的二维分析结果（图3-7-7），从图看出，当 E 从现在的 0.64 增加到 1 时，才可能使 Y/R 达到最大值，此时对应的捕捞死亡系数等于总

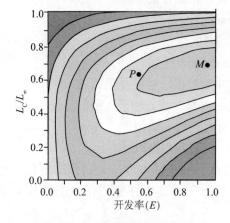

图 3-7-6　单位补充量渔获量等值线

（根据薛利建等，2009）

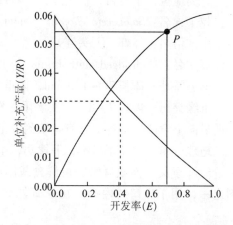

图 3-7-7　L_C 为 97.75 mm 时的 Y/R 二维分析

（根据薛利建等，2009）

死亡系数，这是不可能的。通过单位补充量产量分析表明，该群体已过度利用，应降低开捕率和捕捞努力水平，合理持续利用大管鞭虾资源。

九、渔业管理

自从 20 世纪 80 年代中期开发了东海大陆架外侧海区新的虾类资源和渔场以来，大管鞭虾作为外海的优势种之一得到了开发利用，与假长缝似对虾（*Parapenaeus fissuroides*）、凹管鞭虾（*Solenocera koelbeli*）、高脊管鞭虾（*S. alticarinata*）、须赤虾（*Metapenaeopsis barbata*）、长角赤虾（*M. longirostris*）一起成为新的捕捞对象，占东海拖虾作业虾类产量的 51.1%，对增加虾类产量，减轻对带鱼等主要经济鱼类的捕捞压力起了重要作用。虽然大管鞭虾开发时间比较迟，又分布在东海外侧高盐水域，其资源数量不像沿海的哈氏仿对虾（*Parapenaeopsis hardwickii*）、鹰爪虾（*Trachypenaeus curvirostris*）那样明显下滑，却是当前水产企业加工冻虾仁出口创汇的主要原料来源之一，资源已得到充分利用，因此必须加强保护。建议每年春季（3—5 月）大管鞭虾小虾出现的高峰月份，也是其加速生长阶段，加强对其保护。春季（3—5 月）大管鞭虾雌虾群体优势体长组为 40 ~ 70 mm。至夏季（6—8 月）群体优势体长组增长至 75 ~ 110 mm，平均体重从 3—5 月的 4.55 g 至 6—10 月增长到 12.13 g，增长了 1.7 倍。分布在同一海域的假长缝拟对虾、凹管鞭虾等高盐种类的小虾也出现在 3—5 月份，因此在 3—5 月份实行拖虾作业休渔期，不但保护了大管鞭虾的小虾，也保护了其他高盐种类的小虾，在 6 月份以后进行捕捞，将会增加补充群体的资源数量，提高拖虾作业的经济效益和社会效益。

第八节　高脊管鞭虾

高脊管鞭虾 [*Solenocera alticarinata* kubo]（图板 Ⅱ）。

分类地位：十足目，枝鳃亚目，对虾总科，管鞭虾科，管鞭虾属。

拉丁异名：*Solenocera choprai*（Natarai Yu et Chan）。

中文俗名：红虾、大头红虾。

英文名：Highridged mud shrimp, ridgeback mud shrimp。

形态特征：体长 70 ~ 120 mm，体重 6 ~ 30 g 的中型虾类。体色呈橙红色，额角短，平直，下缘突出，齿式 7 - 8/0。头胸甲后脊显著突起，成薄片状，伸至头胸甲后缘，近末端处明显向下弯曲。颈沟上方有一缺刻。尾节末端附近有一对不动刺。

地理分布：分布于日本，菲律宾，中国的台湾、东海和南海海域。

经济意义：肉质鲜嫩，可鲜食或制成虾干、虾仁，虾色泽鲜红，是制作冻虾仁的原料之一，用于出口或内销。在东海外海有一定数量分布，是桁杆拖虾作业的捕捞对象之一。

一、群体组成

1. 体长体重组成

高脊管鞭虾雌虾个体大于雄虾，周年雌虾的体长范围 25～130 mm，平均体长77.8 mm，优势组 45～105 mm，占 81.8%（图 3-8-1）；体重范围 0.2～38 g，平均体重9.3 g，优势组 1.0～18 g，占 80.9%。雄虾的体长范围 35～110 mm，平均体长 72.6 mm，优势组 55～95 mm，占 86.1%（图 4-8-1）；体重范围 0.5～16 g，平均体重为 6.3 g，优势组 1.5～10 g，占 78.4%。

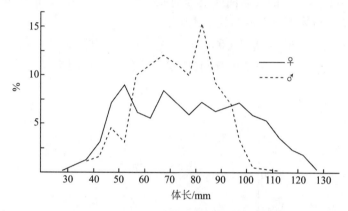

图 3-8-1　高脊管鞭虾捕捞群体体长组成分布

不同季节雌雄群体的体长体重分布如表 3-8-1 所示，春、夏季群体的体长、体重最大，秋、冬季最小，雌虾春、夏季的平均体长分别为 93.0 mm 和 103.6 mm，平均体重为14.2 g 和 19.7 g，以夏季最大；秋、冬季的平均体长分别为 68.0 mm 和 68.6 mm，平均体重为 6.6 g 和 5.9 g，其中以秋季出现的小个体最多。秋季群体优势组出现小虾和大虾两组，35～60 mm 的小虾达到 50.8%，属当年出生的补充群体，80～105 mm 的大虾仅占32.3 mm，这是越年出生的群体。雄虾和雌虾一样，春、夏季群体的体长、体重最大，秋、冬季最小，春、夏季平均体长分别为 82.9 mm 和 88.0 mm，平均体重为 9.1 g 和10.6 g；秋、冬季平均体长为 62.4 mm 和 67.7 mm，平均体重为 4.2 g 和 4.7 g（表 3-8-1）。

表 3-8-1　高脊管鞭虾群体组成的季节变化

季节	雌雄	样本/ind.	体长范围/mm	平均体长/mm	优势组范围/g	%	体重范围/g	平均体重/g	优势组范围/g	%
春	♀	142	50～120	93.0	75～110	79.6	1.0～30.0	14.2	8.5～23.0	78.9
	♂	106	55～100	82.9	70～95	86.8	2.0～16.0	9.1	6.5～12.0	83.0
夏	♀	153	80～130	103.6	90～120	81.7	7.5～38.0	19.7	12.0～26.0	80.4
	♂	81	75～110	88.0	80～95	81.5	6.5～16.0	10.6	7.5～13.0	81.5
秋	♀	124	35～125	68.0	35～60	50.8	0.5～27.0	6.6	0.5～5.0	53.5
					80～105	32.3			15.0～21.0	17.7

续表

季节	雌雄	样本/ind.	体长范围/mm	平均体长/mm	优势组范围/g	%	体重范围/g	平均体重/g	优势组范围/g	%
	♂	87	35～100	62.4	35～80	83.9	0.5～14.5	4.2	0.5～6.0	75.9
冬	♀	540	25～130	68.6	45～85	82.6	0.2～38.0	5.9	1.0～11.0	87.4
	♂	296	40～100	67.7	50～80	89.8	0.5～12.5	4.7	1.5～7.0	85.8

2. 体长与体重的关系

高脊管鞭虾体长与体重的关系曲线呈幂函数类型（图3-8-2），可用 $W=aL^b$ 的关系式表达，其体长（L）与体重（W）的关系式如下：

$$W_♀ = 0.2836 \times 10^{-5} L^{3.3783} \quad (r=0.9975)$$
$$W_♂ = 0.5465 \times 10^{-5} L^{3.2218} \quad (r=0.9951)$$

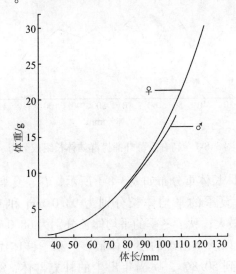

图3-8-2　高脊管鞭虾体长与体重的关系

二、繁殖和生长

1. 繁殖

根据春季（5月）、夏季（8月）、秋季（11月）、冬季（翌年2月）4季生物学测定资料，高脊管鞭虾繁殖期在夏秋季，繁殖高峰期在夏季，夏季（8月）Ⅳ期、Ⅴ期的个体性成熟度达到82.3%，其中Ⅴ期为35.1%，至秋季（11月），Ⅳ期、Ⅴ期个体仍有较高的比例，为46.6%。而冬（翌年2月）春（5月）季节，性腺成熟度以Ⅰ～Ⅲ期为主，其中春季（5月）为74.3%，冬季（翌年2月）为94.6%（表3-8-2）。

表3-8-2　高脊管鞭虾性腺成熟度的季节变化（%）

季节	Ⅰ～Ⅱ期	Ⅲ期	Ⅳ期	Ⅴ期
春季	10.8	63.5	25.7	—

续表

季　节	Ⅰ~Ⅱ期	Ⅲ期	Ⅳ期	Ⅴ期
夏　季	—	17.6	47.2	35.1
秋　季	—	53.3	13.3	33.3
冬　季	42.5	52.1	5.4	—

2. 生长

高脊管鞭虾夏季开始繁殖后，秋季（11 月）出现较多 35~70 mm 的小虾，这一群体占当月雌雄虾类总量的 61.6%，至翌年 2 月群体优势组达到 50~85 mm，雌虾占 73.5%，雄虾占 89.9%，春夏季这一群体生长快，平均体长雌虾从 2 月份的 68.6 mm，5 月份达到 90.0 mm，8 月份达到 103.6 mm；雄虾从 2 月份的 67.6 mm，5 月份达到 82.9 mm，8 月份达到 88.0 mm，至 11 月份以后，这一群体数量就逐渐减少，而被新一代的补充群体取代（图 3-8-3）。

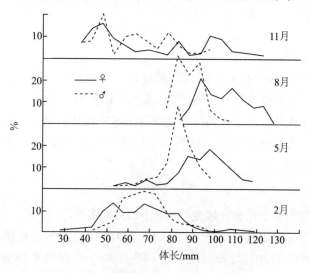

图 3-8-3　高脊管鞭虾体长分布的季节变化

三、雌雄性比

根据 4 个季度月 1 529 尾样品分析结果，高脊管鞭虾雌性多于雄性，雌虾占 62.7%，雄虾占 37.3%，其雌雄性比为 1∶0.59。不同季节，都是雌性多于雄性，其中以夏季和冬季雌性的比例最高，达到 65.4% 和 64.6%，春、秋季雌性比例也较高，达到 57.3% 和 58.7%（表 3-8-3）。

表 3-8-3　高脊管鞭雌雄性比的季节变化（%）

雌　雄	春　季	夏　季	秋　季	冬　季	平　均
♀	57.3	65.4	58.7	64.6	62.7
♂	42.7	34.6	41.3	35.4	37.3

四、摄食强度

高脊管鞭虾一年 4 季都摄食，4 季平均值以 1 级最高，为 59.0%，其次是 2 级，为

23.2%，3级最低，仅占6.2%，平均空胃率为11.6%。不同季节以夏季摄食强度最高，1级和2级占77.0%，3级也达到20.4%，空胃率最低，只占2.6%。其次是春、秋两季，摄食强度以1、2级为主，分别占93.6%和82.0%。冬季摄食强度相对较低，空胃率也较高，达到18.2%（表3-8-4）。

表3-8-4 高脊管鞭虾摄食强度的季节变化（%）

季 节	0级	1级	2级	3级
春 季	4.8	74.2	19.4	1.6
夏 季	2.6	42.5	34.5	20.4
秋 季	11.0	54.0	28.0	7.0
冬 季	18.2	60.6	18.8	2.4
平 均	11.6	59.0	23.2	6.2

五、洄游分布

1. 洄游分布概况

高脊管鞭虾一般分布在60 m水深以东的高盐水海域，有两个比较集中的分布区，一是在31°00′N以南，台湾暖流分布海域，另一是在31°00′N以北，125°00′E以东，黄海暖流流过的海域，即在江外、沙外渔场。春夏季其分布密度比较高，在100 m水深附近较为密集，以成虾为主，秋冬季较分散，以当年生的小虾为主，在鱼山渔场、温台渔场60 m水深附近有较多的分布。

2. 数量分布

（1）数量分布的季节变化和区域变化。根据1998年5月、8月、11月和1999年2月的调查资料，调查范围为26°00′—33°00′N，127°00′E以西海域，用单位时间渔获量（渔获率）表示高脊管鞭虾的数量分布状况，全调查区4个季度月平均渔获率为292.8 g/h，以春季最高，达到639.4 g/h，其次是秋季，为243.5 g/h，夏季和冬季较低，分别为171.1 g/h和117.4 g/h。不同海域以南部海域（26°00′—28°00′N，120°00′—125°30′E）最高，平均值达到720.3 g/h，尤其在春季，渔获率高达1 926.3 g/h，北部海域（31°00′—33°00′N，122°00′—127°00′E）和中部海域（28°00′—31°00′N，122°00′—127°00′E）相对较低，平均值分别为157.0 g/h和131.4 g/h。其季节变化，北部海域与南部海域一样，以春季最高，而中部海域则以秋季最高（表3-8-5）。

表3-8-5 高脊管鞭虾数量分布的季节变化（g/h）

调查海域	春季	夏季	秋季	冬季	平均
北 部 31°00′—33°00′N	376.1	18.9	207.7	25.5	157.0
中 部 28°00′—31°00′N	51.5	135.4	263.0	155.9	131.4
南 部 26°00′—28°00′N	1 926.3	541.5	252.7	160.6	720.3
全海域 26°00′—33°00′N	639.4	171.1	243.5	117.4	292.8

（2）数量分布的时空变化。图 3-8-4 是高脊管鞭虾春、夏、秋、冬渔获率的平面分布。春季（5 月）高脊管鞭虾有两个密集分布区，一是在南部，即 26°00′—28°00′N，100 m 水深附近海域，高的站位渔获率达到 25.7 kg/h，5~10 kg/h 的站位也有 3 个，另一个密集分布区在北部，即 31°00′—33°00′N，100 m 水深附近海域，但其密度不如南部海域高；夏季（8 月）北部海域密集中心消失，南部海域密集中心仍有一定数量；秋季（11月）高脊管鞭虾分布面广，自 60~200 m 水深都有分布，但密集中心不明显，除中部和南部个别站位为 5~10 kg/h 外，其他站位多为 2.5 kg/h 以下；冬季（翌年 2 月）分布范围比秋季有所缩小，主要分布在台湾暖流区，密度也降低，渔获率都在 2.5 kg/h 以下。

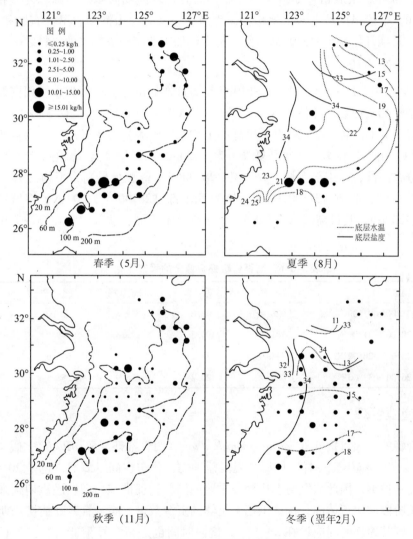

图 3-8-4　高脊管鞭虾不同季节渔获率的平面分布

六、群落生态

高脊管鞭虾分布在 60~200 m 水深海域，成虾主要分布在 100 m 水深附近海域，幼虾分布面较广，从 60 m 至 100 多米水深都有分布。其栖息海域水温一般为 11～25℃，盐度在 34 以上。该种一般分布在台湾暖流水和黄海暖流流过的海域，属高温高盐的热带近海种。

七、渔业状况和资源量评估

1. 渔业状况

高脊管鞭虾是东海外海和南部海域重要的捕捞对象之一，20 世纪 80 年代初以前，未开发利用，80 年代发展桁杆拖虾作业以后，随着拖虾渔场向东海南部和外海拓展，才得以开发利用，捕捞汛期从春末至秋初，捕捞渔场主要有鱼山渔场、温台渔场和沙外渔场、江外渔场，是拖虾作业重要的兼捕对象，是水产加工业制作冻虾仁的原料之一。

2. 资源量评估

根据 1998 年 5 月、8 月、11 月和 1999 年 2 月拖虾定点调查资料，采用资源密度法评估高脊管鞭虾的资源量，评估海域为 26°00′—33°00′N，127°00′E 以西 31×10⁴ km²，评估结果列于表 3-8-6。全调查区高脊管鞭虾的平均现存资源量为 3 973.3 t，最高现存资源量为 8 854.4 t，出现在春季，其次是夏季，为 3 320.2 t，冬季最低，只有 1 258.5 t。不同海域资源量分布不同，以南部海域（26°00′—28°00′N）资源量最高，平均值为 3 122 t，最高值为 7 748.3 t，北部（31°00′—33°00′N）和中部（28°00′—31°00′N）海域平均值只有387.7 t 和 463.6 t，其最高值都为 928 t，但出现季节不同，北部出现在春季，中部出现在秋季。

表 3-8-6　高脊管鞭虾资源量的季节变化（t）

调查海域	春季	夏季	秋季	冬季	平均值
北　部 31°00′—33°00′N	928.4	46.6	512.8	63.0	387.7
中　部 28°00′—31°00′N	181.7	195.3	927.6	549.9	463.6
南　部 26°00′—28°00′N	7 748.3	3 078.3	1 016.5	645.6	3 122.0
全海域 26°00′—33°00′N	8 854.4	3 320.2	2 456.9	1 258.5	3 973.3

八、渔业管理

高脊管鞭虾与大管鞭虾（*Solenocera melantho*）、凹管鞭虾（*S. koelbeli*）、假长缝拟对虾（*Parapenaeus fissuroides*）一样，同属高温高盐种类，分布在同一海域，也是 20 世纪 80 年代以后开发的种类，因此，宜与上述种类采取相同的管理措施，即在渔汛期到来之前，小虾快速生长阶段，实行休渔，保证汛期有足够的资源数量。高脊管鞭虾捕捞汛期自春末开始至秋初，则其休渔时间应设在 2—4 月，这段时间也是高脊管鞭虾的快速生长期，这与上述高盐种类的保护时间基本一致。

第九节 假长缝拟对虾

假长缝拟对虾［*Parapenaeus fissuroides* Crosnier］（图板Ⅱ）。

分类地位：十足目，枝鳃亚目，对虾总科，对虾科，拟对虾属。

拉丁异名：*Parapenaeus fissures*（Bate）。

中文俗名：白葱、白丁虾、剑虾、外海滑皮虾。

英文名：Eastern Neptune rose shrimp。

日文名：サケエビ。

形态特征：体长 60～100 mm，体重 2～10 g 的中型虾类。甲壳薄而光滑，体色浅黄色。额角细长，末端尖细，微向上扬，齿式 6－7/0，额角后脊延伸至头胸甲后缘。头胸甲具纵缝，自头胸甲前缘眼眶下方向后直伸至后缘。尾节末端侧缘具 1 对不动刺。

地理分布：分布于印度洋，红海，印度尼西亚，马来西亚，日本，中国的东海，南海海域。

经济意义：可鲜食或制成虾干、虾仁，是水产加工企业制作冻虾仁的重要原料之一。分布于东海大陆架中部和南部海域，是重要的渔业捕捞对象，在东海拖虾作业中，其渔获量居经济虾类首位。

一、群体组成

1. 体长体重组成

假长缝拟对虾雌虾个体大于雄虾，捕捞群体雌虾的体长范围为 30～125 mm，平均体长 70.0 mm，优势组 45～95 mm，占80.7%（图 3-9-1）；体重范围为 0.2～18.5 g，平均体重4.1 g，优势组 1～8 g，占74.4%。雄虾的体长范围 30～100 mm，平均体长 68.6 mm，优势组 50～85 mm，占85.4%（图 3-9-1）；体重范围 0.2～9.5 g，平均体重3.2 g，优势组 1～5.5 g，占87.0%。

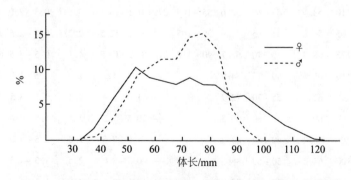

图 3-9-1 假长缝拟对虾捕捞群体体长组成分布

不同月份雌雄群体各月的体长体重分布列于表 3-9-1，从表中看出，该种的平均体长和平均体重最大值出现在 5—8 月，雌虾体长体重分别为 75.4～83.1 mm，4.4～6.1 g；雄虾分别为 73.2～77.9 mm，3.5～4.6 g，这时正是假长缝拟对虾的捕捞汛期。平均体长和平均体重最小值，雌虾出现在 9 月至翌年 1 月，体长 56.8～68.3 mm，体重 2.2～4.1 g；雄虾出现在 10 月至翌年 1 月，平均体长 62.7～64.4 mm，平均体重 2.4～2.7 g。8—11 月出现两组优势组，8 月份雌虾体长在 35～55 mm，体重 0.2～2.0 g 的优势组，这是当年生优势群体，这一优势群体的体长体重自 8 月以后逐月增长，至 11 月体长、体重分别达到 40～70 mm，0.5～3.5 g，其优势组所占比重也逐月增加，体长、体重从 8 月占 23.3% 和 26.4%，至 11 月份达到 62.7% 和 64.5%。而另一优势组，8 月份雌虾体长 75～110 mm，体重 5.5～10 g，这是上一年出生的越年群体，这一群体至 11 月体长、体重分别达到 90～110 mm，7.0～11.5 g，但其所占比重从 8 月份的 63.6% 和 44.4% 下降至 11 月份的 21.7% 和 17.6%，至 12 月这一优势组就不存在了，被当年生群体取代。同样，雄虾从 8—11 月也出现两个优势群体，当年生群体的体长、体重的比例从 8 月份的 10.6% 和 12.0%，至 11 月份上升到 72.5% 和 68.4%，而越年群体体长、体重的比例从 8 月份的 80% 和 65.1%，至 11 月份下降至 18.1% 和 16.3%，至 12 月份，越年群体的优势组也不存在了，被当年生优势群体取代。

表 3-9-1 假长缝拟对虾体长、体重组成月变化

月份	雌雄	样品/ind.	体长范围/mm	平均体长/mm	优势体长/mm 范围	%	范围	%	体重范围/g	平均体重/g	优势体重/g 范围	%	范围	%
1	♀	87	50～85	65.1	55～75	81.6	—	—	1.0～5.0	2.9	1.5～4.0	74.7	—	—
2	♀	571	35～120	74.3	55～90	81.3	—	—	0.5～15.5	4.3	1.5～6.0	75.0	—	—
3	♀	94	45～90	68.7	55～80	77.6	—	—	0.5～7.0	3.0	1.5～5.0	74.5	—	—
4	♀	386	35～95	61.3	45～80	83.9	—	—	0.4～7.5	2.5	1.0～5.0	79.3	—	—
5	♀	581	35～125	75.4	55～95	75.6	—	—	0.5～18.5	4.4	1.0～7.0	77.6	—	—
6	♀	129	55～120	83.0	70～95	85.3	—	—	1.5～10.0	5.5	3.0～7.0	77.5	—	—
7	♀	96	55～105	83.1	70～95	85.4	—	—	1.5～12.5	5.7	3.0～7.5	82.3	—	—
8	♀	450	30～125	79.7	35～55	23.3	75～110	63.6	0.2～15.5	6.1	0.2～2.0	26.4	5.5～10.0	44.4
9	♀	278	30～110	63.1	35～60	62.6	85～105	27.3	0.2～13.5	3.6	0.3～2.0	56.8	6.5～10.5	25.9
10	♀	185	35～105	56.8	45～65	72.9	90～105	4.8	0.4～12.5	2.2	0.5～2.0	77.8	8.0～11.5	4.3
11	♀	608	30～125	68.3	40～70	62.7	90～110	21.7	0.2～17.5	4.1	0.5～3.5	64.5	7.0～11.5	17.6
12	♀	106	35～110	66.8	50～75	84.9	—	—	0.4～12.	2.6	1.5～4.0	79.2	—	—
1	♂	77	45～80	62.7	55～70	72.7	—	—	1.0～4.5	2.4	1.5～3.5	79.2	—	—
2	♂	421	35～95	69.6	55～80	86.5	—	—	0.5～7.5	3.1	1.5～4.0	76.5	—	—
3	♂	92	40～95	68.0	60～80	83.7	—	—	0.5～7.5	2.8	1.5～5.0	75.0	—	—
4	♂	347	40～100	63.2	50～80	88.5	—	—	0.5～8.0	2.5	1.5～4.5	77.2	—	—
5	♂	387	45～100	73.2	60～85	80.9	—	—	0.5～9.5	3.5	1.5～5.0	81.9	—	—
6	♂	113	60～95	76.9	70～85	83.2	—	—	2.0～7.0	4.0	3.0～5.0	80.5	—	—

续表

月份	雌雄	样品/ind.	体长范围/mm	平均体长/mm	优势体长/mm				体重范围/g	平均体重/g	优势体重/g			
					范围	%	范围	%			范围	%	范围	%
7	♂	75	65~95	77.9	70~85	89.3	—	—	2.5~6.5	4.4	3.5~5.5	84.0	—	—
8	♂	301	30~100	77.2	40~60	10.6	70~90	80.0	0.5~9.0	4.6	0.5~2.0	12.0	4.0~6.5	65.1
9	♂	281	30~90	65.7	40~60	41.6	70~90	51.2	0.2~7.0	3.1	0.5~2.0	39.2	4.0~6.0	43.2
10	♂	135	40~95	63.5	45~65	65.2	75~90	25.2	0.5~7.0	2.7	1.0~3.0	65.2	4.5~6.0	20.7
11	♂	386	35~95	63.2	45~70	72.5	80~95	18.1	0.5~9.0	2.6	0.5~2.5	68.4	4.5~7.0	16.3
12	♂	86	45~80	64.4	55~75	95.3	—	—	1.0~7.0	2.5	1.5~3.5	79.1	—	—

2. 体长与体重的关系

假长缝拟对虾的关系曲线如图 3-9-2 所示，其体长（L）与体重（W）的关系式如下：

$$W_♀ = 2.094\ 6 \times 10^{-5} L^{2.817\ 5} \quad (r = 0.998)$$

$$W_♂ = 2.419\ 9 \times 10^{-5} L^{2.782\ 6} \quad (r = 0.996)$$

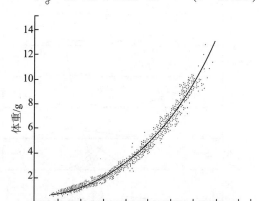

图 3-9-2 假长缝拟对虾体长与体重的关系

二、繁殖和生长

1. 繁殖

假长缝拟对虾 3—6 月份性腺成熟度为Ⅲ期，7 月份开始出现Ⅳ期和Ⅴ期个体，约占 15%，从 7 月到 10 月都有Ⅳ、Ⅴ期个体出现，其中以 8 月份Ⅳ、Ⅴ期个体最多，占 74%，11 月份以后至翌年 2 月恢复到Ⅰ、Ⅱ期为主，可见，假长缝拟对虾繁殖期在 7—10 月，高峰期在 8 月（图 3-9-3）。

2. 生长

根据 6 272 尾样品的生物学测定资料，绘制各月的体长分布图（图 3-9-4），从图上看出，假长缝拟对虾夏季繁殖后，8 月份开始出现 30~60 mm 的幼虾，幼虾生长快，至 12 月优势群体体长就达到 50~75 mm，这一群体经过越冬后，翌年 4 月开始加速生长，至 8、

9 月份达到最大值，雌虾体长达到 80 ~ 110 mm，雄虾体长达到 70 ~ 90 mm，这时正是假长缝拟对虾的繁殖期，自 6—9 月也是渔业的捕捞汛期，10 月份以后这一群体的数量就大大减少，捕捞群体被当年生的补充群体取代。

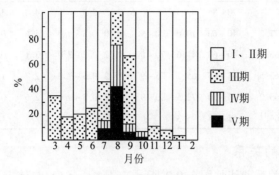

图 3-9-3　假长缝拟对虾性腺成熟度月变化

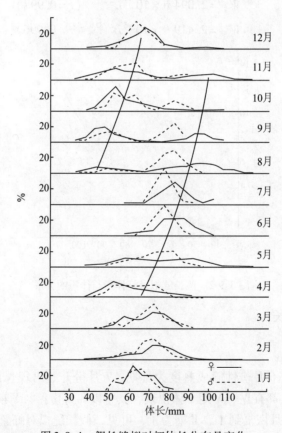

图 3-9-4　假长缝拟对虾体长分布月变化

　　把当年生群体和越年群体分开，能更详细了解其生长情况，雌虾当年生群体的体长优势组从 8 月份 35 ~ 55 mm，平均体长 45.4 mm，至 12 月份达到 50 ~ 75 mm，平均体长 65.5 mm，每月都有不同程度的增长，其平均体长月相对增长率以 9—10 月和 11—12 月最高，达到 11.6% 和 15.4%。雄虾也一样，其优势组的平均体长月相对增长率 9—10 月和

11—12 月达到 14.2% 和 12.9%（表 3-9-2）。

表 3-9-2　当年生群体体长相对增长率月变化

月	♀					♂				
	样品/ind.	优势组/mm	%	平均体长/mm	相对增长率/%	样品/ind.	优势组/mm	%	平均体长/mm	相对增长率/%
8	126	35~55	83.3	45.4	—	38	40~60	84.2	48.5	—
9	180	40~60	85.5	48.3	6.4	133	40~60	87.9	49.4	1.9
10	171	45~65	78.9	53.9	11.6	98	45~65	89.7	56.4	14.2
11	432	45~70	77.3	56.5	4.8	305	45~70	91.8	57.4	1.8
12	99	50~75	90.0	65.2	15.4	86	55~75	95.3	64.8	12.9

表 3-9-3 是越年群体体长相对增长率月变化情况，上一年出生的群体，经过越冬后，4 月份开始加速生长，雌虾体长优势组从 4 月的 45~80 mm 至 9 月达到 85~110 mm，其平均体长从 4 月 59.8 mm 至 9 月达到 95.8 mm，平均体长月相对增长率以 4—5 月最高，达到 25.1%，其次是 5—6 月和 7—8 月，分别为 9.6% 和 11.7%，6—7 月和 8—9 月较低，只有 0.4% 和 4.2%。雄虾平均体长月相对增长率也以 4—5 月最高，为 21.3%，其次是 5—6 月和 7—8 月，分别为 3.2% 和 3.9%，6—7 月和 8—9 月最低，只有 1.4% 和 0.1%（表 3-9-3）。

表 3-9-3　越年群体体长相对增长率月变化

月	♀					♂				
	样品/ind.	优势组/mm	%	平均体长/mm	相对增长率/%	样品/ind.	优势组/mm	%	平均体长/mm	相对增长率/%
4	386	45~80	83.8	59.8	—	347	50~80	85.5	61.0	—
5	581	55~95	75.6	74.8	25.1	387	60~85	80.9	74.0	21.3
6	129	65~95	90.7	82.0	9.6	113	65~85	83.2	76.4	3.2
7	96	70~95	85.4	82.3	0.4	75	70~85	89.3	77.5	1.4
8	324	75~110	88.3	91.9	11.7	263	70~90	91.9	80.5	3.9
9	98	85~110	85.7	95.8	4.2	148	70~90	97.3	80.6	0.1

三、雌雄性比

根据 6 272 尾样品分析，假长缝拟对虾周年雌性多于雄性，雌虾占 56.9%，雄虾占 43.1%，其雌雄性比为 1∶0.76。从各月的数据分析，除 9 月雌虾略低外，其他各月都是雌虾多于雄虾，其中以 5 月、11 月雌虾的比重最高，达到 60.0% 和 61.2%（表 3-9-4）。

表 3-9-4　假长缝拟对虾雌雄性比月变化（%）

性别	1月	2月	3月	4月	5月	6月	7月	8月	9月	10月	11月	12月	合计
♀	53.0	57.6	50.5	52.7	60.0	53.3	56.1	59.9	49.7	57.8	61.2	55.2	56.9
♂	47.0	42.4	49.5	47.3	40.0	46.7	43.9	40.1	50.3	42.2	38.8	44.8	43.1

四、摄食强度

假长缝拟对虾周年都有摄食，摄食量较高，摄食强度以 1、2 级为主，4 季度平均值 1 级达到 55.5%，2 级为 26.2%，3 级较低，只占 4%，平均空胃率为 14.3%。不同季节的摄食状况列于表 3-9-5，从表中看出，除夏季摄食量相对较低、空胃率较高外，其他季节摄食强度都较高，1 级和 2 级共达到 80% 以上。夏季摄食量减少，空胃率较高（20.9%），而冬季空胃率较低（9.7%），反映出假长缝拟对虾夏季生殖期间减少摄食，而越冬期增加摄食。

表 3-9-5　假长缝拟对虾摄食强度的季节变化（%）

季　节	0 级	1 级	2 级	3 级
春	13.7	58.4	23.9	3.9
夏	20.9	52.9	19.6	6.7
秋	15.6	46.4	34.4	3.7
冬	9.7	61.5	26.5	2.3

五、洄游分布

1. 洄游分布概况

假长缝拟对虾分布于东海外海 60～200 m 水深大陆架海域，在浙江中南部的鱼山渔场、温台渔场、舟外渔场和闽东渔场水深 60～120 m 有较密集分布。其洄游和移动范围不大，随季节变化，台湾暖流水的进与退，做南、北短距离移动。夏、秋季，随台湾暖流向北推进，可分布到舟山渔场南部海域和江外渔场。冬、春季随着台湾暖流减弱、向南退缩，在南部的温台渔场和闽东渔场有密集分布，在台湾基隆一带海域也有分布，是该海域重要的经济种。

2. 数量分布

（1）数量分布的季节变化和区域变化。假长缝拟对虾的数量分布，用单位时间渔获量（渔获率）来表示。全调查区（26°00′—33°00′N，122°00′—127°00′E 海域）假长缝拟对虾一年四季的平均渔获率为 1 403.9 g/h，以春季最高，达到 1 964.2 g/h，其他季节的渔获率近似，都超过 1 000 g/h，在 1 145.4—1 281.2 g/h，从总体上讲，整个调查区数量分布的季节变化不明显。但从不同海域比较，南北有较大差别，北部海域数量少，平均值只有 127.9 g/h，而且只分布在 125°00′E 以东的外侧海域，中部和南部海域数量较高，平均值分别为 1 770.4 g/h 和 2 281.9 g/h，其高峰季节都出现在春季（表 3-9-6）。

表 3-9-6　假长缝拟对虾数量分布的季节变化（g/h）

调查海域	春　季	夏　季	秋　季	冬　季	平均值
北　部 31°00′—33°00′N	307.8	79.7	100.0	24.0	127.9
中　部 28°00′—31°00′N	2 190.5	1 712.5	1 366.8	1811.6	1 770.4
南　部 26°00′—28°00′N	3 519.4	1 748.0	1 996.1	1 864.0	2 281.9
全海域 26°00′—33°00′N	1 964.2	1 224.8	1 145.4	1 281.2	1 403.9

（2）数量分布的时空变化。假长缝拟对虾不同季节、不同调查站位的渔获率分布如图3-9-5所示，从图上看出其分布海域在60 m水深以东的东海大陆架，尤其是在100 m水深附近密度较高，渔获率大于15 kg/h的分布区都在100 m水深附近海域。春季（5月）假长缝拟对虾的分布密度较高，10 kg/h以上的站位出现7处，其中15 kg/h以上的就有5处，最高站位达到24.2 kg/h，出现在27°45′N、123°45′E这一站；夏季（8月）和秋季（11月），高密度分布区减少，渔获率在10 kg/h以上的站位各只有3处；冬季（翌年2月）高密集区消失，渔获率在10 kg/h以下。从上述4个季度月的分布状况看，假长缝拟对虾的渔场分布比较稳定，季节变动不大，这与海洋环境的关系密切。

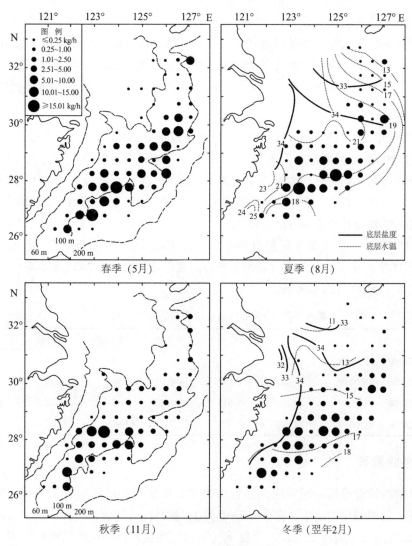

图3-9-5　假长缝拟对虾不同季节渔获率的平面分布

六、群落生态

假长缝拟对虾一般分布在60～200 m水深的东海大陆架海域，以100 m水深附近海域

较为密集，该海域在东海高盐水控制下，从夏季（8月）和冬季（翌年2月）的水温、盐度分布看出（图4-9-5），假长缝拟对虾主要分布区的底层盐度在34以上，是台湾暖流的分布海域，底层水温夏季为17~24℃，冬季为14~18℃，水温比较恒定，季节变化不明显，属高温高盐的生态环境。而在北部的长江口以东海域和60 m水深以浅的沿岸海域，由于受长江冲淡水和江浙沿岸水的影响，盐度值较低，水温年间变化幅度较大，假长缝拟对虾未见有分布，该种为高温高盐热带近海种。

七、渔业状况和资源量评估

1. 渔业状况

假长缝拟对虾是东海重要的渔业捕捞对象，是20世纪80年代中期才开发利用的渔业资源，渔期在春夏季，渔场在东海外海和浙江中南部外侧海域，分布密度较高，在拖虾作业中占虾类渔获比重最高的一种，达到14.8%，是水产企业加工虾仁的重要原料之一。

2. 资源量评估

根据1998年5月、8月、11月和1999年2月拖虾调查资料，调查范围为26°00′—33°00′N，127°00′E以西海域，总面积31×10⁴ km²，采用资源密度法评估假长缝拟对虾的资源量。全调查区平均现存资源量为15 707 t，最高现存资源量为22 409 t，出现在春季，其他季节资源量比较接近，都在13 000多吨。不同海域以南部海域（26°00′—28°00′N）资源量最高，平均现存资源量为9 175 t，最高现存资源量为14 157 t，其次是中部海域（28°00′—31°00′N），平均现存资源量为6 277 t，最高现存资源量为7 727 t，北部海域（31°00′—33°00′N）最低，平均现存资源量和最高现存资源量只有255 t和526 t（表3-9-7），而且只出现在125°00′E以东海域。

表3-9-7　假长缝拟对虾资源量的季节变化（t）

调查海域	春 季	夏 季	秋 季	冬 季	平均值	最高值
北　部 31°00′—33°00′N	526	191	205	99	255	526
中　部 28°00′—31°00′N	7 727	6 168	4 821	6 391	6 277	7 727
南　部 26°00′—28°00′N	14 157	7 031	8 027	7 486	9 175	14 157
全海域 26°00′—33°00′N	22 409	13 389	13 053	13 975	15 707	22 409

八、渔业管理

我国当前的渔业管理，以实施休渔管理为主，根据假长缝拟对虾的群体生物学资料，宜实施春保、夏捕的保护措施，春季（3—5月），群体的优势体长组为50~85 mm，平均值为67.2 mm，正处在加速生长阶段，至夏季（6—8）捕捞群体的优势组增长至65~105 mm，平均值为83.4 mm，增长了24.1%，其平均体重从春季的3 g，增至夏季的6 g，增长了一倍。如果春季捕捞1 000 kg假长缝拟对虾，长至夏季就可达2 000 kg，但目前假长缝拟对虾的补充群体，冬、春季被大量捕捞。从调查结果显示，春季正是假长缝拟对虾补充群体资源密度最高的时候，若能加以保护，待夏季集中捕捞将会产生较大的经济效益和生态效益。

第十节 须 赤 虾

须赤虾［*Metapenaeopsis barbata*（De Haan）］（图板Ⅱ）。

分类地位：十足目，枝鳃亚目，对虾总科，对虾科，赤虾属。

拉丁异名：*Penaeus affinis barbatus* De Haan，*Parapenaeus akayebi* Rathbun。

中文俗名：铁壳虾。

英文名：Whiskered velvet shrimp。

日文名：アカエビ。

形态特征：体长60～110 mm，体重2.5～13 g的中型虾类。体细长，甲壳厚硬，表面粗糙，有绒毛，并带有棕红色的斜斑纹。额角平直前伸，雌虾稍向上扬，齿式6～8/0，无额角后脊。头胸甲后侧缘有一列由18～24个小脊组成的响器。第6腹节较长，其长度与尾节相等。尾节侧缘具3对活动刺和1对不动刺。雄性交接器不对称，左叶较大，边缘有7～12个刺状突起。

地理分布：分布于马来西亚，菲律宾，印度尼西亚，日本，韩国，中国的东海，南海海域。

经济意义：可鲜食或制成虾干、虾仁，是水产加工企业加工虾类制品的重要原料之一。分布于东海高盐水海域，是拖虾作业重要的捕捞对象之一。

一、群体组成

1. 体长体重组成

根据4 488尾样品测定结果，须赤虾雌虾个体略大于雄虾，周年雌虾体长范围30～125 mm，平均体长70.5 mm，优势组45～100 mm，占86.2%（图3-10-1）；体重范围0.2～19.0 g，平均体重5.1 g，优势组1.0～11.5 g，占83.6%。雄虾的体长范围30～110 mm，平均体长68.7 mm，优势组45～90 mm，占89.6%（图3-10-1）；体重范围0.2～12.5 g，平均体重4.3 g，优势组1.0～8.5 g，占89.7%。

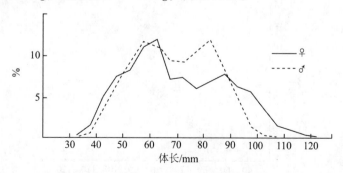

图3-10-1　须赤虾捕捞群体体长组成分布

不同季节雌雄群体的体长、体重分布列于表 3-10-1，从表中看出，夏季群体的体长、体重最大，冬、春季较小。雌虾夏季的平均体长为 79.6 mm，平均体重为 7.8 g；雄虾夏季的平均体长为 76.2 mm，平均体重为 6.1 g。冬、春季雌虾的平均体长分别为 69.1 mm 和 62.7 mm，平均体重为 4.6 g 和 2.7 g，以春季最低。秋季由于出现两个优势组，一个为 40～75 mm，占 67.2%，另一个为 95～115 mm，占 21.3%，前一优势组为当年生的群体，而后一优势组为上一年出生的越年群体，故其平均体长、平均体重也介于两者之间。

表 3-10-1　须赤虾群体组成的季节变化

季节	雌雄	样品 /ind.	体长范围 /mm	平均体长 /mm	优势组 范围	优势组 %	体重范围 /g	平均体重 /g	优势组 范围	优势组 %
春	♀	541	30～125	62.7	45～85	81.1	0.2～12.5	2.7	0.5～4.5	81.9
	♂	459	30～100	63.5	45～80	86.1	0.2～10.5	2.7	0.5～5.0	89.5
夏	♀	907	30～115	79.6	55～105	88.7	0.2～16.0	7.8	2.5～11.5	79.3
	♂	824	30～105	76.2	60～90	79.8	0.5～11.0	6.1	3.0～8.5	84.0
秋	♀	290	35～120	69.7	40～75	67.2	0.2～19.0	4.7	0.5～4.5	68.6
					95～115	21.3			9.0～14.5	18.3
	♂	224	35～110	66.5	45～75	68.2	0.2～11.5	4.2	1.0～4.5	60.3
					85～100	23.6			7.0～9.5	27.2
冬	♀	274	30～120	69.1	40～90	80.6	0.2～19.0	4.6	0.5～6.0	73.3
	♂	251	30～105	63.3	40～80	79.4	0.2～12.5	3.1	0.5～6.0	88.4

2. 体长与体重的关系

须赤虾体长（L）与体重（W）的关系如图 3-10-2 所示，根据各个体长组中值和相对应的平均体重配合回归，求得其关系式如下：

$$W_{♀} = 0.386\,3 \times 10^{-5} L^{3.227\,5} \quad (r = 0.998\,9)$$

$$W_{♂} = 0.400\,8 \times 10^{-5} L^{3.219\,1} \quad (r = 0.998\,3)$$

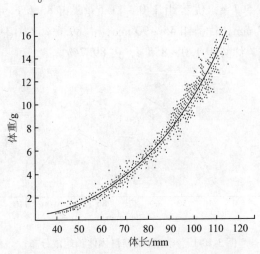

图 3-10-2　须赤虾体长与体重的关系（♀）

二、繁殖和生长

须赤虾性成熟个体从6月至11月都有出现，繁殖高峰期出现在8月，Ⅳ期和Ⅴ期个体占50%。繁殖后从8月份开始出现体长30~40 mm小虾，自8月至年底都有当年生小虾出现，这一群体生长较快，至11月，群体优势体长达到45~75 mm，占当月群体组成的68.2%；经过越冬后，至翌年春季（5月）群体优势体长组为45~80 mm，占86.1%，自5月份以后加速生长，雌虾平均体长从5月的62.7 mm，至8月达到80.1 mm，雄虾平均体长从5月63.5 mm，至8月达到76.2 mm，至秋季（11月）这一越年群体的优势体长雌虾达到95~115 mm，雄虾达到85~100 mm，但数量已明显减少，雌雄虾分别只占21.3%和23.6%，至冬季这一群体基本上不存在，捕捞群体被新的补充群体取代（图3-10-3）。

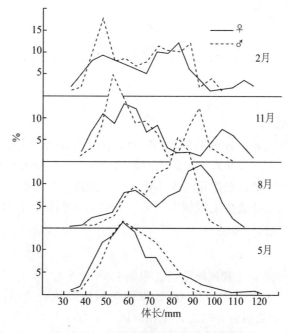

图3-10-3　须赤虾体长组成的季节变化

三、雌雄性比

根据周年4 488尾样品分析，须赤虾雌虾略多于雄虾，雌虾占53.5%，雄虾占46.5%，其雌雄性比为1∶0.87。4个季节都以雌性居多，其中以春、秋季雌性较多，分别占54.1%和55.9%，夏季和冬季雌性略多于雄性，分别占52.3%和51.5%（表3-10-2）。

表3-10-2　须赤虾雌雄性比的季节变化（%）

雌 雄	春 季	夏 季	秋 季	冬 季	平 均
♀	54.1	52.3	55.9	51.5	53.5
♂	45.9	47.7	44.1	48.5	46.5

四、摄食强度

须赤虾一年四季都摄食，摄食强度以 1 级为主，四季平均值达到 60.5%，2 级和 3 级相对较低，分别占 12.3% 和 0.8%。空胃率也较高，四季平均值为 26，4%，最高为冬季，占 36.0%，最低为春季，空胃率为 18.2%，反映出须赤虾春季增加摄食，而冬季减少摄食（表 3-10-3）。

表 3-10-3 须赤虾摄食强度的季节变化（%）

季 节	0 级	1 级	2 级	3 级
春 季	18.2	64.3	16.4	1.1
夏 季	29.3	63.2	6.9	0.5
秋 季	30.5	53.2	16.0	0.3
冬 季	36.0	55.6	7.6	0.8
平 均	26.4	60.5	12.3	0.8

五、洄游分布

1. 洄游分布概况

须赤虾为喜高温高盐种，分布于东海和南海，是重要的经济种，东海在盐度 34 以上海域数量较多，浙江中南部外侧海区至闽东渔场均有分布，主要分布在舟山渔场、鱼山渔场和温台渔场。春夏季，随着台湾暖流水增强，向北推进，在舟山渔场南部和舟外渔场有较密集分布。须赤虾的幼虾适盐范围较低，分布在高盐水西侧，在盐度 31～34 的混合水区也有分布。

2. 数量分布

（1）数量分布的季节变化和区域变化。根据 1998 年 5 月、8 月、11 月和 1999 年 2 月对东海大陆架 26°00′—33°00′N，127°00′E 以西海域拖虾调查资料，用单位时间渔获量（渔获率）表示须赤虾的数量分布状况，全调查区 4 个季度平均渔获率为 879.9 g/h，以春季最高，为 1 459.1 g/h，其次是夏季，为 1 003.4 g/h，秋、冬季较低，分别为 421.8 g/h 和 635.2 g/h。不同海域其数量分布差异较大，31°00′—33°00′N 的北部海域数量很少，主要分布在 26′00′—31°00′N 的中部和南部海域，尤以中部海域最高，4 季平均渔获率达到 1 912.9 g/h，高峰季节出现在春季和夏季，分别达到 3 337.4 g/h 和 2 030.6 g/h（表 3-10-4）。

表 3-10-4 须赤虾数量分布的季节变化（g/h）

调查海域	春 季	夏 季	秋 季	冬 季	平均值
北 部 31°00′—33°00′N	—	0.3	—	—	0.1
中 部 28°00′—31°00′N	3 337.4	2 030.6	864.5	1 418.9	1 912.9
南 部 26°00′—28°00′N	30.7	461.7	176.2	70.0	184.6
全海域 26°00′—33°00′N	1 459.1	1 003.4	421.8	635.2	879.9

（2）数量分布的时空变化。图 3-10-4 是须赤虾春、夏、秋、冬 4 季渔获率的平面分

布。春季（5月）须赤虾密集分布在 28°00′—30°30′N、123°00′—125°00′E 海域，即舟山渔场南部和鱼山渔场，渔获率在 10 kg/h 以上站位有 4 处，最高站位达到 20.5 kg/h，2.5 ~ 10 kg/h 的站位也有 10 多处。夏季（8月）与春季相比虾群有些分散，高密集分布区减少，但在南部近海出现 5 ~ 10 kg/h 的密集区。秋季（11月）数量比春夏季明显减少，高密集分布区消失，虾群分散，除两个站位出现渔获率 5 ~ 10 kg/h 外，其他站位渔获率都在 5 kg/h 以下。冬季（翌年2月）虾群又开始向舟山渔场南部海域聚集，出现 10 ~ 15 kg/h 的密集分布区（图 3-10-4）。

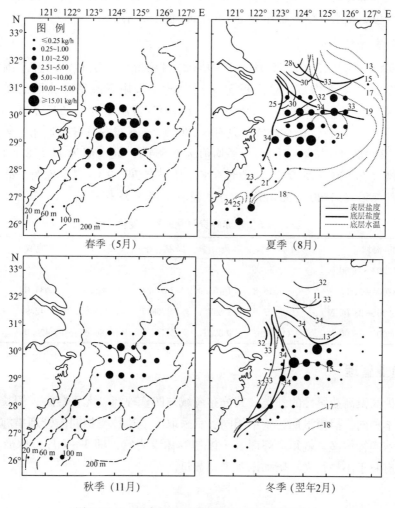

图 3-10-4 须赤虾不同季节的渔获率的平面分布

六、群落生态

须赤虾主要分布在 31°00′N 以南、60 ~ 120 m 水深海域，该海域在台湾暖流水控制下，底层盐度在 34 以上，底层水温夏季为 17 ~ 25℃，冬季为 13 ~ 18℃，属高温高盐属性的热带近海种。

七、渔业状况和资源量评估

1. 渔业状况

须赤虾是东海重要的经济种，是桁杆拖虾作业重要的捕捞对象，于 20 世纪 80 年代中期以后开发的渔业资源，渔期 5—9 月，渔场位于东海中南部外侧高盐水海域，常与凹管鞭虾（*Slenocera koelbeli*）、大管鞭虾（*S. melantho*）、假长缝拟对虾（*Parapenaeus fissuroides*）一起捕获，在拖虾作业中，渔获比重占 9.3%，仅次于假长缝拟对虾、长角赤虾、葛氏长臂虾，居第四位，是水产企业制作虾干、虾仁的重要原料之一。

2. 资源量评估

根据 1998 年 5 月、8 月、11 月和 1999 年 2 月拖虾调查资料，调查范围为 26°00′—33°00′N，127°00′E 以西海域，总面积 31 × 10⁴ km²，采用资源密度法评估须赤虾的资源量。全调查区平均现存资源量为 7 426.9 t，最高现存资源量为 11 642.3 t，出现在春季，其次是夏季（9 020.1 t），秋季最低，只有 5 286.6 t。不同海域资源量相差较大，中部海域（28°00′—31°00′N）资源量最高，平均值为 6 684 t，最高值为 11 518.8 t，出现在春季，南部海域（26°00′—28°00′N）较低，平均值只有 742.9 t，最高值为 1 857.1 t，出现在夏季，北部海域（31°00′—33°00′N）基本没有出现（表 3-10-5）。

表 3-10-5　须赤虾资源量的季节变化（t）

调查海域	春 季	夏 季	秋 季	冬 季	平均值	最高值
北　部 31°00′—33°00′N	—	—	—	—	—	—
中　部 28°00′—31°00′N	11 518.8	7 163.0	3 049.4	5 005.0	6 684.0	11 518.8
南　部 26°00′—28°00′N	123.5	1 857.1	708.7	281.6	742.9	1 857.1
全海域 26°00′—33°00′N	11 642.3	9 020.1	3 758.1	5 286.6	7 426.9	11 642.3

八、渔业管理

须赤虾为高温高盐属性的虾类，其分布海域与凹管鞭虾、大管鞭虾、假长缝拟对虾等高盐种类基本相同，捕捞汛期也基本相同，宜采取与上述种类相同的管理措施，即在拖虾汛期到来之前实行休渔。就须赤虾而言，以初春休渔为宜，即 3—4 月份休渔，5—9 月实行捕捞，这有利于小虾长大，增加汛期资源数量。

第十一节　戴氏赤虾

戴氏赤虾［*Metapenaeopsis dalei*（Rathbun）］（图板Ⅱ）。

分类地位：十足目，枝鳃亚目，对虾总科，对虾科，赤虾属。

拉丁异名：*Parapenaeus dalei* Rathbun。

中文俗名：红筋虾、梅虾。

英文名: Kishi velvet shrimp。

日文名: キシエビ。

形态特征: 体长50~70 mm, 体重1.5~3.5 g的中小型虾类。身体遍布斜行排列的红色斑纹, 甲壳厚而粗糙, 表面生有密毛。额角短, 末端尖, 伸至第一触角柄第一节末缘, 齿式5-8/0。腹部第2~6节背面中央具极强的纵脊, 尾节甚长, 长度稍大于第6腹节, 后半部两侧具3对活动刺。雄性交接器不对称, 左叶末端具3~4个刺状突起。

地理分布: 分布于日本, 朝鲜, 韩国, 中国的黄海, 东海和南海北部海域。

经济意义: 可鲜食或加工成虾干、虾米, 是东海重要的捕捞对象之一, 常与鹰爪虾一起捕获, 该种个体虽不大, 资源数量也不高, 却是外销的主要产品之一。

一、群体组成

1. 体长体重组成

根据周年2 630尾样品测定结果, 戴氏赤虾雌虾略大于雄虾, 雌虾体长范围30~85 mm, 平均体长为54.4 mm, 优势组为40~65 mm, 占83.1% (图3-11-1); 体重范围为0.2~5.5 g, 平均体重1.9 g, 优势组0.5~3.5 g, 占88.7%。雄虾的体长范围25~75 mm, 平均体长51.8 mm, 优势组40~60 mm, 占82.1% (图3-11-1); 体重范围0.2~4.5 g, 平均体重1.7 g, 优势组0.5~2.5 g, 占82.2%。

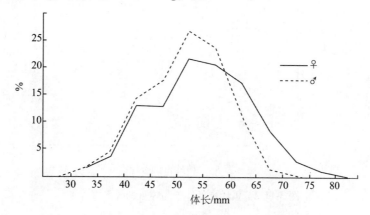

图3-11-1 戴氏赤虾捕捞群体体长组成分布

不同季节雌雄群体体长、体重分布列于表3-11-1, 从表中看出, 春季群体的体长、体重最大, 雌虾平均体长57.4 mm、体重2.0 g; 雄虾平均体长54.1 mm、体重1.7 g。其次是夏季, 雌虾的平均体长和平均体重分别为53.2 mm和1.7 g; 雄虾的平均体长和平均体重分别为50.6 mm和1.5 g。秋、冬季群体的体长体重相对较低, 雌虾平均体长为48.3 mm和49.1 mm, 平均体重为1.0 g和1.3 g; 雄虾平均体长为47.3 mm和47.5 mm, 平均体重都为1.1 g (表3-11-1)。

表 3-11-1　戴氏赤虾群体组成的季节变化

季节	雌雄	样品 /ind.	体长范围 /mm	平均体长 /mm	优势组 范围	优势组 %	体重范围 /g	平均体重 /g	优势组 范围	优势组 %
春	♀	277	30~85	57.4	45~70	84.0	0.5~5.5	2.0	0.5~3.0	86.0
	♂	241	35~70	54.1	45~65	85.4	0.5~3.5	1.7	1.0~2.0	76.0
夏	♀	341	30~80	53.2	40~65	86.8	0.5~5.0	1.7	0.5~2.5	81.8
	♂	311	25~70	50.6	40~60	83.6	0.5~3.5	1.5	0.5~2.0	81.1
秋	♀	159	30~75	48.3	35~60	85.5	0.5~4.5	1.0	0.5~2.0	89.3
	♂	121	30~65	47.5	35~55	80.1	0.5~3.0	1.1	0.5~1.5	81.0
冬	♀	114	35~70	49.1	40~60	81.6	0.5~4.0	1.3	0.5~2.0	88.5
	♂	88	30~65	47.3	35~55	79.5	0.5~3.0	1.1	0.5~1.5	79.6

2. 体长与体重的关系

戴氏赤虾体长与体重的关系曲线呈幂函数类型（图 3-11-2），可用 $W=aL^b$ 的关系式表达，其体长（L）与体重（W）的关系式如下：

$$W_♀ = 0.839\,3 \times 10^{-5} L^{3.059\,5} \quad (r = 0.985\,2)$$

$$W_♂ = 0.668\,7 \times 10^{-4} L^{2.543\,7} \quad (r = 0.991\,3)$$

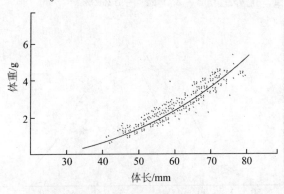

图 3-11-2　戴氏赤虾体长与体重的关系（♀）

二、繁殖和生长

1. 繁殖

戴氏赤虾 4 月份开始出现Ⅲ期和Ⅳ期个体，5 月份Ⅴ期个体增多，达到 50%，从 5 月至 8 月都有Ⅴ期个体出现，Ⅳ期和Ⅴ期个体都达到 50%，9 月份以后Ⅳ期和Ⅴ期个体就不再出现了，其繁殖期在 4—8 月，繁殖盛期为 5—8 月（图 3-11-3）

2. 生长

戴氏赤虾自 4—5 月份开始繁殖后，5 月份以后出现 30~40 mm 的小虾，由于其繁殖期较长，8—11 月都有小虾出现，小虾经过夏、秋季快速生长，至 11 月份其群体的优势体长达到 40~55 mm，这是当年生群体，这一群体经过越冬后，翌年春季加速生长，雌虾平均体长从 2 月 49.1 mm，4 月份增长至 55.8 mm，5 月份为 57.4 mm，7 月份达到 60 mm，8 月份之后这一群体（越年群体）就逐渐减少，捕捞群体被新生代取代（图 3-11-4）。

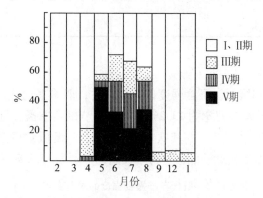

图 3-11-3　戴氏赤虾性成熟度月变化

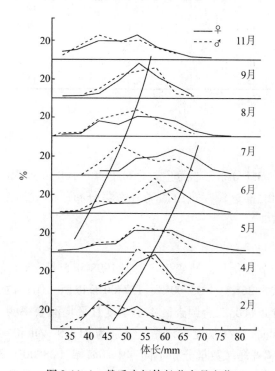

图 3-11-4　戴氏赤虾体长分布月变化

三、雌雄性比

根据一年四季调查样品分析，戴氏赤虾捕捞群体雌虾多于雄虾，4 季月平均值雌虾占 54%，雄虾占 46%，其雌雄性比为 1∶0.85，4 个季度月都是雌虾多于雄虾，秋、冬季雌虾比例相对较高，达到 56.4%～56.8%，春、夏季略低，为 52.3%～53.5%（表 3-11-2）。但有少数月份出现雄虾多于雌虾，如 6 月雄虾占 51.4%，雌虾占 48.6%，9 月雄虾占 57.8%，雌虾占 42.2%，全年的雌雄性比为 1∶0.92。

表 3-11-2　戴氏赤虾雌雄性比的季节变化（%）

雌　雄	春季	夏季	秋季	冬季	平　均
♀	53.5	52.3	56.8	56.4	54.0
♂	46.5	47.7	43.2	43.6	46.0

四、摄食强度

戴氏赤虾一年四季都摄食，摄食强度以 1 级为主，四季平均值占 74.1%，其次是 2 级，占 12.5%，3 级极少，平均空胃率为 13.2%。不同季节以春季摄食强度最高，1 级和 2 级占 93.8%，空胃率最低，只占 5.7%。其次是冬季，1、2 级摄食强度为 89.6%，空胃率为 10.4%，夏、秋季摄食强度相对较低，空胃率较高，分别为 15.8% 和 23.2%（表 3-11-3）。

表 3-11-3　戴氏赤虾摄食强度的季节变化（%）

季　节	0 级	1 级	2 级	3 级
春　季	5.7	74.7	19.1	0.5
夏　季	15.8	77.0	7.2	—
秋　季	23.2	69.6	7.2	—
冬　季	10.4	73.8	15.8	—
平　均	13.2	74.1	12.5	0.2

五、洄游分布

1. 洄游分布概况

中国近海都有戴氏赤虾分布，东海主要分布于 40 ~ 100 m 水深海域，春、夏季随着水温上升，台湾暖流水向北推进，在舟山渔场有密集分布，形成渔汛，常与鹰爪虾一起捕获，秋、冬季比较分散。

2. 数量分布

（1）数量分布的季节变化和区域变化。根据 1998 年 5 月、8 月、11 月和 1999 年 2 月的调查资料，调查海域为 26°00′—33°00′N，127°00′E 以西，用单位时间渔获量（渔获率）表示戴氏赤虾的数量分布状况，全调查区 4 个季度月平均渔获率为 378.6 g/h，以春季最高，渔获率为 498.5 g/h，其次是夏、秋季，分别为 412.9 g/h 和 444.4 g/h，冬季最低，只有 158.7 g/h。不同调查海域数量分布不同，中部海域（28°00′—31°00′N）最高，平均渔获率为 587.1 g/h，其次是南部海域（26°00′—28°00′N），平均渔获率为 414.2 g/h，北部海域最低，只有 50.4 g/h。不同调查区的数量高峰季节也不一样，中部海域出现在春季，南部海域出现在秋季，渔获率都达到 1 000 g/h（表 3-11-4）。

表 3-11-4　戴氏赤虾数量分布的季节变化（g/h）

调查海城		春　季	夏　季	秋　季	冬　季	平均值
北　部	31°00′—33°00′N	28.1	84.6	35.0	53.7	50.4
中　部	28°00′—31°00′N	1 000.1	872.3	387.6	88.3	587.1

调查海域	春　季	夏　季	秋　季	冬　季	平均值
南　部 26°00′—28°00′N	211. 4	30. 2	1 016. 7	398. 5	414. 2
全海域 26°00′—33°00′N	498. 5	412. 9	444. 4	158. 7	378. 6

（2）数量分布的时空变化。图 3-11-5 是戴氏赤虾春、夏、秋、冬 4 季渔获率的平面分布，春季（5 月）戴氏赤虾主要密集分布于舟山渔场近海，即在 60 m 水深附近海域，渔获率 10～15 kg/h 的站位有 3 处，2.5～10 kg/h 的站位有多处。夏季（8 月）密集中心仍处在舟山渔场海域，高的站位达到 18.6 kg/h，2.5～5.0 kg/h 的站位也有多处。秋季（11 月）舟山渔场密集分布区开始缩小，而在南部的温台—闽东渔场出现新的密集分布区，渔获率 2.5～10.0 kg/h 的站位有多处。冬季（翌年 2 月）虾群分散，没有明显密集分布区出现，渔获率都在 2.5 kg/h 以下（图 3-11-5）。

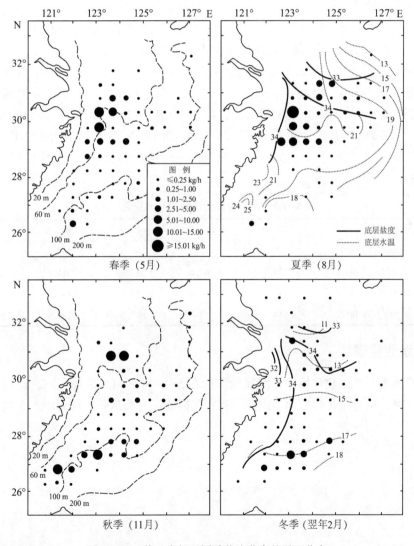

图 3-11-5　戴氏赤虾不同季节渔获率的平面分布

六、群落生态

中国近海都有戴氏赤虾分布，东海一般分布在 40 ～ 100 m 水深海域，该海域底层盐度为 33 ～ 34，底层水温夏季为 13 ～ 25℃，冬季为 10 ～ 18℃，属偏高盐性质的热带、亚热带近海种。

七、渔业状况和资源量评估

1. 渔业状况

戴氏赤虾是东海主要经济虾类之一，自 20 世纪 80 年代初发展桁杆拖虾作业以后得到开发利用，渔期 5—8 月，渔场以舟山渔场为主，常与鹰爪虾一起捕获。其个体虽比其他经济虾类略小，资源数量也不高，却是外销的水产品之一，有一定的捕捞效益。

2. 资源量评估

根据 1998 年 5 月、8 月、11 月和 1999 年 2 月对东海大陆架 26°00′—33°00′N，127°00′E 以西海域的调查资料，采用资源密度法评估戴氏赤虾资源量。全调查区戴氏赤虾平均现存资源量为 3 545.2 t，最高现存资源量 5 844.5 t，出现在春季，其次是夏、秋季，资源量为 3 443.4 t 和 3 605.5 t，冬季最低，只有 1 287.4 t。按不同海域划分，中部海域（28°00′—31°00′N）资源量最高，4 季平均值为 2 542.4 t，最高值为 5 327.8 t，出现在春季（5 月），其次为南部海域（26°00′—28°00′N），平均值为 877.0 t，最高值为 2 151.7 t，出现在秋季，北部海域（31°00′—33°00′N）最低，平均值只有 125.8 t（表 3-11-5）。

表 3-11-5　戴氏赤虾资源量的季节变化（t）

调查海域	春 季	夏 季	秋 季	冬 季	平均值
北　部 31°00′—33°00′N	69.3	214.8	86.5	132.6	125.8
中　部 28°00′—31°00′N	5 327.8	3 163.0	1 367.3	311.5	2 542.4
南　部 26°00′—28°00′N	447.4	65.6	2 151.7	843.3	877.0
全海域 26°00′—33°00′N	5 844.5	3 443.4	3 605.5	1 287.4	3 545.2

八、渔业管理

根据戴氏赤虾的生物学特性，其捕捞汛期在 5—8 月，与鹰爪虾相同，幼虾出现季节多在秋、冬季，也与鹰爪虾相同，因此，其管理措施可与鹰爪虾一起考虑，采取统一的休渔时间。

第十二节　长角赤虾

长角赤虾［*Metapenaeopsis longirostris* Crosnier］（图板Ⅱ）。

分类地位：十足目，枝鳃亚目，对虾总科，对虾科，赤虾属。

拉丁异名：*Metapenaeopsis philippii*（Dall），*Metapenaeopsis andamanensis*（Hall）。

形态特征：体长 50～75 mm，体重 1.5～4.0 g 的中小型虾类。体橙黄色，用福摩林溶液浸泡后，第 1 至第 5 腹节两侧有淡红色斑块。额角平直，末端尖细，额角齿式 6/0。第 6 腹节特长，长度为第 5 腹节的 2 倍，尾节两侧缘具 3 对可动刺和 1 对不动刺。

地理分布：分布于日本，中国东海、南部、台湾、香港海域，菲律宾群岛，马来西亚，印度尼西亚，安达曼群岛，印度，非洲东岸。

经济意义：可鲜销或干制成虾干、虾米。是 20 世纪 80 年代中期以后开发的虾类资源，是温台渔场、闽东渔场外侧海区拖虾生产主要的捕捞对象之一。

一、群体组成

1. 体长体重组成

长角赤虾雌雄个体大小相近，周年雌虾体长范围 25～85 mm，平均体长 55.1 mm，优势组 40～65 mm，占 86.8%（图 3-12-1）；体重范围 0.5～5.5 g，平均体重 1.6 g，优势组 0.8～3.0 g，占 86%。雄虾体长范围 30～85 mm，平均体长 55.8 mm，优势组 40～65 mm，占 88.2%；体重范围 0.5～6.0 g，平均体重 1.7 g，优势组 0.8～2.5 g，占 87%。

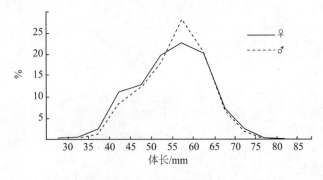

图 3-12-1　长角赤虾捕捞群体体长组成分布

不同季节雌雄群体的体长、体重分布列于表 3-12-1，从表中看出，夏季群体的体长、体重最大，雌虾的平均体长为 58.4 mm、平均体重为 1.9 g，雄虾的平均体长为 58.0 mm、平均体重 1.9 g。秋季群体的体长、体重最小，雌虾的平均体长为 51.6 mm、平均体重为 1.3 g，雄虾的平均体长为 52.6 mm、平均体重为 1.4 g。冬、春季群体的体长、体重组成介于夏、秋季之间，雌虾平均体长冬季为 54.9 mm，春季为 53.7 mm，雄虾的平均体长冬季为 56.0 mm，春季为 54.4 mm；雌虾的平均体重冬季为 1.6 g，春季为 1.4 g，雄虾的平均体重冬季为 1.7 g，春季为 1.5 g（表 3-12-1）。

表 3-12-1　长角赤虾群体组成的季节变化

季节	雌雄	样品 /ind.	体长范围 /mm	平均值 /mm	优势组 范围	优势组 %	体重范围 /g	平均体重 /g	优势组 范围	优势组 %
春	♀	300	35~75	53.7	45~65	78.7	0.5~3.5	1.4	0.5~2.0	85.3
	♂	237	35~75	54.4	45~65	80.6	0.5~3.0	1.5	0.5~2.0	81.9
夏	♀	412	30~85	58.4	45~70	88.1	0.5~4.5	1.9	0.5~2.5	80.4
	♂	373	30~85	58.0	50~70	81.2	0.5~4.0	1.9	0.5~2.5	84.7
秋	♀	197	30~75	51.6	40~65	86.3	0.5~4.0	1.3	0.5~2.0	86.3
	♂	176	30~70	52.6	40~60	73.3	0.5~3.0	1.4	0.5~2.0	81.8
冬	♀	399	30~80	54.9	45~65	83.0	0.5~5.5	1.6	0.5~2.0	82.0
	♂	319	30~85	56.0	45~65	83.7	0.5~6.0	1.7	0.5~2.0	82.4

2. 体长与体重的关系

长角赤虾体长与体重的关系如图 3-12-2 所示，其体长（L）与体重（W）的关系式如下：

$$W_♀ = 0.133\ 8 \times 10^{-4} L^{2.872\ 3} \quad (r = 0.989\ 2)$$

$$W_♂ = 0.283\ 9 \times 10^{-5} L^{3.249\ 6} \quad (r = 0.989\ 9)$$

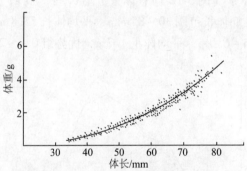

图 3-12-2　长角赤虾体长与体重的关系

二、繁殖和生长

长角赤虾与其他虾类一样，属一年生的甲壳动物，大的个体 4 月份就开始繁殖，主要繁殖期 5—7 月，高峰期在 6 月，5 月份开始出现体长 25~35 mm 的小虾，8 月份以后，在捕捞群体中当年生小虾数量逐月增多，且加速生长。群体体长优势组从 8 月的 37~48 mm，11 月长大到 40~58 mm，翌年 2—3 月达到 50~65 mm，至 6~7 月群体优势组长达到 60~70 mm，并成熟产卵，成为春夏汛拖虾作业的捕捞对象。经产卵繁殖后自然死亡，数量逐月减少。12 月以后这一越年群体就消失了，捕捞群体被新生代取代（图 3-12-3）。

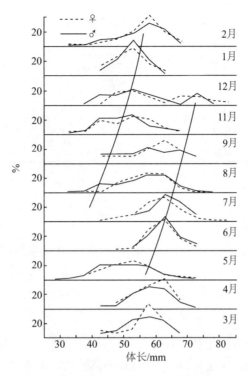

图 3-12-3　长角赤虾体长分布月变化

三、雌雄性比

根据 2 414 尾样品分析，长角赤虾群体周年雌虾多于雄虾，雌虾占 54.2%，雄虾占 45.8%，其雌雄性比为 1∶0.84。根据各月数据分析，除 9 月雌虾少于雄虾外，其他各月都是雌虾多于雄虾，其中以上半年 1 月、2 月、3 月、5 月和下半年 12 月雌虾比例较高，达到 55.0% ~ 57.9%（表 3-12-2）。

表 3-12-2　长角赤虾雌雄性比月变化（%）

性 别	1 月	2 月	3 月	4 月	5 月	6 月	7 月	8 月	9 月	11 月	12 月	合 计
♀	57.6	55.0	56.0	50.4	57.9	50.3	53.4	53.1	45.2	54.6	56.0	54.2
♂	42.4	45.0	44.0	49.6	42.1	49.7	46.6	46.9	54.8	45.4	44.0	45.8

四、摄食强度

长角赤虾周年都摄食，摄食强度以 1 级为主，4 季平均值占 65.1%，其次是 2 级，占 13.7%，3 级很少，只占 0.1%。一年四季平均空胃率也较高，占 21.1%，以冬季最高，达到 31.0%，春季最低，只占 3.7%（表 3-12-3）。从总体上看，长角赤虾春季摄食强度较高，其次是夏、秋季，冬季较低。

表3-12-3　长角赤虾摄食强度的季节变化（%）

季　节	0 级	1 级	2 级	3 级
春　季	3.7	73.1	22.9	0
夏　季	28.1	57.8	13.8	0.3
秋　季	13.7	69.3	16.7	0.3
冬　季	31.0	63.4	5.6	0
平　均	21.1	65.1	13.7	0.1

五、洄游分布

1. 洄游分布概况

长角赤虾属高温高盐种，分布于30°00′N以南，60 m水深以东的东海大陆架海域，该海域在台湾暖流水控制下，水温、盐度季节变化不明显，渔场比较稳定。春、夏季虾群密集于100 m水深附近海域形成捕捞汛期，秋、冬季虾群比较分散，密度下降。

2 数量分布

（1）数量分布的季节变化和区域变化。根据1998年5月、8月、11月和1999年2月拖虾专业调查资料，调查海域为26°00′—33°00′N，127°00′E以西海域，用单位时间渔获量（渔获率）或称资源密度指数表示长角赤虾的数量分布状况。全调查区一年四季的平均渔获率为1 224.5 g/h，以夏季最高，为2 135.7 g/h，其次是春季1 397.8 g/h，秋、冬季较低，分别为719.7 g/h和644.6 g/h。从不同调查海域看，北部海域（31°00′—33°00′N）35个调查站位都没有捕到长角赤虾，其分布海域集中在中部（28°00′—31°00′N）和南部海域（26°00′—28°00′N），尤其是南部海域分布密度最高，一年四季的平均渔获率为3 111.3 g/h，夏季高达5 385.3 g/h，春季次之，为3 836.0 g/h。中部海域一年四季的平均渔获率为949.6 g/h，比南部海域3 111.3 g/h减少69.5%。夏季最高的也只有1 681.0 g/h，可见长角赤虾分布区域性非常明显（表3-12-4）。

表3-12-4　长角赤虾数量分布的季节变化（g/h）

调查海域	春　季	夏　季	秋　季	冬　季	平均值
北　部 31°00′—33°00′N	—	—	—	—	—
中　部 28°00′—31°00′N	913.4	1 681.0	640.8	562.8	949.6
南　部 26°00′—28°00′N	3 836.0	5 385.3	1 690.7	1 533.0	3 111.3
全海域 26°00′—33°00′N	1 397.8	2 135.7	719.7	644.6	1 224.5

（2）数量分布的时空变化。图3-12-4是长角赤虾春、夏、秋、冬4季渔获率的平面分布，春季（5月）长角赤虾分布在30°00′N以南60～120 m水深海域，以100 m水深附近海域最为密集，出现多个10 kg/h以上的站位，最高站位渔获率达到31 kg/h，密集中心在温台渔场和闽东渔场。夏季（8月）分布海域与春季相似，分布密度仍较高，出现多个10 kg/h以上的站位，密集中心向东北部移动，即在鱼山渔场和鱼外渔场之间。秋季（11

月）分布海域与春、夏季基本相同，但密度大大减少，多数站位渔获率在 5 kg/h 以下，并有向东南部外侧海域移动趋势。冬季（翌年 2 月）分布海域与秋季相同，密度仍较低，除闽东渔场、温台渔场南部个别站位出现 10 kg/h 外，其他站位渔获率都低于 5 kg/h。

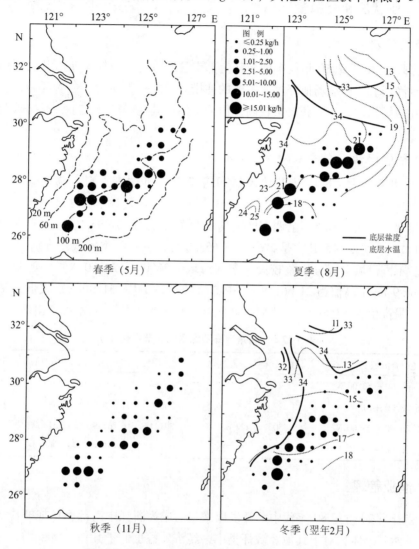

图 3-12-4　长角赤虾不同季节渔获率的平面分布

六、群落生态

长角赤虾分布在 30°00′N 以南，60 m 水深以东的东海大陆架海域，以 80 ~ 100 m 水深密度最高，80 m 以浅和 120 m 以深的分布密度都较低。在温台渔场和闽东渔场，以 100 m 水深附近的密度最高，多个站位 4 个季节平均渔获率达到 15 kg//h 以上。从图 3-12-4 中夏季和冬季长角赤虾渔获率分布与底层水温、盐度分布关系看出。夏季长角赤虾栖息海域底层水温为 17 ~ 21℃，盐度为 34 ~ 34.5，冬季其栖息水域水温为 13 ~ 18℃，盐度与夏季一样仍维持在 34 ~ 34.5，可见长角赤虾适盐范围 34 以上，适温范围 13 ~ 21℃，属高温高盐种。由于该种分布海域在台湾暖流控制下，水温、盐度季节变化不明显，其渔场也比较稳定。

七、渔业状况和资源量评估

1. 渔业状况

长角赤虾是20世纪80年代中期浙江南部市县发展桁杆拖虾作业后开发利用的虾类资源，是温台渔场和闽东渔场拖虾生产重要的捕捞对象之一，渔期从冬季开始，主要汛期在春夏季，在捕捞汛期中，渔获比重较高，但因个体比其他经济虾类小，捕捞效益不如其他经济虾种。

2. 资源量评估

根据1998年5月、8月、11月和1999年2月拖虾调查资料，调查范围为26°00′—33°00′N，127°00′E以西海域，总面积31×10⁴ km²，采用资源密度法评估长角赤虾的资源量，评估结果列于表3-12-5。全调查区平均现存资源量为15 905.9 t，最高现存资源量为27 758.3 t，出现在夏季，其次是春季（18 653.0 t），秋、冬季较低，分别为9 061.7 t和8 150.9 t。不同海域资源量相差较大，南部海域（26°00′—28°00′N）资源量最高，平均值为12 514.9 t，最高值为21 661.8 t，中部海域（28°00′—31°00′N）较低，平均值只有3 391.1 t，最高值为6 096.5 t。北部海域（31°00′—33°00′N）基本没有出现。

表3-12-5　长角赤虾资源量的季节变化（t）

调查海域	春季	夏季	秋季	冬季	平均值	最高值
北　部 31°00′—33°00′N	—	—	—	—	—	—
中　部 28°00′—31°00′N	3 222.3	6 096.5	2 260.6	1 985.0	3 391.1	6 096.5
南　部 26°00′—28°00′N	15 430.7	21 661.8	6 801.1	6 165.9	12 514.9	21 661.8
全海域 26°00′—33°00′N	18 653.0	27 758.3	9 061.7	8 150.9	15 905.9	27 758.3

八、渔业管理

长角赤虾自20世纪80年代中期开发以来，已成为浙江中南部渔场拖虾作业重要的渔获对象，虽然其个体相对于其他经济虾类小，经济效益也低于其他经济虾类，但其分布密度高，在南部海域（26°00′—28°00′N，120°00′—125°30′E）占该海域虾类重量组成31.9%。根据4个季度月的调查，其资源密度较高，资源量达（1.5~2.5）×10⁴ t，在拖虾作业中占有一定的位置。该种与假长缝拟对虾（*Parapenaeus fissuroides*）、凹管鞭虾（*Solencera koelbeli*）、大管鞭虾（*S. melantho*）、高脊管鞭虾（*S. alticarinata*）、须赤虾（*Metapenaeopsis barbata*）一起构成南部和中部海域拖虾作业重要的捕捞对象。由于长角赤虾与上述经济虾类栖息在同一海域，同属高温高盐种，因此对长角赤虾的管理，建议与中部和南部海域虾类的优势种采取同样的管理措施，即在3—5月份进行保护。3—5月份，长角赤虾仍处在生长阶段，其平均体长和平均体重雌虾分别为53.5 mm，1.39 g；雄虾分别为54.3 mm，1.51 g。至6—7月，雌虾的平均体长和平均体重增长到62.9 mm，2.41 g，分别增长 17.6% 和 73.4%；雄虾平均体长达到 61.7 mm、平均体重 2.29 g，分别增长 13.6% 和 51.7%。因此，3—5 月对该种实行保护，会增加补充群体的资源数量，有利于渔汛生产，提高产量和产值，从而提高拖虾作业的经济效益和社会效益。

第十三节　中国毛虾

中国毛虾［*Acetes chinensis* Hansen］（图板 Ⅱ）。

分类地位：十足目，枝鳃亚目，樱虾总科，樱虾科，毛虾属。

中文俗名：毛虾、糯米饭虾、小白虾、虾皮。

英文名：Northern maoxia shrimp。

形态特征：体长 26~40 mm 的小型虾类。体侧扁，甲壳甚薄，体色透明。额角短小，侧面略呈三角形，下缘斜而微曲，齿式 2/0。第一触角鞭雌雄异型，雄性下鞭形成抱器；第二触角鞭特长，呈红色。尾节甚短，侧缘及末缘具羽状毛。末二对步足完全退化。尾肢内侧有 2 至 5 个红点。

地理分布：中国的渤海、黄海、东海沿岸和南海北部沿岸海域。

经济意义：沿海张网作业重要的捕捞对象，产品除少数鲜销外，多数制成干品，称虾皮，产品有生、熟虾皮之分，是老年人补充钙质的优良食品，深受消费者欢迎。

一、群体组成

中国毛虾（以下简称毛虾）为 1 年生浮游性小型虾类，周年群体的体长范围 10~40 mm，优势体长组为 22~30 mm。体重范围 30~360 mg，优势组 100~300 mg。不同季节群体的体长组成以冬、春季最大，自 11 月至翌年 4 月群体体长优势组达到 24~30 mm，尤其是 5~6 月份最大，达到 26~37 mm，而夏、秋季体长组成最小，由于亲虾（越年群体）产卵后逐渐死亡，而当年生幼虾的大量出现，自 7 月至 9 月群体体长优势组为 14~24 mm，并加速生长，至冬春季体长优势组达到 24~30 mm，成为渔业的捕捞对象。

二、繁殖和生长

中国毛虾的繁殖期为 5—8 月，南部海域繁殖期较早，北部海域略迟。根据张孟海（1992）研究，毛虾性成熟的体长范围为 18~43 mm，体重范围为 50~750 mg，开始大量性成熟的个体体长、体重下限为 30 mm、200 mg。毛虾的排卵量为 1 013~9 863 粒，平均个体排卵量为 4 222 粒，排卵量的多少与毛虾个体体长、体重呈正相关，毛虾产卵后大部分自然死亡。在东海沿岸海域，6 月份开始出现 10~20 mm 的幼虾，7 月份当年生幼虾群体增多，8—10 月加速生长，群体优势组从 8 月 10~20 mm，10 月份达到 20~30 mm，11 月份以后，沿岸海域水温下降，毛虾进入越冬海区越冬，自 12 月至翌年 3 月生长缓慢，自 4 月份开始，沿岸海域水温回升快，毛虾从外侧深水海域进入沿岸海域索饵，加速生长，群体优势组从 4 月 22~30 mm 至 6 月份达到 26~37 mm（图 3-13-1），此时，性腺也

发育成熟产卵。

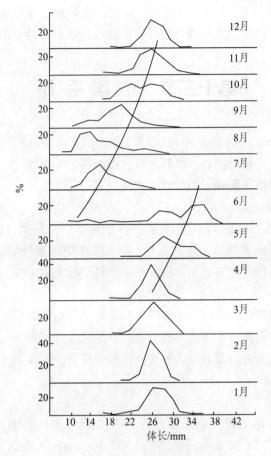

图 3-13-1　中国毛虾体长分布月变化

三、摄食习性

中国毛虾的摄食方式以滤食为主，也具有捕食能力，其食物组成有浮游植物、浮游动物和浮游幼虫三大类。浮游植物以硅藻类为主，浮游动物主要为桡足类，浮游幼虫以双壳类幼虫为主，同时也摄食有机碎屑。

四、分布和渔场

1. 洄游分布概况

东海 50 m 水深以浅的沿岸海域、河口、港湾都有中国毛虾分布。春季随着沿岸海区水温回升，分布在 50 m 水深以东越冬的毛虾群体向西和西北方向移动，进入沿海浅水区索饵、肥育，5—8 月性腺发育成熟，在沿岸低盐水域产卵繁殖，繁殖后亲虾自然死亡。新生代（产出的幼虾）也分布在沿岸海域索饵成长。10 月份以后，北方冷空气南下，沿岸海区水温下降，毛虾集群向外侧深水海区洄游，进入越冬场越冬。

2. 渔场和渔期

毛虾的捕捞汛期主要在冬、春汛，渔场主要在 30～50 m 水深海域，以温台近海渔场为主，其次是鱼山近海和舟山近海渔场。冬汛以捕捞当年生越冬洄游群体为主，11 月份以后，近海水温下降，毛虾开始集群越冬，12 月至翌年 1 月，形成冬季捕捞旺汛。春汛以捕捞越冬后进入沿岸生殖洄游的越年群体为主，每年 4—5 月份形成近海毛虾春季生产渔汛，这时毛虾性腺逐渐成熟，个体肥壮。

五、群落生态

1. 生态习性

中国毛虾属浮游动物，有昼夜垂直移动的习性。根据施仁德（1986）对浙南近海连续 24 小时张网试验结果：上午 6 时至 9 时，表层网产量占 35%，底层网产量占 65%，上午 9 时至下午 18 时底层网产量占绝对优势，平均达到 90% 以上，而表层网平均不到 10%，从下午 18 时至翌日上午 6 时，以表层网的产量占优势，平均在 80% 以上，而底层网产量只占 20% 以下（图 3-13-2）。可见毛虾白天多栖息于底层，夜里多栖息于表层，黎明前表层特别集中，中午前后底层特别密集。毛虾的垂直移动，晴天比阴天明显，透明度高的深水区比透明度小的浅水区明显，这与毛虾对光强度的感应密切相关。

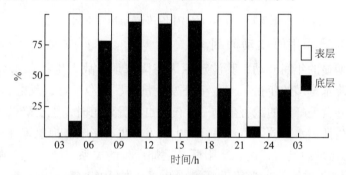

图 3-13-2　中国毛虾昼夜产量的比较

2. 群落分布与水温、盐度的关系

毛虾的适温范围一般为 18～26℃，适盐范围为 17～32。随着季节的变化而变化，春季沿岸海区水温逐月上升，从 3 月的 10℃ 至 4—5 月份上升到 20～23℃，毛虾群体从外侧深水海区进入沿岸浅水海区索饵肥育，个体迅速长大，性腺逐渐成熟。夏季 6—8 月，沿岸海区水温上升至 26～28℃，台湾暖流水向北伸展，范围扩大，毛虾聚集在沿岸低盐水区产卵繁殖。秋季随着北方冷空气南下，台湾暖流水向南退缩，沿岸水系向外扩展，沿岸海域水温降至 20～21℃，当年生毛虾广泛分布在 40 m 以浅海域索饵成长。冬季当沿岸水温下降至 19℃ 以下时，毛虾开始集群，当水温降至 14℃ 以下时，虾群密集，向外侧深水区越冬洄游，此时形成冬季捕捞旺汛，当水温降至 11℃ 以下时，虾群已离开渔场，进入深水海区越冬。

六、资源和渔业

1. 资源利用状况

中国毛虾开发利用历史较长，历来是东海区重要的捕捞对象，捕捞渔具以定置张网为主，周年都可捕获，以冬、春季产量最高、质量最好。20 世纪 80 年代东海区年产量波动在 10×10^4 t 左右，90 年代产量逐年增长，1996 年突破 20×10^4 t，2000 年达到 28.9×10^4 t，21 世纪初以来波动在 30×10^4 t 左右，浙江省毛虾年产量占东海区毛虾年产量 60% ~70%（图 3-13-3），在海洋捕捞中占有重要位置。

图 3-13-3　东海区中国毛虾产量历年变化

2. 影响毛虾资源年间波动的因素

毛虾资源有明显的年间波动，其波动原因与降水量、敌害生物和水域污染有密切关系，当春、夏季降水量多的年份，当年毛虾发生量多、资源就好，反之，毛虾资源下降。当毛虾繁殖季节吞食毛虾卵的敌害生物——夜光虫大量繁殖时，也会降低毛虾的资源发生量。沿岸工业、生活污水排放入海对毛虾的生长发育也有影响。梅永炼（1984）调查了历年平阳县 1—4 月份降雨量与苍南、平阳两县毛虾产量的关系，结果表明两者呈明显的正相关，当降雨量较高的年份，当年毛虾产量也高，如 1969 年、1973 年、1975 年、1978 年、1980 年；当降雨量较低的年份，当年毛虾产量也低，如 1968 年、1971 年、1974 年、1976 年、1977 年（图 3-13-4）。

由于降雨量的多寡，影响到江河入海的径流量，直接影响沿岸水域盐度的高低，尤其在毛虾的繁殖季节和幼体生长发育季节，沿岸水域盐度偏低，有利于提高毛虾的发生量，也有利于幼体的生长发育，从而使毛虾获得丰收，从南几海域 8—9 月份表层盐度与苍南、平阳两县毛虾产量关系看出（图 3-13-5），毛虾产量高的年份，其盐度值都低，毛虾产量与海区盐度值正好呈负相关。当降雨量少，沿岸水域盐度偏高，不但不利于毛虾幼体的生长发育，还会使敌害生物——夜光虫大量繁殖，影响毛虾发生量，造成产量下降。因此用上述因素可作为毛虾渔汛的预报指标。

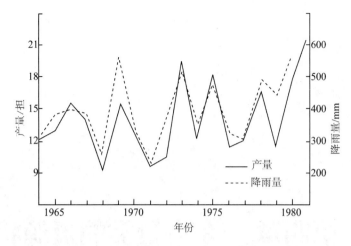

图 3-13-4　平阳县 1—4 月降雨量与苍南、平阳两县毛虾产量的关系

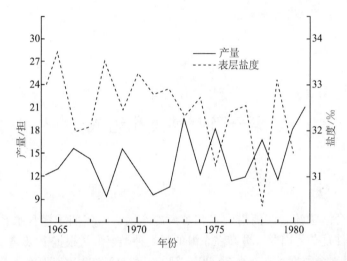

图 3-13-5　南几海域 8—9 月份表层盐度与苍南、平阳两县毛虾产量的关系

七、渔业管理

中国毛虾是东海重要的渔业捕捞对象，为了实现毛虾的可持续利用，必须加强毛虾的渔业管理，除了控制沿海的水质污染，控制赤潮和敌害生物发生外，夏、秋季要保护好幼虾，尤其是 7—9 月份要禁止沿岸海区密张网张捕幼虾，使幼虾长大，增加冬、春季捕捞汛期的资源数量，从而提高毛虾渔业的经济效益和社会效益。

第四章　东海蟹类的资源状况

第一节　种类和组成

一、种类

东海分布有台湾暖流，江浙沿岸水和黄海冷水团，一年四季多种水系交汇、相互消长，渔场水文条件复杂，因此，分布在东海的蟹类种类繁多。根据 1998 年 5 月、8 月、11 月和 1999 年 2 月 4 个季度月在东海 26°00′—33°00′N、127°00′E 以西海域，开展的虾蟹类资源定点专项调查（调查站位采用格状均匀分布，即经纬度每隔 30′设一站位，共设 115 个站位），收集 460 批蟹类样品，经分析鉴定，共有蟹类种类 71 种，隶属于 13 科 42 属。另据董聿茂（1991，1988）报道：浙江海域（包括潮间带）有蟹类 156 种，东海大陆架外缘和大陆坡深海有 19 种。而据黄宗国（1994）报道：东海海域（包括潮间带）约有 302 种，根据有关文献记载和本次调查的资料，东海蟹类约有 324 种，隶属于 22 科 145 属。

根据俞存根等（2003）报道，东海蟹类以蜘蛛蟹科（Majidae）的种类最多，共有 50 种，约占东海蟹类的 15.4%；其次是玉蟹科（Leucosiidae）的种类，共有 37 种，约占 11.5%；扇蟹科（Xanthidae）、沙蟹科（Ocypodidae）、方蟹科（Grapsidae）各有 34 种，分别占 10.5%，并居第三位；经济种类较多的是梭子蟹科（Portunidae）共有 33 种，约占 10.2%，居第四位；长脚蟹科（Gonelacidae）共有 25 种，约占 7.7%，居第五位，如表 4-1-1所示。

从表 4-1-1 中还可以看出：1998—1999 年在调查海区所获的蟹类种类以梭子蟹科最多，共有 20 种，约占 28.2%，其次是玉蟹科和长脚蟹科，各有 9 种，分别占 12.7%，蜘蛛蟹科8种，约占11.3%。此外，还有扇蟹科、馒头蟹科（Calappidae）、绵蟹科（Dromiidae）、关公蟹科（Dorippidae）等的某些种类。而沙蟹科、方蟹科的蟹类几乎没有获得，这是因为这些蟹类多分布在此次调查不涉及的潮间带环境中。另据1998—1999年调查所获的蟹类资料，群体数量较大、经济价值较高的有三疣梭子蟹（*Portunus trituberculatus*）、红星梭子蟹（*P. sanguinolentus*）、锈斑蟳（*Charybdis feriatus*）等大型蟹类和细点圆趾蟹（*Ovalipes punctatus*）、日本蟳（*Charybdis japonica*）、武士蟳（*C. miles*）、光掌蟳（*C. riversandersoni*）等中型蟹类。经济价值不高，但有一定资源数量的有长手隆背蟹（*Carcinoplax longimana*）、卷折馒头蟹（*Calappa lophos*）等中型蟹类和双斑蟳（*Charybdis bimaculata*）、银光梭子蟹（*Portunus argentatus*）等小型蟹类，特别是双斑蟳资源，群体数量较大，分布范围也较广。

表 4-1-1　东海蟹类种类组成

科		属	种	%	1998—1999 年调查结果	
					属	种
绵蟹科	Dromiidae	4	5	1.5	3	3
鬼蟹科	Tymolidae	1	2	0.6	—	—
人面蟹科	Homolidae	3	3	0.9	—	—
蛛形蟹科	Latreillidae	2	3	0.9	1	2
蛙蟹科	Raninidae	4	5	1.5	1	1
关公蟹科	Dorippidae	3	17	5.3	1	3
玉蟹科	Leucosiidae	13	37	11.5	7	9
馒头蟹科	Calappidae	5	11	3.4	3	5
膜壳蟹科	Hymensomatida	2	3	0.9	—	—
蜘蛛蟹科	Majidae	20	50	15.5	6	8
菱蟹科	Parthenopidae	7	11	3.4	—	—
盔蟹科	Corystidae	3	3	0.9	1	1
近圆蟹科	Atelecycldae	1	2	0.6	—	—
黄道蟹科	Cancridae	1	1	0.3	1	1
梭子蟹科	Portunidae	9	33	10.2	4	20
厚方蟹科	Geryonidae	1	1	0.3	—	—
扇蟹科	Xanthidae	22	34	10.5	7	7
长脚蟹科	Goneplacidae	12	25	7.7	5	9
豆蟹科	Pinnotyeridae	5	9	2.8	2	2
和尚蟹科	Mictyridae	1	1	0.3	—	—
沙蟹科	Ocypodidae	12	34	10.5	—	—
方蟹科	Grapsidae	14	34	10.5	—	—

二、组成

以 1998 年 5 月、8 月、11 月和 1999 年 2 月 4 个季度月定点专项调查所得资料为基础来分析东海的蟹类渔获物组成。结果得知：在蟹类渔获物重量组成中，具有商业利用价值的种类有细点圆趾蟹、三疣梭子蟹、日本蟳、锈斑蟳、武士蟳、光掌蟳和红星梭子蟹等，它们占蟹类渔获物组成的 62.6%，为东海调查海域的蟹类主要捕捞对象。其中，以细点圆趾蟹数量最多，占 43.8%，为东海的第一大优势种类；其次是三疣梭子蟹，占 5.7%；其他一些种类，如日本蟳、锈斑蟳、武士蟳、光掌蟳所占比重在 2.2%～4.3%，它们主要是在 20 世纪 80 年代中期以后新开发的蟹类资源，近几年在蟹类产量中呈上升趋势；红星梭子蟹与三疣梭子蟹一样，属传统的开发利用品种，但群体数量不大，产量不高，加之它主要分布范围又多在沿岸浅海区。故在此次调查所获的经济蟹类中属它所占比重最少，仅占 1.0%。

此外，双斑蟳、银光梭子蟹（*Portunus argentatus*）这两种小型蟹类占有较高的比重，分别占蟹类渔获物组成的 15.0% 和 5.7%，为桁杆拖虾网的主要渔获蟹类之品种，但其个体小、食用价值差、经济价值低；个体较大，但食用和经济价值低的长手隆背蟹、卷折馒头蟹、逍遥馒头蟹（*Calapp philargius*）也共占有 6.7%，以上 5 种蟹类及其他一些没有经济价值的蟹类，如绵蟹（*Dromia dehaani*）、十一刺栗壳蟹（*Arcania undecimspinosa*）、七刺栗壳蟹（*A. heptacantha*）等基本上都属于废弃物，捕捞上船后，往往随即丢弃。也就是说，在东海调查海域的蟹类渔获物中约有 37.5% 的产量没有商业利用价值。而从种的数量上来讲，绝大多数种（90% 以上）没有商业和食用价值。

将 1998—1999 年在东海开展蟹类调查的海域按北部（31°00′—33°00′N、122°00′—127°00′E），中部（28°00′—31°00′N、122°00′—127°00′E），南部（26°00′—28°00′N、120°00′—125°30′E）分析蟹类渔获物组成情况可知，不同海域的蟹类渔获物组成各不相同。北部海域蟹类渔获物组成以细点圆趾蟹为优势种，在蟹类渔获物组成中占 60.7%（2、5 月份占 80% 以上），其次，群体数量较大的是三疣梭子蟹和日本蟳，分别占 10.7% 和 9.7%（11 月份分别占 38.5% 和 28.0%）。非商品性蟹类中，双斑蟳占 8.4%，长手隆背蟹占 3.6%，除此之外，其他种类所占比重极少。

中部海域蟹类渔获物组成以双斑蟳、银光梭子蟹、细点圆趾蟹、武士蟳、三疣梭子蟹和锈斑蟳为优势种。其中，非商品性蟹类的双斑蟳、银光梭子蟹 2 种小型蟹类分别占 32.0% 和 15.4%（8 月份分别占 56.0%、21.0%），居第一、二位，而经济价值较高的 4 种商业性蟹类仅仅占 28.2%，其中，细点圆趾蟹占 13.1%，武士蟳占 6.1%，三疣梭子蟹占 4.6%，锈斑蟳占 4.4%，除此之外，光掌蟳和红星梭子蟹也有一定数量，分别占 1.9% 和 1.1%，日本蟳在中部海域主要分布在沿岸海区，故此次调查中渔获很少。

南部海域蟹类渔获物组成也以细点圆趾蟹为优势种，在蟹类渔获物组成中占 54.0%（8 月份占 66.2%）。其次是光掌蟳占 6.3%，锈斑蟳占 5.2%（11 月份占 18.2%），武士蟳占 3.2%（11 月份占 13.1%）。此外，非商品性蟹类的双斑蟳、卷折馒头蟹、长手隆背蟹、银光梭子蟹也占有一定比重，所占百分比分别在 3.4%～5.0%。而中、北部调查海域的主要经济优势种三疣梭子蟹在该海域所占比重极少。

综上所述，除了细点圆趾蟹、双斑蟳和长手隆背蟹在南部、中部和北部调查海域均占有一定比重外，其他优势种类各海域存在较大的差异，呈现出蟹类分布区域性显著的特征。

比较三个海域的主要经济蟹类渔获物组成可以得知：北部海域主要经济蟹类分布种类最少，但优势种的群体数量较大，分布比较集中，细点圆趾蟹、三疣梭子蟹和日本蟳共占渔获物组成的81.1%，是良好的蟹类生产作业渔场；中部海域优势种类较多，既分布有在北部海域出现的优势种，也分布有在南部海域出现的优势种，但是经济蟹类占渔获物组成的比例最低，仅占31.4%，这主要是因为细点圆趾蟹在该海域分布的群体数量少，仅占13.1%，比北部的60.7%、南部的54.0%少了4倍多。而其余68.6%的蟹类渔获量基本上全属于废弃物，没有太大的商业利用价值；南部海域不仅主要经济蟹类种类多，而且优势种的群体数量大，7种主要经济蟹类渔获量占69.4%。但是其优势种类与北部海域存在较大的差异，除了细点圆趾蟹都为绝对优势种外，其他优势种类如光掌蟳、锈斑蟳、武士蟳与北部海域的优势种类三疣梭子蟹、日本蟳完全不相同，与中部海域也有一定差异。北部海域和中部海域比较，由于水文环境条件的差异，一些中、南部海域的暖水性优势种类，如锈斑蟳、武士蟳等不能越过长江口进入北部海域，所以两海域的优势种类也存在差异。

总而言之，细点圆趾蟹为整个东海调查海域的优势种类，分布数量较大的在北部和南部海域，三疣梭子蟹是北部和中部海域的优势种类，锈斑蟳、武士蟳是中部和南部海域的优势种类，日本蟳是北部海域的优势种类，光掌蟳是南部海域的优势种类。

不同季节的蟹类渔获物组成是：5月份，东海调查海域的主要经济蟹类以细点圆趾蟹为优势种，占74.2%，而其他经济蟹类所占比重不大，分别在0.2%～2.3%。此外，非商品性蟹类的长手隆背蟹和双斑蟳也占有一定的比重。

8月份，主要经济蟹类仍然以细点圆趾蟹为优势种，但所占比重比5月份下降了一倍多，占33.9%。其次，具有一定数量的是光掌蟳和日本蟳，分别占3.4%和2.1%，而其他经济蟹类所占比重分别在0.2%～1.5%。相反，非商品性蟹类数量相当多，所占比重很高，其中双斑蟳占28.6%，银光梭子蟹占10.3%，长手隆背蟹占3.9%。

11月份，主要经济蟹类优势种类较多，其中以三疣梭子蟹为第一大优势种，占24.5%，其次是日本蟳，占14.5%，第三是锈斑蟳，占5.8%，红星梭子蟹和武士蟳也占有一定比重，分别占4.0%和3.9%。而细点圆趾蟹所占比重极少，仅占0.7%。非商品性蟹类仍占有较大数量，双斑蟳和银光梭子蟹分别占有14.8%和4.7%，另外，馒头蟹属和长手隆背蟹也各占4.9%和3.3%。

2月份，主要经济蟹类又以细点圆趾蟹为绝对优势种，占55.6%。其次，数量较多的是武士蟳和锈斑蟳，分别占6.0%和5.4%，而其他经济蟹类所占比重均不大，分别在0.4%～1.5%。非商品性蟹类也占较大的比重，其中双斑蟳占12.6%，银光梭子蟹占5.7%。

综上所述，细点圆趾蟹在东海调查海域主要出现在春季（闽东渔场以8月份渔获量为最高），三疣梭子蟹、红星梭子蟹主要出现在秋季，锈斑蟳主要出现在秋、冬季，光掌蟳主要出现在春、夏季，日本蟳和武士蟳一年四季都占有一定比重，是一年四季均有分布和渔获的蟹类资源，但其中武士蟳以秋、冬季数量最多，日本蟳以秋季数量最多。上述几种经济蟹类在东海调查海域一年四季交替出现，季节变化明显，成为各种作业的主捕对象或兼捕对象。

其次，7 种主要经济蟹类在不同时间渔获物组成中所占比重以 5 月份为最高，占82.7%；其次是 2 月份，占 70.7%；第三是 11 月份，占 54.5%；最低的是 8 月份，占42.8%。8 月份除南部海域经济蟹类所占比重为年间最高，中北部海域均为年间最低。这也说明细点圆趾蟹、锈斑蟳、武士蟳资源基础较好，与过去仅以三疣梭子蟹占优势的种群结构相比，产生了较大的变化。

第二节　数量分布和渔场渔期

数量分布是反映调查海域蟹类资源的多寡和时空分布的差异及变化规律的一个重要指标，分析并掌握资源数量分布及其变化规律，将为合理开发和科学利用蟹类资源与海洋权益的维护等提供科学依据。

一、蟹类总渔获量的分布

1. 季节变化

东海调查海域蟹类总渔获量，7 种主要经济蟹类总渔获量及平均每小时渔获量（平均渔获率）季节变化明显，从表 4-2-1 可以看出，周年蟹类总渔获量为 3 282.42 kg，平均渔获率为 7.14 kg/h，其中：以春季（5 月）最高，渔获物以细点圆趾蟹为绝对优势种，夏季（8 月）次之，渔获物以细点圆趾蟹、双斑蟳等为优势种，秋季（11 月）居第三，渔获物以三疣梭子蟹、日本蟳、双斑蟳等为优势种，冬季（翌年 2 月）渔获量最低，几乎只有春季的 1/2，渔获物以细点圆趾蟹、武士蟳、锈斑蟳等为优势种。

从表 4-2-2 中可以看出：7 种主要经济蟹类渔获量和平均渔获率是 5 月份最高，其他三个调查月份相差不大，平均渔获率均在平均值以下，其中又以 11 月份为最低。而 5 月、8 月及 2 月均是以细点圆趾蟹为绝对优势种，11 月份是以三疣梭子蟹为优势种。可见，目前东海调查海域以细点圆趾蟹资源数量占较大的比重，具有一定的开发潜力，而传统的三疣梭子蟹资源，由于过度捕捞，资源数量锐减，随着对其他经济蟹类资源的开发，渔场扩大，其在蟹类产量中所占比重已大不如前，逐渐失去了过去占绝对优势的地位。

表 4-2-1　蟹类总渔获量和平均渔获率的季节变化（kg，kg/h）

月份	总渔获量	平均渔获率	北部		中部		南部	
			渔获量	平均渔获率	渔获量	平均渔获率	渔获量	平均渔获率
5	1 036.50	9.01	603.08	17.23	230.75	4.62	202.67	6.76
8	1 033.46	8.99	120.62	3.45	451.45	9.00	461.39	15.38

月份	总渔获量	平均渔获率	北 部		中 部		南 部	
			渔获量	平均渔获率	渔获量	平均渔获率	渔获量	平均渔获率
11	643.84	5.60	331.34	9.47	245.74	4.91	66.76	2.23
2	568.62	4.94	354.22	10.12	115.63	2.31	98.77	3.21
总计	3 282.42	7.14	1 409.26	10.07	1 043.57	5.22	829.59	6.91

表 4-2-2 7 种主要经济蟹类总渔获量和平均渔获率（kg，kg/h）

月份	总渔获量	平均渔获率	北 部		中 部		南 部	
			渔获量	平均渔获率	渔获量	平均渔获率	渔获量	平均渔获率
5	858.25	7.46	558.18	15.95	150.82	3.02	149.25	4.98
8	440.89	3.83	55.95	1.68	41.60	0.83	340.33	11.34
11	363.31	3.16	239.30	6.84	94.62	1.89	29.40	0.98
2	401.1	3.49	305.00	8.71	39.45	0.79	56.65	1.89
总计	2 063.55	4.49	1 161.43	8.30	326.49	1.63	575.64	4.80

从表 4-2-1、表 4-2-2 中还可以看出：各海域的蟹类渔获量季节变化具有海区差异。北部、中部海域渔获量和平均渔获率以 5 月份最高，而南部海域则以 8 月份为最高；北部海域渔获量和平均渔获率以 8 月份为最低，中部海域则以 2 月份为最低，而南部海域则以 11 月份最低。这主要是因为各海区分布的优势蟹类不同所引起的海区差异。

2. 时空分布

调查海域不同月份蟹类总渔获量的数量分布如图 4-2-1 所示。

5 月份，东海调查海域蟹类总渔获量为 1 036.50 kg，占周年蟹类总渔获量的 31.6%，平均渔获率为 9.01 kg/h，主要优势蟹类有细点圆趾蟹、长手隆背蟹、双斑蟳及光掌蟳等，最高蟹类渔获率为 350.51 kg/h，出现在北部的大沙渔场，最低蟹类渔获率为 0.25 kg/h，出现在南部的闽东渔场。

5 月份的蟹类平均渔获率属全年最高，分布相对较集中，渔获率在 20 kg/h 以上的高密集区主要有三个：一是在长江口东北向，水深为 20～40 m 海域，这一区域蟹类资源密度最高，分布范围最广，是春、夏季细点圆趾蟹的重要生产渔场；二是在闽东渔场外侧水深 100～120 m 海域；三是在舟外渔场水深 80 m 左右海域。比较三个高密集分布区的渔获率，第一分布区渔获率又要明显高于第二、第三分布区，特别是大沙渔场南部海域，渔获率分别为 350.51 kg/h 和 131.09 kg/h，比第二分布区 26.08～55.7 kg/h 和第三分布区的 30～70 kg/h 高出一个数量级。渔获率在 3.5～20 kg/h 的中密集区主要分布在长江口东北向以及调查海域的外侧。其中，较为集中的是在温台渔场 123°30′E 以东海域，其次是在鱼外、舟外、江外及沙外渔场的 126°E 以东海域等，渔获物多数是经济价值不高的蟹类。渔获率在 3.5 kg/h 以下的低密集区约占 64.3%，主要分布在长江口以南的内侧海域。也就是说，5 月份蟹类资源数量北部要好于南部，南部又要好于中部。其次，外侧要略好于内侧，特别是长江口以南，外侧要明显好于内侧，而在长江口以北，是内侧大大好于外侧。如图 4-2-1 所示。

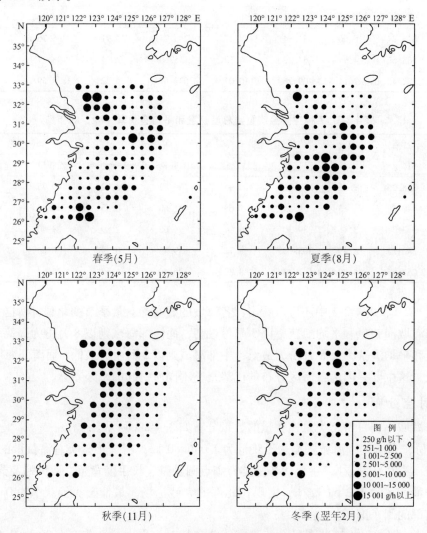

图 4-2-1　不同季节蟹类渔获率的平面分布

8 月份，蟹类总渔获量为 1 033.46 kg，占周年蟹类总渔获量的 31.5%，平均渔获率为 8.99 kg/h，基本上与 5 月份持平，主要是中、南部海域蟹类数量上升，特别是闽东渔场，出现年间最大渔获率。主要优势蟹类有细点圆趾蟹、双斑鲟、银光梭子蟹、光掌鲟、长手隆背蟹等。最高蟹类渔获率为 256.62 kg/h，出现在闽东渔场外侧，最低为 0.026 5 kg/h，出现在鱼山渔场南部。8 月份蟹类渔获率在 20 kg/h 以上的高密集区主要分布在北部海域（31°00′—33°00′N）内测、中部海域（28°00′—31°00′N）及南部海域（26°00′—28°00′N）外侧，尤以中部海域最为集中。北部海域以细点圆趾蟹、日本鲟、三疣梭子蟹等为优势种，中部海域以双斑鲟、银光梭子蟹等为优势种，南部海区以细点圆趾蟹为优势种。渔获率在 3.5 ~ 20 kg/h 的中密集区主要分布在舟外渔场、温台渔场的大部分调查站位，其次是鱼山渔场、鱼外渔场的，舟山渔场、长江口渔场和闽东渔场的部分调查站位也有分布。渔获率在 3.5 kg/h 以下的低密集区主要分布在北部海域的大沙、沙外、江外及长江口、舟山渔场，南部主要分布在鱼山渔场和闽东渔场。总的来说，8 月份蟹类资源数量分布集中在中部偏南、偏外海域，北部海域分布数量较少，如图 4-2-1 所示。

11 月份，蟹类总渔获量为 643.84 kg，占周年蟹类总渔获量的 19.6%，比 5 月、8 月份明显减少，平均渔获率为 5.6 kg/h，主要优势蟹类是三疣梭子蟹、日本蟳、双斑蟳、锈斑蟳、武士蟳、银光梭子蟹、长手隆背蟹等，而细点圆趾蟹所占比重极少，最高蟹类渔获率为 37.6 kg/h，出现在大沙渔场南部，南部有些站位没有渔获。渔获率在 20 kg/h 以上的高密集区主要分布在长江口以及吕泗、大沙渔场，渔获物以三疣梭子蟹、日本蟳等为主。渔获率在 3.5 ~ 20 kg/h 的中密集区主要分布在中、北部的内侧海域，渔获物以三疣梭子蟹、锈斑蟳等为主。渔获率在 3.5 kg/h 以下的低密集区主要分布在 126°E 以东的外侧海域及南部调查海域。也就是说，11 月份在东海中、北部内侧海域蟹类资源较好，数量分布较集中，而外侧及南部海域资源数量相对较差。如图 4-2-1 所示。

2 月份，蟹类总渔获量为 568.62 kg，占周年蟹类渔获量的 17.3%，平均渔获率为 4.94 kg/h，主要优势蟹类有细点圆趾蟹、双斑蟳、武士蟳、锈斑蟳、银光梭子蟹等。最高蟹类渔获率为 220.2 kg/h，出现在长江口渔场外侧，而有一部分渔区没有渔获。2 月份的蟹类平均渔获率属全年最低，渔获率在 20 kg/h 以上的高密集区仅 3 个，出现在北部海域和南部海域。渔获率在 3.5 ~ 20 kg/h 的中密集区主要分布在大沙、长江口渔场，其次是舟山渔场、鱼外渔场及闽东渔场的部分调查站位。渔获率在 3.5 kg/h 以下的低密集区占绝大部分。以鱼山、温台渔场及 125°E 以东海域占多数。总的来说，2 月份东海调查海域的蟹类资源数量全年最少，相对来说，有北部好于南部，南部又好于中部，内侧好于外侧的分布趋势。

综上所述，5 月、8 月份，东海调查海域蟹类渔获量的地理分布趋势是：中、南部海域是外侧数量高于内侧，而北部海域则是内侧显著高于外侧；11 月、2 月份，整个调查海域内侧数量较高，外侧较低。这主要是因为不同季节出现的优势蟹类不同所引起的。

二、主要经济蟹类的数量分布

尽管分布在东海调查海域的蟹类种类繁多，但是多数种类是没有经济价值和食用价值的。在渔业上具有商业利用价值的就更少，只有 7 种，这 7 种蟹类分别是三疣梭子蟹、细点圆趾蟹、锈斑蟳、武士蟳、日本蟳、红星梭子蟹、光掌蟳，7 种主要经济蟹类每小时渔获量的数量分布如图 4-2-2 所示。

5 月份，7 种主要经济蟹类的出现频率为 90.4%，渔获量为 858.25 kg，占该月蟹类总渔获量的 82.8%，占 7 种主要经济蟹类周年渔获量的 41.6%。平均渔获率为 7.46 kg/h，最高渔获率为 350.29 kg/h，出现在北部海域内侧。渔获率在 20 kg/h 以上的高密集区主要分布在北部海域内侧和中部、南部海域外侧，占 7.0%，优势种为细点圆趾蟹，占渔获物组成的 99.4%。渔获率为 3.5 ~ 20 kg/h 的中密集区主要分布在长江口渔场西北部和舟外、鱼外渔场外侧，占 6.1%，渔获量在 3.5 kg/h 以下的低密集区占 77.4%，而没有渔获到经济蟹类的占9.5%，如图4-2-2所示。

8月份，7种主要经济蟹类的出现频率为88.7%，渔获量为440.89 kg，占该月蟹类总渔获量的42.7%，占7种主要经济蟹类周年渔获量的21.4%，平均渔获率为3.83 kg/h，与5月份相比，约下降48.7%，最高渔获率为256.62 kg/h，出现在闽东渔场南部。渔获率在20 kg/h以上的高密集区主要分布在大沙渔场南部和闽东渔场，占2.6%，优势种也为细点圆趾蟹，占渔获物组成的91.2%。渔获率在3.5～20 kg/h的中密集区主要分布在长江口渔场、舟外渔场、温台渔场外侧和温外渔场，占7.0%。渔获率在3.5 kg/h以下的低密集区占78.3%，而没有渔获到经济蟹类的占12.1%，如图4-2-2所示。

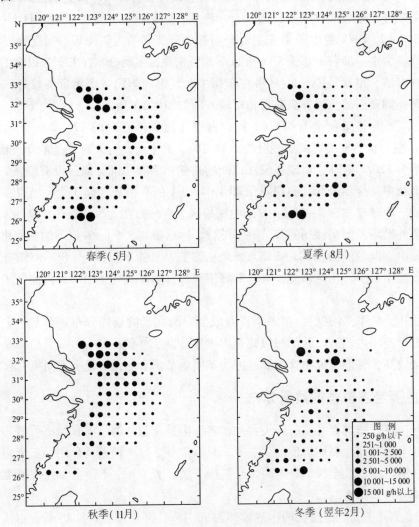

图4-2-2　7种主要经济蟹类渔获率分布

从图4-2-2中可以看出，8月份主要经济蟹类渔获量与蟹类总渔获量分布趋势具有较大的差异。主要是中部调查海域，在蟹类总渔获量中，高、中密集区分布较多，而在7种主要经济蟹类渔获量中分布极少，其中高密集区则没有出现，说明8月份在中部调查海域，非经济蟹类资源较丰富，而经济蟹类资源数量较少。

11 月份，7 种主要经济蟹类的出现频率为 91.3%，渔获量为 363.31 kg，占该月蟹类总渔获量的 56.4%，占 7 种主要经济蟹类周年渔获量的 17.6%，平均渔获率为 3.16 kg/h，该月份渔获量较高的渔区主要集中在 30°N 以北，125°E 以西海域，最高渔获率为 39.45 kg/h，出现在吕泗渔场南部。渔获率在 20 kg/h 以上的高密集区主要分布在长江口渔场北部，占 2.6%，优势种为三疣梭子蟹和日本蟳，分别占 48.2% 和 43.4%。渔获率在 3.5~20 kg/h 的中密集区主要分布在大沙、长江口、舟山渔场及中、南部内侧海域，占 23.5%，渔获率在 3.5 kg/h 以下的低密集区主要分布偏外，偏南海域，占 65.2%，而没有渔获到经济蟹类的占 8.7%，如图 4-2-2 所示。

翌年 2 月份，7 种主要经济蟹类的出现频率为 85.2%，渔获量为 401.1 kg，占该月蟹类总渔获量的 70.5%，占 7 种主要经济蟹类周年渔获量的 19.4%，平均渔获率为 3.49 kg/h，最高渔获率为 220.08 kg/h，出现在 166/5 站位。渔获率在 20 kg/h 以上的高密集区主要分布在长江口及以北渔场，占 2.6%，优势种为细点圆趾蟹，占 99.9%。渔获率在 3.5~20 kg/h 的中密集区主要分布在长江口、舟山渔场和鱼山、闽东渔场内侧海域，占 5.2%。此外，均为渔获率在 3.5 kg/h 以下的低密集区，占 77.4%，而没有渔获到经济蟹类的占 14.8%。总之，翌年 2 月份，东海调查海域除极少数站位经济蟹类数量较多外，多数站位产量极低，是生产的淡季。如图 4-2-2 所示。

三、渔场渔期

根据各种经济蟹类渔获量的季节变化、数量分布情况，可以将东海蟹类的渔场、渔期归纳如表 4-2-3 所示。

1. 春、夏季细点圆趾蟹汛

以捕捞细点圆趾蟹生殖产卵群体为主，渔期 3—6 月，南部海域（闽东渔场）可延长到 8 月。主要有三大渔场，一是在大沙、长江口渔场 20~40 m 水深海域，这是细点圆趾蟹最大的生产渔场，在该渔场，细点圆趾蟹群体数量大，分布范围广，中心渔场明显；二是在闽东渔场外侧 80~120 m 水深海域，这是至今还没有得以开发利用的细点圆趾蟹渔场，以 8 月份生产最好；三是在舟外渔场 80 m 水深以深海域。另外还兼捕光掌蟳、武士蟳等。其中，光掌蟳渔场主要分布在 30°N 以南的外侧 80 m 水深以深海域，中心区在温台、闽东渔场外侧 80 m 水深以深海域；武士蟳渔场主要分布在 31°N 以南 60~100 m 水深海域，没有明显的密集中心区。

表 4-2-3　东海主要经济蟹类的渔场、渔期

种　　类	渔　汛	渔　　期	渔　　场
三疣梭子蟹	秋、冬汛	9—12 月	大沙、长江口、舟山渔场
细点圆趾蟹	春、夏汛	3—6 月	大沙、长江口、舟外、闽东渔场
锈斑蟳	秋、冬汛	11 月至翌年 2 月	长江口以南的近海内侧海域
武士蟳	冬、春汛	12 月至翌年 4 月	31°N 以南 60~100 m 水深海域

续表

种　类	渔　汛	渔　期	渔　场
光掌蟳	春、夏汛	5—8月	30°N以南外侧80 m以深海域
红星梭子蟹	秋、冬汛	9—12月	大沙、长江口、舟山渔场
日本蟳	秋、冬汛	9—12月	31°N以北20~60 m水深海域及中、南部10~20 m沿岸岛礁周围海域

2. 秋、冬季梭子蟹汛

以捕捞三疣梭子蟹索饵、交配群体为主，渔期9—12月，渔场主要分布在大沙渔场、长江口渔场和舟山渔场20~50 m水深海域。过去，在10月份以后，随着海区水温逐渐下降，三疣梭子蟹自北向南进行越冬洄游，从而在鱼山、温台及闽东渔场形成梭子蟹的重要生产渔场。主要捕捞工具为流刺网、大围缯及底拖网。渔期：在鱼山、温台渔场为10月至翌年2月；在闽东渔场为11月至翌年5月，旺汛为12月至翌年1月，这时候的梭子蟹性腺发达，个体肥壮，经济价值高，是最佳利用时期，但是由于过度捕捞，梭子蟹年间波动明显，有的年份已形不成渔场和汛期。取而代之的是锈斑蟳、武士蟳、红星梭子蟹等蟹类资源。进入20世纪90年代以后，随着梭子蟹等资源的衰退及蟹笼作业的兴起，东海中、南部（30°00′N以南）的锈斑蟳、武士蟳、红星梭子蟹等蟹类资源被相继开发利用，产量迅速提高，渔期为11月至翌年2月，闽东渔场渔期为3—4月，渔场主要分布在近海内侧20~60 m水深海域。

另外，在东海中北部海区（30°00′N以北），秋、冬季还兼捕红星梭子蟹、日本蟳等，其中红星梭子蟹与三疣梭子蟹混栖，渔场稍偏内侧，汛期两者大体相同。日本蟳渔场主要分布在31°00′N以北20~60 m水深海域及东海中、南部10~20 m水深沿岸岛礁周围，渔期为9—12月。

第三节　生态群落和区系特点

一、生态群落

不同的蟹类对海区的温、盐度等环境因子的适应要求各不相同，有些种类对温、盐度要求较高，适温、盐能力较弱，分布范围狭窄，有些种类对温、盐度要求较低，适温、盐度能力较强，分布范围广泛，还有一些种类是对温度（或盐度）要求较高，但对盐度（或温度）要求较低，分布在特定的水文环境区域里，从而形成不同的生态类群（或称群落格局）。也就是说，海区的水文环境是限制蟹类（也是所有海洋生物）分布，形成不同生态群落的主要因素，根据东海区海洋水文环境结构特征及各种蟹类在各个季节的出现频率，地理分布特点等，大致可以将它们划分为以下几种生态类群。

1. 广温广盐生态类群

广温广盐生态类群蟹类主要分布在水深 10～60 m 的沿岸及近海内侧的沿岸水及混合水区，在该海域，年间底层水温分布范围为 8～24℃，底层盐度分布范围为 25.0～33.5，这是东海区蟹类种类和生物量都最庞大的生态类群，种类主要有三疣梭子蟹、红星梭子蟹、细点圆趾蟹、日本蚂、双斑蚂、纤手梭子蟹、变态蚂（*Charybdi variegata*）、绵蟹、七刺栗壳蟹、十一刺栗壳蟹、红线黎明蟹（*Matuta planipes*）、隆线强蟹（*Eucrate crenata*）等。这一生态类群绝大多数为广布性种类，如三疣梭子蟹，不仅在我国东、黄、渤海及南海均有分布，而且在朝鲜、日本、东南亚及印度洋也均有分布，红线黎明蟹等除上述海域外，还分布到澳大利亚、非洲等地。从栖息水深来看，尽管绝大部分集中在近海内侧，但也有一些种类能分布到水深较深的外侧海区，如细点圆趾蟹自 20～120 多米水深海域均有分布，双斑蚂甚至能自 10 m 一直分布到 400 m 水深的深海区。

2. 高温广盐生态类群

高温广盐生态类群是一些对温度要求较高，而对盐度适应性较宽的热带性种类，它们在长江口以南海区的分布基本上与第一生态类群蟹类相同，主要分布在近海，但一般不越过长江口，这可能与长江口以北存在黄海冷水团、水文环境条件与长江口以南存在差异有关。种类主要有锈斑蚂、武士蚂、菜花银杏蟹（*Actaea savignyi*）等，栖息水深也很广宽，如菜花银杏蟹，能从潮间带一直到 300 m 水深海域，适盐范围相当广。

3. 高温高盐生态类群

高温高盐生态类群蟹类对温、盐度适应性比较狭窄，要求有较高的温、盐度，一般栖息在 60～100 多米水深海区，在该海域，年间盐度一般在 34.0 或以上，底层水温分布范围在 14～24℃，种类主要有光掌蚂、武士蚂、卷折馒头蟹、长手隆背蟹、银光梭子蟹、艾氏牛角蟹、锐刺长踦蟹（*Phalangipus hystrix*）等。

二、蟹类群落结构特征

（1）蟹类群落种类多，但经济种类所占比例少，绝大多数种没有商业利用价值。根据 1998—1999 年的调查，4 个季度月在东海调查海区共获得蟹类 71 种，此外，加上以往一些学者曾报道过的蟹类，东海区（包括潮间带、沿岸浅海及大陆架外缘和大陆坡深海海域）共有蟹类种类 324 种（俞存根等，2003），但是，可食用的种类相对较少，约 20 多种，而在渔业上具有商业利用价值的只有 8～9 种。主要是梭子蟹科的三疣梭子蟹、红星梭子蟹、细点圆趾蟹、日本蚂、锈斑蚂、武士蚂、光掌蚂等。

（2）蟹类种类数目自北向南增多。根据调查，在北部海域共获得蟹类 37 种，中部海域共获得蟹类 44 种，南部海域共获得蟹类 51 种。其中 4 个季度月在北、中、南海区均有出现的蟹类有 7 种，分别是双斑蚂、细点圆趾蟹、长手隆背蟹、艾氏牛角蟹（*Leptomithrax edwardsi*）、绵蟹、七刺栗壳蟹和十一刺栗壳蟹。

（3）在蟹类群落中，以细点圆趾蟹、双斑蚂、三疣梭子蟹、银光梭子蟹、日本蚂、长手隆背蟹、武士蚂、锈斑蚂、光掌蚂及卷折馒头蟹组成优势种，其中除了长手隆背蟹和卷折馒头蟹外，其余均为梭子蟹科种类，因此，可以梭子蟹科的种类群落作为东海蟹类群落代表。

（4）各个优势种在不同海域，不同月份所占优势地位各不相同，也就是说，优势种类具有明显的季节更替和区域特征。如细点圆趾蟹在东海调查海区的年间渔获物重量组成中占绝对优势，但海域上是以北部和南部海区所占比重较高，中部海区较低，时间上是以5月份所占比重最高，2月份次之，11月份优势种更替为三疣梭子蟹、日本蟳、锈斑蟳占绝对优势。同时不同海域优势种存在一定差异，特别是北部和南部海区相差较大，这主要是海区水文环境及各种蟹类对生活环境的适应性而形成的。

（5）经济蟹类优势种以北部海区最少（4种），南部海区次之（5种），中部海区最多（6种），但经济蟹类平均生物量以北部海区最高，平均每平方千米为81.1 kg，南部海区次之，平均每平方千米为46.1 kg，中部海区最低，平均每平方千米为15.4 kg。

（6）经济蟹类具有季节洄游现象，东海地处亚热带海域，水文条件季节变化显著，一些经济蟹类为了适应不同生活阶段对环境要求之需要，进行季节性洄游，如三疣梭子蟹，春季洄游到东海沿岸浅海，河口、港湾处产卵，夏、秋季在长江口、吕泗、大沙渔场20～50 m水深索饵生长，冬季则洄游到鱼山、温台渔场40～70 m水深区越冬（宋海棠，1989）。

三、地理分布和区系特点

1. 地理分布

根据俞存根等（2003）研究报道，东海蟹类的地理分布情况是：广泛分布于我国渤海、黄海、东海、南海的有28种，约占蟹类总数的8.6%，如端正关公蟹（*Dorippe polita*）、日本关公蟹（*D. japonica*）、隆线拳蟹（*Philyra carinata*）、豆形拳蟹（*P. pisum*）、红线黎明蟹、强壮菱蟹（*Parthenope validus*）、三疣梭子蟹、日本蟳、特异大权蟹（*Macromedaeus distinguendus*）、隆线强蟹、豆形短眼蟹（*Xenophthalmus pinnotheroides*）、痕掌沙蟹（*Ocypode stimpsoni*）、宽身大眼蟹（*Macrophthalmus telescopieus*）、中华绒螯蟹（*Eriocheir sinensis*）、肉球近方蟹（*Hemigrapsus sanguineus*）等。这些种类大多属广温广盐性种。其次仅分布在渤海、黄海、东海的蟹类有8种，仅占2.5%，主要有马氏毛粒蟹（*Pilumnopeus makiana*）、中华豆蟹（*Pinnotheres sinensis*）、隆线闭口蟹（*Paracleistostoma cristatum*）、谭氏泥蟹（*Ilyoplax deschampsi*）等，显然东海区与黄渤海区的共有种类最少；仅分布在黄海、东海的种类也很少，只有11种，约占3.4%，主要有有疣英雄蟹（*Achaeus tuberculatus*）、小型矶蟹（*Pugettia minor*）、双斑蟳、披发异毛蟹（*Heteropitumnus ciliatus*）、三栉相手蟹（*Sesarma tripectinis*），伍氏厚蟹（*Helice wuana*）等；分布在黄海、东海、南海的种类也不多，只有18种，约占5.6%，主要有颗粒关公蟹（*Dorippe granulata*）、象牙长螯蟹（*Randallia eburnea*）、斜方五角蟹（*Nursia rhomboidalis*）、慈母互敬蟹（*Hyastenus pleione*）、细点圆趾蟹、光辉圆扇蟹（*Sphaerozius nitidus*）、弧边招潮（*Uca arcuata*）、圆球股窗蟹（*Scopimera globosa*）等，这些种类也多能适应较大的环境变化；仅分布于东海、南海的种类最多，共有161种，约占49.7%，如绵蟹、干练平壳蟹

（*Conchoecetes artificiosus*）、窄琵琶蟹（*Lyreidus stenops*）、熟练关公蟹（*Dorippe callida*）、七刺栗壳蟹、五刺栗壳蟹（*Arcania quinquespinosa*）、单齿玉蟹（*Leucosia unidentata*）、逍遥馒头蟹、卷折馒头蟹、锐刺长踦蟹、显著琼娜蟹（*Jonas distincta*）、锯缘青蟹（*Scylla serrata*）、红星梭子蟹、远海梭子蟹（*Portunus pelagicus*）、矛形梭子蟹（*P. hastatoides*）、拥剑梭子蟹（*P. haanii*）、银光梭子蟹、锈斑蟳、武士蟳、变态蟳、钝齿短桨蟹（*Thalamita crenata*）、红斑斗蟹（*Liagore rubromaculata*）、圆形鳞斑蟹（*Demania rotundata*）、菜花银杏蟹、长手隆背蟹、紫隆背蟹（*Carcinoplax purpurea*）、屠氏招潮（*Uca dussumieri*）、字纹弓蟹（*Varuna litterata*）等。

在东海，由于分布着外海高盐水，大陆沿岸水及黄海冷水团，南、北海区的水文环境条件差异较明显，加上长江冲淡水的阻隔作用，致使本海区一些热带性较强的种类不能越过长江口进入黄海，根据1998年5月至1999年2月的调查资料，将东海以31°00′N为界划分为南、北部海区，比较其蟹类的种类组成和分布可以得知：东海南、北部海区的蟹类种类组成和分布显有不同，某些种类的分布仅局限在31°00′N以南，如绵蟹、长踦蛛形蟹（*Latreillia phalangium*）、窄琵琶蟹、单齿玉蟹、双角转轮蟹（*Ixoides cornutus*）、卷折馒头蟹、武装筐形蟹（*Mursia armata*）、锐刺长踦蟹、双叉牛角蟹（*Hyastenus diacanthus*）、光掌蟳、武士蟳、红斑斗蟹、圆形鳞斑蟹、紫隆背蟹等，在31°00′N以北均未有捕获，还有一些种类仅分布到福建海区，很少在浙江近海捕获到，如拥剑梭子蟹、善泳蟳（*Charybdis natator*）等。但是，通过此次调查后，对一些种类的分布也有了新的认识，如逍遥馒头蟹、红星梭子蟹、银光梭子蟹、纤手梭子蟹、锈斑蟳、长手隆背蟹等。以往有关文献报道，其分布北限都在舟山群岛以南或附近，不能越过长江口，还有的文献报道锈斑蟳仅分布到福建沿海，而这次调查发现这些种类在长江口以北海域多有分布，如红星梭子蟹、纤手梭子蟹可越过长江口向北一直到调查海域的北限（33°00′N）均有分布，且在长江口及以北海域，红星梭子蟹分布密度要比其他海域高。长手隆背蟹可广泛分布到长江口以北、调查海域的外侧，即济州岛西南部。银光梭子蟹、锈斑蟳、逍遥馒头蟹也均在长江口以北及附近海区捕获到了，从而说明这些种类的地理分布要比过去已知的更广泛。

2. 区系特点

（1）东海蟹类区系组成除了极少数冷水性种如四齿矶蟹（*Pugetta guadridens*）可以渗入外，绝大多数都是暖水性的热带种和亚热带种，从与邻近海区蟹类区系组成相比较看，东海蟹类与日本的共有种最多，为220种，占东海蟹类总种数的67.9%，其次是与南海的共有种为207种，占63.9%，其中：东海、南海、日本的共有种为147种。与印度洋的共有种为141种，占43.5%，与东南亚的共有种为134种，占41.3%，与澳大利亚的共有种为75种，占23.1%，与黄海的共有种为65种，占20.1%，与渤海的共有种最少，只有37种，占11.4%，且全部为我国广布性种类，说明东海蟹类区系与日本和南海最为密切，其次是印度洋和东南亚，而与渤、黄海的关系较为疏远。因此，东海蟹类区系性质应属印度—西太平洋区的中—日亚区。

（2）东海蟹类热带性成分具有自北向南，自潮间带，沿岸浅海向外侧深水区渐有增加的趋势。分布在潮间带的蟹类具有较大比例的黄、渤海温带性成分，也就是说，与黄、渤海的共有种，以潮间带蟹类中所占比例最高，占43.4%，从潮间带向大陆架海水区继续观察，可以发现，随着水深的增加，温带性成分减弱，而热带性成分增加，在大陆架浅水区，与黄、渤海的共有种只占其14.7%，而在外侧深水区多为热带性种，与黄、渤海没有共有种，一些种类可以到达与黄、渤海相同纬度的日本沿岸海区，却不能到达黄、渤海。这主要是受黑潮暖流影响之故。

（3）以31°00′N为界（即长江口附近），南、北部海区的蟹类区系组成和分布略有不同，一些热带性强的种类，可以认为其分布北界就在31°00′N附近海区。

（4）经济蟹类以梭子蟹科为主，它们大多数为生活在大陆架浅水海区的种类，且为广泛分布在日本、南海、印度洋及东南亚海域的暖水性种。这些蟹类在东海的分布特点是：北部海区的种类数少于南部海区，而优势种的群体数量，资源密度则正好相反。

（5）20世纪60年代，沈嘉瑞等（1963）曾报道中国"蟹类栖息于潮间带种类很多，约占总种数的半数以上"，但是，根据俞存根（2002）、戴爱云（1986）、董隶茂（1988）、黄宗国（1994）等报道的蟹类种类，东海蟹类以栖息于大陆架浅水区的种类为最多，约占66.4%，而栖息于潮间带的种类约占23.5%。这可能主要是过去调查范围多集中在潮间带和沿岸海区，随着调查、生产海区扩大，发现分布在大陆架浅水区的蟹类种类不断增多，东海蟹类总种数已从过去报道的230种（沈嘉瑞等，1963）增加到现在的324种，新增加的多为分布在大陆架浅水区的种类之故。

第四节　资源开发利用状况和资源量评估

一、资源特征

根据东海蟹类的群落生态、区系性质、群体结构及主要经济蟹类的渔业生物学调查研究结果，其资源特征主要表现如下。

（1）种类繁多，组成以热带、亚热带种为主，但具有商业利用价值的种类少。可食用的有20多种，在渔业上具有开发利用价值的只有8~9种。分布范围广泛，资源密度高低相差悬殊，分布不均匀。不同种类具有不同的生态属性，在地理分布上表现出明显的区域性，从而出现不同海域的优势种类不同。同时，在时间上表现出优势种类的季节更替，如春、夏季以细点圆趾蟹占优势，秋、冬季以三疣梭子蟹占优势等。

（2）生命周期短，群体结构简单。蟹类多为一年生的甲壳动物，渔获群体多由当年生及隔年生两个世代群组成，最长为三龄（戴爱云等，1977）。

（3）生长迅速，性成熟早，资源补充快。如春末夏初产卵孵化的幼体，经过4~5个月的蜕壳生长，到秋季可达性成熟而进行交配，并陆续加入补充群体，到第二年春季即可进行产卵繁殖。

（4）产卵期长，繁殖力强。在一个生殖期内，能多次排卵，为确保后代的数量提供了首要的基础条件。

（5）资源数量年间波动较大，既易遭到破坏，也易得到恢复。

（6）大中型经济蟹类占优势，以梭子蟹科种类为绝对优势。

以上特点使蟹类资源成为一种整体资源潜力较大的 r 生态对策的渔业生物资源。但是，为了可持续利用的目标，对蟹类资源现状应有一个正确的评估和认识，对其开发利用要依据其资源特点，做到合理、适度。

二、开发利用状况

东海蟹类种类繁多，资源丰富，开发利用历史悠久。但是，在 20 世纪 90 年代以前，主要用流刺网、底拖网、大围缯等捕捞三疣梭子蟹，而其他蟹类资源利用甚少，渔获产量不高，东海区蟹类最高年产量约为 8.5×10^4 t。但是，进入 90 年代以后，随着蟹笼作业的推广和对细点圆趾蟹、锈斑蟳、日本蟳、武士蟳等蟹类资源开发利用力度加大，渔获产量迅速增长，近年，东海区蟹类年产量波动在 $(15 \sim 20) \times 10^4$ t。其中，浙江省蟹类年产量 60 年代初约为 1×10^4 t，70 年代平均年产量为 1.5×10^4 t，1978 年最高，达 2.4×10^4 t。80 年代以后，由于调整海洋捕捞作业结构，恢复和发展了梭子蟹流网，捕捞力量增加，产量迅速上升，80 年代初为 2.6×10^4 t，1985 年超过 5.5×10^4 t，1988 年高达 6.1×10^4 t。到了 90 年代，蟹类产量增加更快，1994 年起浙江全省蟹类产量超过 10×10^4 t，1996 年出现历史最高年产量，约达 16.9×10^4 t，近几年由于梭子蟹资源减少，产量有所下降，1999 年为 12×10^4 t，比 1998 年减产 19.7%。其中，以舟山市减产幅度为最大，达 34.2%。

浙江省捕捞蟹类的主要作业有流网、蟹笼，同时也为拖虾网、底拖网、定置张网、帆张网等所兼捕。梭子蟹流网为传统作业，在 20 世纪 60、70 年代曾一度衰落，70 年代后期，由于近海传统经济鱼类资源衰退，流网作业又重新恢复生产，在 80 年代，特别是 80 年代中期取得迅速发展，逐渐成为捕捞梭子蟹的主要渔具之一，1999 年全省约有作业单位 4 000 多艘。同时，随着流网渔船的增大，单船携带网具张数不断增多，从原来几百张增加到现在的 2 000 ~ 3 000 张。

蟹笼是在 20 世纪 90 年代初试验成功并迅速发展起来的，1993 年浙江省投产蟹笼作业单位即达 2 000 多艘，蟹笼具达 100 多万只，近年投产船只比 1993 年有所下降，但渔船逐渐大型化、钢质化，生产渔船在 90 年代初以 80 ~ 135 马力的木质渔船为主，而目前基本上以 185 ~ 250 马力的钢质渔船为主，部分已增加到 350 ~ 420 马力。随着渔船马力的增大，单船携带蟹笼具数量也不断增加，特别是 1997 年在蟹笼作业船上引进、安装了液压起拔机后，单船蟹笼具数量迅速增加，由过去的每船几百只增加到现在的 1 000 ~ 1 500 只（无起拔机渔船），2 500 ~ 3 000 只（有起拔机渔船），高的达 5 000 只，1999 年浙江省投产蟹笼作业单位约为 1 280 多艘，比 1993 年约下降 36.0%，而蟹笼具达 160 多万只，比 1993 年增加了 60.0%，蟹笼成为浙江省捕捞蟹类的最主要渔具。

以上两种作业的主要生产季节为秋冬汛和春汛（9 月至翌年 4 月），主要捕捞种类从过去以三疣梭子蟹为主，逐渐发展为捕捞三疣梭子蟹、锈斑蟳、细点圆趾蟹、红星梭子蟹等，小型蟹笼渔船主要在沿岸近海常年生产，主要捕捞日本蟳、三疣梭子蟹、红星梭子蟹等。随着对蟹类资源开发种类增多和利用程度的加深，渔船马力的增大，作业渔场也不断向外及南、北两头扩展，过去作业渔场主要集中在长江口，即在花鸟、余山、嵊山等一带海域，而现在已向外扩展到124°30′E以东，向北抵济州岛西南、向南达闽东渔场等海区。

20世纪80年代中期开始，随着拖虾作业的兴起，细点圆趾蟹、武士蟳、锈斑蟳等作为兼捕对象也逐渐被开发利用，前几年，岱山县的大巨镇在春夏汛还专门调整拖虾网具（调高网口高度）以专捕细点圆趾蟹。现在拖虾捕捞细点圆趾蟹的生产渔场已扩展到127°00′E以东的舟外渔场。另外，底拖网、定置张网、帆张网等也兼捕各种蟹类。目前蟹类渔获量中的蟹类种类结构发生了较大的变化，过去以三疣梭子蟹占绝对优势，1994年以后，三疣梭子蟹占蟹类产量的百分比逐年下降，到1999年三疣梭子蟹占42.5%，比1994年70.5%下降了28个百分点，比较1999年与1998年的蟹类产量，总产量下降19.7%，而三疣梭子蟹下降29.2%。其中：台州市1999年蟹类总产量比上年上升7.4%，但三疣梭子蟹却下降42.9%，呈现传统种类（三疣梭子蟹）逐渐下降，而其他新开发品种（细点圆趾蟹、锈斑蟳、日本蟳、锐齿蟳、武士蟳等）呈逐渐上升的趋势。

三、资源量评估

1. 计算方法

现存资源量的估算，由于缺少周年调查资料等，只能根据1998—1999年春夏秋冬季4个季度月大面定点调查所获取的资料及蟹类资源分布特点，采用资源密度面积法计算，其计算公式和步骤为

$$N = \sum_{i=1}^{n} N_i \qquad i = 1, 2, 3, \cdots$$

$$N = D_i \cdot A_i \qquad i = 1, 2, 3, \cdots$$

式中：N——东海蟹类现存资源量（t）；

N_i——i渔区的现存资源量（t）；

D_i——i渔区的资源密度（t/km²）；

A_i——i渔区的面积（km²）。

其中：

$$D_i = \frac{Y_i}{(1-E)\ S_i} \qquad i = 1, 2, 3, \cdots$$

$$S_i = h \cdot L_i \qquad i = 1, 2, 3, \cdots$$

式中：Y_i——调查船各月在i渔区的渔获量（t）；

S_i——调查船各月在i渔区的扫海面积（km²）；

E——逃逸率；

h——拖虾网网口水平宽度，即桁杆长度（km）；

L_i——拖虾网在i渔区的拖曳距离（km）。

关于逃逸率E的取值：在拖虾调查过程中，由于各种原因不可能把海区全部蟹类个体都捕获，而仅仅是一部分被捕进网，所以在估算资源量时必须考虑未入网中而从网口周围及网目中逃逸的蟹类数量与拖曳调查海区蟹类总数量的比值，即逃逸率，它的大小与渔业

资源种类、调查网具的类型、性能、网目以及海底底质等密切相关，因此，不同海区或不同的种类资源、不同网具的资源调查中，对逃逸率的取值各不相同。其中，在底层鱼类资源评估中，国内外多数学者取逃逸率在 0.4 ~ 0.5（沈金敖，1984；青山恒雄，1973），而在虾类资源评估中，对逃逸率取值较高，如在福建海域取 0.73（李玉发，1989），在南海北部近海取 0.7（钟振如等，1982），作者在浙江近海取 0.61 ~ 0.65（俞存根等，1994），根据桁杆拖虾网结构，渔法特点及蟹类资源的分布和生活习性（如蟹类分布水层较虾类高，游泳能力较虾类强，入网的蟹有"反爬"现象等），蟹类逃逸率较虾类要高，所以本文取逃逸率为 0.75。

2. 估算结果

按以上公式计算得出（俞存根等，2004），1998—1999 年在东海开展蟹类调查的海域面积为 310 810.97 km²，各月蟹类现存资源量的估算结果如表 4-4-1 所示。根据 4 个季度月的调查资料估算结果，东海区蟹类资源密度以 5 月份为最高，平均每平方千米为 364.63 kg，现存资源量为 113 331.9 t；其次是 8 月份，平均每平方千米为 350.97 kg，现存资源量为 109 086.3 t，资源密度最低的是 2 月份，平均每平方千米为 176.14 kg，现存资源量为 54 745.0 t。

表 4-4-1　东海调查海域各月蟹类现存资源量

月　份	扫海面积（km²）	渔获量（kg）	资源密度（kg/km²）	海区面积（km²）	资源量（t）
1998 年 5 月	11.983	1 092.348	364.63	310 810.97	113 331.9
8 月	11.770	1 032.738	350.97	310 810.97	109 086.3
11 月	13.218	625.281	189.22	310 810.97	58 812.0
1999 年 2 月	12.820	564.515	176.14	310 810.97	54 745.0
平　均			266.30	310 810.97	82 770.1

由于不同海区、不同月份出现的蟹类优势种类更替等，各海区的资源密度分布在时间上呈现较大的差异。北部海区以 5 月份的资源密度为最高，平均每平方千米为 699.30 kg，其次是 2 月份，平均每平方千米为 346.80 kg，最低的是 8 月份，平均每平方千米为 138.10 kg。

中部海区则以 8 月份的资源密度为最高，平均每平方千米为 348.24 kg，其次是 5 月份，平均每平方千米为 180.89 kg，最低的是 2 月份，平均每平方千米为 81.98 kg。

南部海区也以 8 月份的资源密度为最高，平均每平方千米为 593.17 kg，其次是 5 月份，平均每平方千米为 260.57 kg，最低的是 11 月份，平均每平方千米为 85.82 kg。

若将东海调查海域蟹类的资源密度按水深进行统计分析，结果是：5 月份，以内侧 20 ~ 40 m 水深海区资源密度为最高，平均每平方千米为 1 659.44 kg，其次是 80 m 水深以深海区，平均每平方千米为 251.44 kg，第三是 60 ~ 80 m 水深海区，平均每平方千米为 199.20 kg，最低的是 40 ~ 60 m 水深海区，平均每平方千米为 86.24 kg。

8 月份是以外侧 80 m 水深以深海区的资源密度为最高，平均每平方千米为 520.64 kg，其次是 60 ~ 80 m 水深海区，平均每平方千米为 292.08 kg，第三是 20 ~ 40 m 水深海区，平

均每平方千米为 239.68 kg，最低的是 40～60 m 水深海区，平均每平方千米为 160.56 kg。

11 月份又以内侧 20～40 m 水深海区的资源密度为最高，平均每平方千米为 551.92 kg，然后，随着水深加深，资源密度逐渐下降，40～60 m、60～80 m 以及 80 m 水深以深海区的平均每平方千米资源量分别为 250.72 kg、109.20 kg、60.64 kg。

翌年 2 月份以 40～60 m 水深海区的资源密度最高，平均每平方千米为 321.20 kg，其次是 20～40 m 水深海区，平均每平方千米为 192.64 kg，而 60～80 m 与 80 m 水深以深海区资源密度相差不大，分别为 80.64 kg 和 83.76 kg。

总的来说，东海调查海域蟹类资源密度以 20～40 m 水深海域为最高，而其他水深组平均资源密度仅为其 25.8%～34.7%。

但是同一水深在不同海域，其资源密度也存在很大的差异。如在北部海域是以 20～40 m 水深区资源密度最高，因为在北部海域，资源数量最大的细点圆趾蟹和三疣梭子蟹都集结分布在 20～40 m 水深海域；而在南部海域则是 80 m 水深以深海区的资源密度为最高，因为在南部海域，细点圆趾蟹主要集结在 80～120 m 水深海域。

若按 4 个调查季度月总渔获量的平均网产估算，东海调查海域蟹类现存资源量为 82 770 t，若按 4 个调查季度月里各种蟹类最高月份的资源量累加估算，则现存资源量为 182 185 t。东海调查海域主要经济蟹类的现存资源量如表 4-4-2 所示。

从表 4-4-2 中可以看出，东海调查海域资源量在万吨级以上的主要有细点圆趾蟹、双斑蟳和三疣梭子蟹，5 000 t 级以上的有日本蟳，3 000 t 级以上的主要有光掌蟳、锈斑蟳和武士蟳等。

必须说明的是：由于这次调查海区相对偏外，加上只调查 4 个季度月，因此，有些分布偏内侧的蟹类不在调查范围内或调查时间与其资源量高峰期相错开，如三疣梭子蟹秋季旺汛中心渔场主要分布在 123°E 以西的余山、花鸟、嵊山等海域，日本蟳在长江口以南主要分布在沿岸浅海岛礁周围等，还有细点圆趾蟹、锈斑蟳、武士蟳、长手隆背蟹等在调查海区外的内侧均有不少数量的分布，故而评估出的资源量要比实际资源量偏低。

表 4-4-2　东海调查海域主要经济蟹类的现存资源量（t）

种　类	5 月	8 月	11 月	翌年 2 月	平　均
三疣梭子蟹	1 360.0	1 199.9	14 408.9	328.6	4 717.9
细点圆趾蟹	84 092.3	36 980.3	411.7	30 452.2	36 253.3
锈斑蟳	1 926.6	654.5	3 411.1	2 957.6	2 317.6
武士蟳	1 700.0	1 636.3	2 293.7	3 286.2	2 317.6
日本蟳	1 813.3	2 290.8	8 527.7	821.6	3 559.1
光掌蟳	2 606.6	3 708.9	646.9	657.9	1 820.9
红星梭子蟹	226.7	218.2	2 352.9	219.1	827.7
双斑蟳	3 853.3	31 198.7	8 704.2	6 901.0	12 415.5
其他蟹类	15 753.1	31 198.7	18 055.3	9 146.6	18 540.5
合　计	113 331.9	109 086.3	58 812.0	54 770.1	82 770.1

3. 可捕量

可捕量是指某一种海洋渔业资源在开发利用过程中，使种群资源状况处于最佳资源状态时，能产生的最大持续渔获量。由于东海的主要经济蟹类资源多为热带、亚热带区域的暖水性种类，这些种类具有生长速度快、性成熟早、繁殖力强、寿命短、资源恢复能力强的特点。同时，渔业统计产量是以周年为单位进行统计的，而不是以蟹类的生命周期为单位进行统计，在估算可捕量时也是以一个周年为计算单位。根据对东海蟹类生物学特征的研究，一年中海区蟹类资源具有两个世代，一个是去年存活下来的世代，主要在春、夏、秋季产卵繁殖，产卵后大部分死亡，从理论上讲，应该把这一资源统统捕上来，但实际上因各种原因又是不可能的，另一世代是当年生的世代，春、夏季产出的卵子孵化成幼蟹后，经半年左右时间的生长，即可达到与亲体相近的体长规格，加入捕捞群体，根据上述情况，东海蟹类资源与其他寿命长的渔业资源相比，能经受较高的捕捞强度，而与虾类资源相当。根据过去国内多数学者对各海区虾类资源的可捕率取值大小（李玉发，1989）、（钟振如等，1982）、（俞存根等，1994），结合东海区蟹类资源的利用现状，本文取可捕率为 1.2。

从东海各种经济蟹类的历年产量变动及生产情况分析表明：不同海域，几种主要经济蟹类资源的利用程度各不相同，如近海内侧的蟹类以及三疣梭子蟹等资源利用已经过度，而外侧的蟹类以及细点圆趾蟹、锈斑蟳等资源利用还不充分。因此，可捕率取值也应有差异，对已经过度利用的蟹类种类要予以保护，可捕率取小些，而对利用还不充分的蟹类种类要加强开发，可捕率取大些。但是，为了计算方便，可捕率均以 1.2 计算。

据此计算得出东海区蟹类可捕量为 218 621.9 t（以各种蟹类各月最高资源量累加估算）或 99 324.1 t（以年间平均网产估算），几种主要经济蟹类的可捕量如表 4-4-3 所示。

表 4-4-3　东海调查海域主要经济蟹类可捕量（t）

种　类	可捕量	
	1	2
三疣梭子蟹	566.5	17 290.7
细点圆趾蟹	43 504.0	100 910.8
锈斑蟳	2 781.1	4 093.3
武士蟳	2 781.1	3 943.4
日本蟳	4 270.9	10 233.2
光掌蟳	2 185.1	4 450.7
红星梭子蟹	993.2	2 823.0
双斑蟳	14 898.6	37 438.4
其他蟹类	22 248.6	37 438.4

第五节　存在问题和管理对策

一、现状和问题

1998—1999 年的调查研究表明：东海蟹类资源丰富，种类繁多，随着近海传统经济鱼类资源的不断衰退，以及对蟹类资源开发利用力度的加大，近 10 多年蟹类渔获产量迅速增长，在渔业上所占地位日益凸显，蟹类资源已逐渐成为东海区重要渔获对象之一，但是也出现了一些值得注意的问题，主要如下。

（1）渔获种类结构发生了变化。传统种类资源逐渐下降，而其他新开发种类呈逐年上升趋势。1999 年浙江省蟹类产量比 1998 年减产 19.7%，主要减少的是三疣梭子蟹的产量，占蟹类减少产量的 71.7%。如浙江省台州市 20 世纪 90 年代以后蟹类产量逐年上升，1997 年以前三疣梭子蟹占 80% 以上，但 1999 年却只占 40.4%，这除了蟹类资源数量自身年际波动外，现在面临的问题是针对传统种类三疣梭子蟹资源的过度利用，以及其他蟹类尚有的开发潜力，如何合理安排生产，加强渔政管理，使之达到可持续发展的目的。

（2）捕捞强度盲目增长。随着近海传统经济鱼类资源的不断衰退，自 20 世纪 70 年代末开始恢复和发展梭子蟹流网，80 年代发展拖虾，且在 80 年代中期流网作业迅速发展扩大，成为捕捞梭子蟹的主要渔具之一，到了 90 年代初，蟹笼试验成功，生产取得明显的经济效益，蟹笼作业在东海区沿海省市迅速崛起，捕捞力量上升更快，尽管近几年蟹笼投产单位没有再继续扩大发展，甚至有的地方比 90 年代初刚发展时还有所下降，如浙江省1993 年投产 2 000 多艘，到 1999 年投产约 1 280 多艘，下降了 36.0% 左右，但是蟹笼具数还在不断增加，流网作业也是如此。1999 年单浙江省就有蟹笼具 160 万只，流网 1 200 多万张。另外，还有大量韩国蟹笼作业船进入东海北部近海生产，使本已超负荷捕捞的蟹类资源增加了更大的压力。同时，还被近万艘拖虾船，几千艘底拖网、帆张网作业船等所兼捕，强大的捕捞力量加剧了对蟹类资源的破坏，特别是对经济价值很高的传统种类三疣梭子蟹资源带来了过度的损害。

（3）北部近海梭子蟹渔场渔船拥挤不堪，中、南部近海梭子蟹渔场已经衰落，而外海细点圆趾蟹资源未被开发。北部近海梭子蟹渔场主要分布在大沙、长江口、舟山渔场 20～50 m 水深海域，离渔业基地近，渔民对梭子蟹的洄游、分布规律熟悉，加之梭子蟹经济价值高，因此，随着流网、蟹笼渔船、渔具的不断增加，每年秋、冬汛大量渔船挤压在长江口附近海域，对梭子蟹进行层层拦截，处处诱捕，又由于蟹笼、流网作业的生产好坏与渔场的位置情况关系较大，因此，为了抢占渔场，近年渔民之间时有纠纷产生，同时由于所占作业渔场范围大，与其他作业产生矛盾，给安全生产、渔场秩序带来了一定的隐患，给生产安排、渔政管理增加了难度。中、南部鱼山、温台、闽东渔场 20～60 m 水深海域曾经是 10 月至翌年 5 月梭子蟹的重要生产渔场，旺汛为 12 月至翌年 1 月，主要为流刺网、底拖网、大围缯等作业所渔获，年产量几万吨，但是，由于过度捕捞，从 20 世纪 80

年代后期起，梭子蟹资源遭到破坏，现在已经形不成渔场和渔汛。而在调查海区外侧，即舟外渔场 80 m 左右水深海域，闽东渔场 80～120 m 水深海域，根据本次调查结果表明，细点圆趾蟹资源相当丰富，资源密度很高。闽东渔场以夏季数量最高，春季次之，最高网次产量达 256.62 kg/h，密集中心区在 100～120 m 水深海域。舟外渔场以春季数量最高，最高网次产量为 69.76 kg/h，而这些海区的细点圆趾蟹资源，目前几乎没有被开发利用。

（4）蟹类资源年间波动性较大。如 1999 年东海区三疣梭子蟹渔获产量大幅减产。其中，就浙江省 1999 年比 1998 年约减产 29.2%，2000 年春、夏汛也难觅梭子蟹踪影，蟹笼、流刺网等以梭子蟹为捕捞对象的作业因产况欠佳而纷纷转产或停产，1—6 月份梭子蟹与 1998 年同比减产 50% 以上。但是，到了下半年，东海区突然出现梭子蟹旺发，产量迅猛上升，成为自 1996 年以后梭子蟹的第一个高产年，浙江省 2000 年梭子蟹产量比 1999年约增产 69.8%，比 1998 年约增产 22.1%，比近 10 年梭子蟹平均年产量约高出 30%，但是，梭子蟹资源数量波动形成机制及影响因素至今仍不清楚，有待进一步深入探讨。

二、管理对策

根据东海蟹类资源开发利用现状及存在问题，为了更加合理地利用蟹类资源，以期达到可持续发展的目的，因此，对今后东海区蟹类资源利用和管理提出以下几点建议。

（1）积极开发利用细点圆趾蟹等蟹类资源。本次调查资料评估结果表明：在东海调查海域具有商业利用价值的三疣梭子蟹、细点圆趾蟹、锈斑蟳、日本蟳、武士蟳、红星梭子蟹及光掌蟳等蟹类资源中，细点圆趾蟹、锈斑蟳、日本蟳、武士蟳、光掌蟳等蟹类资源可捕量约有 12×10^4 t 多，其中特别是细点圆趾蟹，群体数量较大，可捕量约为 10.1×10^4 t，加上调查海区以外的资源数量，可捕量更高。是东海资源蕴藏量最大，最具有开发潜力的一种蟹类资源，而且其资源密度大，网产量高，最高资源密度达 3 375 kg/km²，为开发利用提供了优越的基础条件。细点圆趾蟹渔场分布广阔，重点渔场主要有三处：一是在长江口、大沙渔场 20～40 m 水深海域；二是在舟外渔场 125°E 以东 80 m 水深以深海域；三是在闽东渔场外侧 80～120 m 水深海域。目前，除了对长江口、大沙渔场的细点圆趾蟹资源利用较多以外，对舟外、闽东渔场的细点圆趾蟹资源几乎还没有利用。然而，调查结果表明：舟外、闽东渔场的细点圆趾蟹资源相当丰富，资源量在（5～6）$\times 10^4$ t 以上，此外，根据生产监测调查：冬季在调查海区以外的舟外渔场，即 127°00′—128°00′E，拖虾船一般网产细点圆趾蟹 50～100 kg，高的达 700～800 kg，而且个体大，渔获比例高，是细点圆趾蟹的好渔场。闽东渔场在 1989—1991 年开展的"闽东北部外海渔业资源调查和综合开发研究"时，也捕获过群体较大的细点圆趾蟹资源，对拖作业最大网头高达 750 kg，每小时约有 300 kg。今后应该重视这一部分蟹类资源，特别是对舟外、闽东渔场的细点圆趾蟹资源，组织渔船投入生产，充分开发利用蟹类资源，提高蟹类产量。

（2）合理利用，保护近海三疣梭子蟹等蟹类资源。三疣梭子蟹是东海区经济价值最高的蟹类资源，是出口创汇的主要水产品种，20 世纪 80 年代后期开始，东海中、南部海区梭子蟹资源出现衰落，90 年代以后，随着蟹笼、流网作业的迅速发展，捕捞强度不断增强，东海北部海区的梭子蟹资源也逐渐遭到破坏，特别是 90 年代中期以后，总渔获量和

CPUE 持续下降，资源已利用过度，浙江省 1999 年梭子蟹产量比最高的 1996 年约减产一半，为了保护梭子蟹资源，各地曾先后出台过各种管理措施，如浙江省舟山市市县两级政府早在 1983 年就专门发文，规定每年 5—6 月实行梭子蟹禁捕期，保护抱卵梭子蟹亲蟹；1993 年浙江省水产局曾发布了《关于加强蟹笼作业管理有关问题的通知》，对蟹笼作业渔场、船只数作了具体规定；1999 年针对梭子蟹资源利用现状和投产规模，浙江省水产局又发布了梭子蟹蟹笼、定刺网生产规模（渔船数和渔具数）控制及禁渔期、保护区规定，等等。今后应该在东海区三省一市全面对梭子蟹的亲蟹和幼蟹进行严格的禁渔管理，坚持实行"春养、夏保、秋冬捕"的生产方针，同时，对东海中、南部近海的锈斑蟳、武士蟳、红星梭子蟹等也要按照其生物学特性，做到合理利用，以保护梭子蟹等资源，提高渔民生产效益。

（3）加强渔政执法管理，切实解决滥捕幼蟹的问题。在梭子蟹禁渔期间，近海梭子蟹保护区内，蟹笼、拖虾网等渔具渔法滥捕幼蟹的情况十分严重，据统计，每年捕获的幼蟹数量可达几百吨，这些幼蟹 80% 以上的体重在 50 g 以下，个体最小的每千克有 60 只。经济价值很低，活的每 500 g 售价 5~8 元，卖给养殖渔民暂养的售价每只也只有 1 元左右，大量的死幼蟹价格更低，若能严格禁捕幼蟹，待 10 月份后再捕捞，多数蟹的体重可增至 200~300 g，大的可达 500 g，每 500 g 售价也可提高到 20~30 元，膏蟹达 30~45 元，无论是产量还是产值或蟹的质量都会大大提高，因此，沿海各地要严格控制以梭子蟹为渔获对象的作业规模，认真抓好伏休期休渔等管理，加大渔政执法力度，把各项管理措施真正落到实处。

（4）加强新开发蟹类资源的调查研究。近年，一些新开发蟹类种类（细点圆趾蟹、锈斑蟳、武士蟳、光掌蟳等）渔获量逐渐上升，捕捞力量也不断加大，但是，对这些种类的生物学特征及数量分布、洄游规律的认识还不够深，掌握还不够全面。今后，要加大科技投入，组织科研、渔政、生产部门，及时设题加强对这些蟹类的调查研究，按照这些蟹类生长、繁殖等生物学特点及其形成的渔场、渔汛规律，尽早制定出最适捕捞限额、捕捞季节和捕捞规格等一系列合理开发利用措施，以期这些蟹类资源能长盛不衰，保持可持续发展。

（5）加强蟹类保鲜和加工技术研究，特别要注重对一些群体数量大、渔获量高，但易变质、经济价值低的蟹类的加工技术研究，如细点圆趾蟹。据本次调查结果，其产量约占东海蟹类产量的 43.8%，但渔获物容易发黑变质，难以保存，价值不高，因此，过去很多渔民不愿生产捕捞或捕而弃之，现在有的地方已开发细点圆趾蟹冷藏熟蟹肉为出口创汇产品，每吨售价 6 万~8 万元，经济价值明显提高，如果能进一步开展这方面的研究，通过加工等挖掘细点圆趾蟹、双斑蟳等种类的利用价值潜力，将会极大地提高其生产和经济效益。

第五章 主要经济蟹类渔业生物学

第一节 三疣梭子蟹

三疣梭子蟹［*Portunus trituberculatus*（Miers）］（图板Ⅲ）。

分类地位：十足目，腹胚亚目，短尾次目，梭子蟹总科，梭子蟹科，梭子蟹属。

中文俗名：梭子蟹、蓝蟹（北方）、蟢（南方）。

英文名：Swimming crab, blue crab。

日文名：ガザミ，ワタリガニ。

形态特征：甲长60～95mm，体重100～400g的大型蟹类。头胸甲呈梭形，甲宽约为甲长的2倍，稍隆起，表面散布细小颗粒，在胃区有1个、心区有2个疣状突。额具2锐齿，较内眼窝齿小。前侧缘连外眼窝齿在内共有9齿，末齿最长大，向两侧刺出。螯足粗壮，长节呈棱柱形，前缘具有4枚锐棘，雄性个体的掌节比较长大。

地理分布：分布于日本，韩国，朝鲜，中国的渤海、黄海、东海和南海，菲津宾，马来群岛，红海。

经济意义：东海重要的渔业捕捞对象之一，可鲜食或腌制成枪蟹、蟹糊，味极其鲜美，营养丰富，尤其是秋季的白蟹（雄蟹），秋冬季的膏蟹（雌蟹），非常肥壮，深受群众喜爱，也是出口外销的重要水产品。

一、群体组成

1. 体长体重组成

根据周年 5 022 尾样品测定结果，三庞梭子蟹（简称梭子蟹）捕捞群体的甲宽范围为 80～240 mm，平均甲宽为 149.5 mm，优势组 120～180 mm，占 84.1%。其中，雌蟹甲宽范围为 80～240 mm，平均甲宽为 153.4 mm，优势组 120～180 mm，占 85.7%；雄蟹的甲宽范围为 80～220 mm，平均甲宽 141.3 mm，优势组 110～170 mm，占 84.6%，雌蟹个体大于雄蟹（图 5-1-1）。

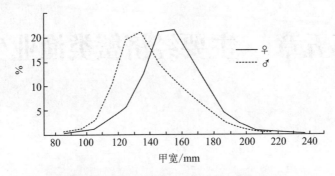

图 5-1-1　三疣梭子蟹捕捞群体甲宽组成分布

梭子蟹不同生活阶段按其集群性质，可分为产卵群体、索饵群体（包括幼蟹和成蟹）和越冬群体。不同群体的甲宽、体重组成特征如下。

（1）产卵群体。主要由性腺成熟的雌蟹组成，4—6 月进入沿岸浅海产卵，在群体组成中，雌蟹占 71.1%。其年龄组成以初届参加产卵活动的 1 龄蟹及重复参加产卵的 2 龄蟹为主。雌蟹的甲宽范围为 100～240 mm，平均甲宽 153.7 mm，优势组 130～180 mm，占 80.8%。体重范围 40～620 g，平均体重 204.3 g，优势组 120～280 g，占 74.4%。雄蟹在群体组成中的比例较少，仅占 28.9%，其甲宽范围为 95～220 mm，平均甲宽为 141.9 mm，优势组 110～160 mm，占 77.0%；体重范围 40～660 g，平均体重 195.5 g，优势组 80～260 g，占 75.8%，其平均甲宽、平均体重均比雌蟹小（表 5-1-1）。从上述产卵群体甲宽与体重组成看出，其范围都比较宽，但优势组偏小。甲宽在 200 mm，体重 400 g 以上大个体的数量比较少，只占 2% 左右，说明生殖群体组成以 1 龄和 2 龄蟹为主。邓景耀（1986）分析了渤海春汛梭子蟹产卵群体有两个优势甲长组，53～71 mm（甲宽为 113.4～151.9 mm）和 73～95 mm（甲宽为 156.2～203.3 mm），前者为 1 年生群体，后者为两年生群体，这与东海梭子蟹生殖群体甲宽组成基本一致。

（2）索饵群体。梭子蟹索饵群体是由当年生群体和越年群体组成，8—10 月分布在东海近海索饵、肥育。雌蟹甲宽范围 80～205 mm，平均甲宽 133.9 mm，优势组 110～175 mm，占 79.3%；体重范围 20～390 g，平均值 140.1 g，优势组 60～180 g，占 72.3%。雄蟹的甲宽范围 85～210 mm，平均甲宽 133.8 mm，优势组 105～175 mm，占 88.8%；体重范围 30～490 g，平均值 144.7 g，优势组 70～180 g，占 76.5%（表 5-1-1）。

（3）越冬群体。10月份以后北方冷空气南下，水温下降，梭子蟹向外侧和南部深水海域作越冬洄游，11月至翌年1月收集梭子蟹越冬群体样品2 126尾，雌蟹甲宽范围80～230 mm，平均甲宽155.3 mm，优势组130～185 mm，占90%；体重范围40～640 g，平均值211.0 g，优势组120～300 g，占85.6%。雄蟹的甲宽范围70～205 mm，平均甲宽146.2 mm，优势组120～180 mm，占83.0%；体重范围50～490 g，平均值191.7 g，优势组80～260 g，占75.5%（表5-1-1）。

表5-1-1　三疣梭子蟹不同群体甲宽、体重组成比较

群体类型	雌雄	样本/ind.	甲宽范围/mm	平均值/mm	优势组		体重范围/g	平均值/g	优势组	
					范围/mm	%			范围/g	%
产卵群体	♀	1 332	100～240	153.7	130～180	80.8	40～620	204.3	120～280	74.4
	♂	558	95～220	141.9	110～160	77.0	40～660	195.5	80～260	75.8
索饵群体	♀	376	80～205	133.9	110～175	79.3	20～390	140.1	60～180	72.3
	♂	635	85～210	133.8	105～175	88.8	30～490	144.7	70～180	76.5
越冬群体	♀	1 656	80～230	155.3	130～185	90.0	40～640	211.0	120～300	85.6
	♂	465	70～205	146.2	120～180	83.0	50～490	191.7	80～260	75.5

2. 甲宽与体重的关系

根据大量生物学测定数据。梭子蟹甲长平均值与甲宽平均值的比为1：2.048，接近1：2的关系。梭子蟹甲宽与体重的关系和虾类体长与体重的关系一样，其关系曲线呈幂函数类型（图5-1-2），可用$W=aL^b$关系式表示，式中W为体重（g），L为甲宽（mm）。

$$W_♀ = 4.757\ 9 \times 10^{-5} L^{3.025\ 7} \qquad (r=0.999)$$

$$W_♂ = 3.836\ 5 \times 10^{-5} L^{3.073\ 4} \qquad (r=0.998)$$

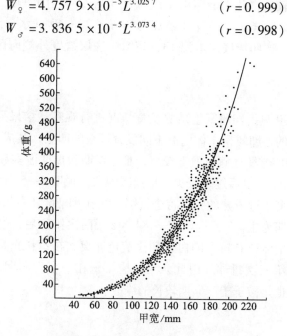

图5-1-2　三疣梭子蟹甲宽与体重的关系

二、年龄

三疣梭子蟹靠脱壳生长，没有年龄标志，通过大量的生物学测定资料，从甲宽、甲长的分布频数可估计其年龄。据戴爱云（1977）报道，梭子蟹可越过 1~3 个冬天。每年春季（4—5 月）在沿岸海区除了生殖群体外，还有一部分甲宽 120 mm 以下未交配的小蟹，这是上一年第二次产卵孵出的群体。这一群体的幼蟹已越过一个冬天，与当年夏季出生的群体一起，经过索饵、成长、交配，组成第二年春季的产卵群体。在浙江南部近海春季抱卵雌蟹中，有两个优势甲长组，一组为 57~71 mm，另一组为 73~84 mm，前者可认为是 1 龄蟹，后者为 2 龄蟹，越过 3 个冬天的为数较少，梭子蟹的捕捞群体主要由 1、2 龄蟹组成。

三、繁殖

1. 产卵期和产卵场

梭子蟹的产卵期比较长，东海北部近海主要产卵期在 4—7 月，高峰期集中在 4 月下旬至 6 月底，这时抱卵雌蟹占 50% 以上。南部外侧海区 2—3 月，北部海区 8 月也有一定数量的抱卵个体，占群体组成的 5% 左右，秋冬季也能捕到抱卵雌蟹，但数量很少，仅在渔获物中偶尔发现。梭子蟹抱卵期间，卵的颜色开始为浅黄色，逐渐变为橘黄色，最后变为黑色，接着便开始"撒仔"。从黑色抱卵蟹出现的数量，可以看出东海近海梭子蟹的"撒仔"期在 5 月中旬到 7 月底，高峰期在 6 月上旬至 7 月中旬。

每年春分之后，近海水温逐渐上升，性腺成熟的雌蟹，从越冬海区向近岸浅海作产卵洄游，产卵场范围比较广，几乎遍布沿岸浅海及外侧岛屿周围海域。3—4 月，浙江中南部近海数量逐渐增多，5—6 月，密集于浙江北部海区 20~40 m 水深海域，尤其是沙质和泥沙质海区数量较多。产卵场底层水温 13~17℃，底层盐度外侧海区为 31~33，内侧海区为 16~30。

2. 排卵类型

4—7 月份，对 690 只抱卵雌蟹生殖腺发育情况进行观察，结果列于表 5-1-2，从表中看出，同属已经排卵的抱卵雌蟹，体内有不同发育等级的卵巢，其成熟度随时间的推移而变化，4、5 月份，抱卵雌蟹性腺成熟度较高，Ⅲ—Ⅳ期和Ⅳ期占多数，4 月下旬，Ⅲ—Ⅳ占 52.6%，Ⅳ期达 42%，以后逐渐减少，呈递减现象，说明 4—5 月第一次排卵的个体居多数。但体内仍有较多接近成熟的卵，将进行第二次排卵。6 月中旬以后，抱卵雌蟹性成熟度明显下降，以Ⅱ期为主，7 月达 75%~84.8%。两次排卵后，绝大部分卵巢已萎缩，不再排卵，但有少数个体还有较多的白色和浅黄色卵巢，在饵料充足，环境条件适宜时，会进一步发育，进行第三次排卵。由此认为，梭子蟹在一个产卵期内，可排卵 1~3 次，属多次排卵类型，这也是梭子蟹产卵期较长的缘故。

表 5-1-2　不同时期抱卵雌蟹体内性腺成熟度的变化（%）

时　间	Ⅱ期	Ⅱ—Ⅲ期	Ⅲ期	Ⅲ—Ⅳ期	Ⅳ期
4 月下旬	—	—	5.3	52.6	42.1
5 月上旬	—	—	66.0	17.0	7.0
5 月中旬	5.7	12.1	52.9	24.7	4.6
5 月下旬	29.6	9.4	30.2	25.8	5.0
6 月上旬	4.1	—	58.8	30.9	6.2
6 月中旬	25.3	7.6	34.2	30.4	2.5
6 月下旬	13.7	35.3	29.4	21.6	—
7 月上旬	84.8	8.7	—	2.2	4.3
7 月中旬	75.0		16.7	8.3	—

3. 排卵量

计数了 356 只雌蟹腹部抱卵量，三疣梭子蟹个体抱卵量比较多，不同个体变动范围较大，从 3.53 万粒至 266.30 万粒不等。不同时期，其抱卵数量不同，从 4 月下旬至 6 月上旬，抱卵数量比较多，在 18.01～266.30 万粒，平均为 98.25 万粒。从 6 月中旬至 7 月末，抱卵量比较少，在 3.53～132.40 万粒，平均为 37.43 万粒，前者可视为初次排卵，后者为重复排卵。然而，不同个体第一次排卵与第二次排卵的时间不可能截然分开，会有交叉出现，但从总体上反映出，在同一生殖期内，初次排卵的数量比重复排卵的数量多。梭子蟹排卵量与甲宽、体重的关系密切，一般随甲宽、体重的增长而增加，排卵量与体重呈直线关系（图 5-1-3）。其关系式如下：

4 月下旬至 6 月下旬：

$$Y_1 = 2034W^{1.099}$$

6 月中旬至 7 月末：

$$Y_2 = 1924W^{0.9863}$$

式中，Y 为排卵量，W 为体重。

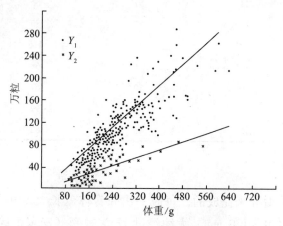

图 5-1-3　三疣梭子蟹排卵量与体重的关系

4. 性成熟

梭子蟹雌雄异体，其性腺发育特性和中国对虾一样，雌雄性腺发育非同步。雄蟹当年秋季性成熟交配，交配期7—11月，以9—11月为盛期，雄蟹把精荚输入雌蟹的储精囊中，而当年成长的雌蟹，交配时性腺尚未发育，交配后雌蟹性腺发育迅速，至翌年春、夏季性成熟，受精产卵，产卵后的个体还能继续蜕壳交配。所以，梭子蟹的生殖活动有交配和产卵两个时期。从调查样品中发现，在梭子蟹交配盛期（9—10月）的群体中，带有精荚的雌蟹最小个体，甲宽为110～120 mm，甲长50～60 mm，体重约80～100 g（表5-1-3）。这批个体腹部呈三角形，是当年孵出长成的蟹。从次年5—6月份浙江北部海区捕获的生殖群体样品中，已排卵的抱卵雌蟹最小个体，甲宽为115～130 mm，甲长55～65 mm，体重60～80 g、抱卵重量20～30 g，这与上一年秋天交配的最小个体相似。据报道（戴爱云，1977），交配后的雌蟹不再蜕壳生长，产卵后仍可蜕壳生长，从交配时雌蟹的最小个体与翌年春天抱卵雌蟹的最小个体相符合看出，梭子蟹属当年交配，翌年性成熟产卵，即1龄达到性成熟产卵。但每年4—5月，在外侧及近岸海区常可捕到甲宽45～135 mm，体重5～120 g尚未交配的幼蟹，这部分幼蟹其中个体较大的，是上一年晚秋孵化成长起来的，已越过一个冬天。另一部分个体较小的是早春在南部及外侧海区孵化成长的幼蟹。这些幼蟹（当龄蟹）和上一年晚秋孵出生长的幼蟹（越年蟹），随着天气转暖，外洋水向北推进，分布到沿岸及北部海区。上述幼蟹与4—7月生殖高峰季节产卵孵化成长起来的幼蟹（当龄蟹）一起，经过夏、秋季的蜕壳、生长、交配，形成翌年春季的生殖群体。所以，梭子蟹初届参加产卵活动的，主要为1龄群体，也有部分2龄群体。

表5-1-3　当年生雌蟹交配的最小个体

捕捞日期	甲宽/mm	甲长/mm	体重/g	性成熟度/期
9月10日	111	53	85	Ⅱ～Ⅲ
	112	54	85	Ⅱ～Ⅲ
9月27日	113	56	98	Ⅱ～Ⅲ
	113	57	85	Ⅱ
9月29日	112	55	83	Ⅱ～Ⅲ
	125	62	116	Ⅱ～Ⅲ
10月11日	105	51	68	Ⅱ
	106	50	67	Ⅱ
10月26日	113	56	99	Ⅱ
	104	48	82	Ⅱ

四、生长

梭子蟹的生长是靠蜕壳来完成的，每脱一次壳身体就长大一些，属非连续性生长特点。从幼蟹长至甲宽110～130 mm，大约经过13次蜕壳（安东生雄，1981）。秋季交配后，雌蟹不再蜕壳，至第二年春、夏季产卵后，再蜕壳生长。图5-1-4是幼蟹群体和成蟹群体甲宽逐月分布，从图上看出幼蟹出现有两个高峰季节，即春季高峰和夏季高峰。夏季幼蟹高峰是当年生殖高峰期（4—6月）孵化出生的，东海北部沿岸海区，从6月底开始出现甲宽20 mm左右的幼蟹，7—10月都有甲宽40 mm，体重10 g左右的幼蟹出现。幼蟹体色深紫色。7—8月，幼蟹生长最快，7月其甲宽平均增长28.8 mm，增长率88.6%，体重平均增长量为11.5 g，平均增长率达460%。8月甲宽平均增长21.6 mm，增长率为35.2%，体重平均增长25.5 g，增长率为182.1%，以后逐月递减（表5-1-4）。9—10月，甲宽达到100 mm左右的较大个体，开始移向深水海区，加入成蟹群体（图5-1-4c、d），成为捕捞对象。夏季高峰幼蟹数量最多，是当年梭子蟹主要的补充来源。由于梭子蟹在一个生殖期内多次排卵，产卵期较长，除了产卵高峰期集中在4—6月外，早春和秋季也有少数个体产卵，因此，早春和晚秋也有幼蟹出现。在晚秋孵出的幼蟹（图5-1-4e），因入冬后渔场水温下降，幼蟹生长缓慢或停止生长，至翌年春季水温上升才继续蜕壳生长，并与早春孵出成长的幼蟹一起，组成春季幼蟹高峰（图5-1-4a、b）。春季高峰的幼蟹体色灰白。4—5月，甲宽范围45～145 mm，体重范围5～180 g，5月平均甲宽102.4 mm，平均体重63.4 g，6月开始部分较大个体移向深水海区，加入成蟹群体，7—8月，大部分已成捕捞对象。但春季高峰幼蟹数量比夏秋季高峰少。

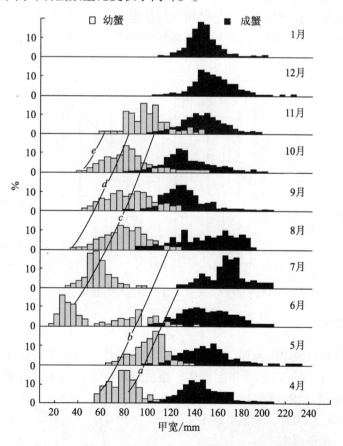

图5-1-4　三疣梭子蟹幼蟹群体与成蟹群体甲宽分布月变化

表 5-1-4　幼蟹群体甲宽、体重月变化

| 月份 | 甲宽/mm | | | | | | 体重/g | | | | | | 样品数 |
	范围	优势组	%	平均值	增长量	增长率/%	范围	优势组	%	平均值	增长量	增长率/%	
6	15~50	20~45	92.1	32.5	—	—	0.5~10	0.5~5	96.1	2.5	—	—	317
7	30~110	45~85	89.4	61.3	28.8	88.6	2.5~60	5~30	88.8	14.0	11.5	460.0	639
8	35~155	55~100	81.0	82.9	21.6	35.2	3.0~200	10~50	81.4	39.5	25.5	182.1	845
9	45~170	55~105	78.3	88.2	5.3	6.4	5~180	10~60	74.1	43.8	4.3	10.9	420
10	40~185	55~120	87.4	88.3	0.1	0.1	5~250	5~90	90.3	43.9	0.1	0.2	745

五、雌雄性比

梭子蟹不同生活阶段，群体组成的雌雄性比不一样，6—10月份沿岸海区当年生幼蟹生长阶段，雌蟹占46.5%，雄蟹占53.5%，雌雄性比接近1:1。9—10月份成蟹交配盛期，雌蟹占33.2%，雄蟹占66.8%，雄蟹多于雌蟹。4—7月生殖季节，雌蟹占71.1%，雄蟹占28.9%，雌蟹明显多于雄蟹。11月至翌年1月越冬季节，雌蟹又多于雄蟹（图5-1-5），由上述看出，刚出生的梭子蟹，其雌雄性比比较接近，由于其生殖活动有交配和产卵两个阶段，交配盛期雄蟹多于雌蟹，而产卵期和越冬期雌蟹多于雄蟹，这与其生殖活动特性相适应。

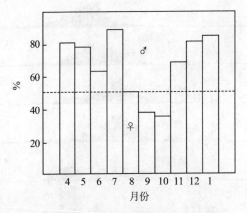

图 5-1-5　三疣梭子蟹雌雄性比月变化

六、摄食习性

三疣梭子蟹有昼匿夜出的习惯，并有明显的趋光习性，多在夜间摄食，摄食强度以幼蟹生长肥育阶段最高，7—10月当年生群体，摄食强度以2级为主，占46.5%，其次是3级（29.3%）和1级（19.3%），空胃率较少，只占4.9%。10—12月越冬过路群体，摄食量也较高，1级占31.0%，2级占21.0%，3级占19.1%，空胃率29.0%，这时蟹体肥壮，性腺发达，经济价值高。

三疣梭子蟹食性比较杂，既吃鱼类、蟹类、虾类、腹足类、瓣鳃类、多毛类、口足

类，也吃水母类、海星、海胆、海蛇尾等。根据王复振（1964）调查，梭子蟹吃沙蟹及玉螺最多，鱼类、蛤类也吃不少，其出现频率以腹足类（23.5%）、瓣鳃类（22.5%）、短尾类（21.2%）最多，其次是蛇尾类（9.0%）和鱼类（8.3%）（表5-1-5）。

表5-1-5　三疣梭子蟹饵料生物出现频率组成

种　类	10月	11月	12月	1月	2月	合　计	出现频率/%
水母类	7	—	—	—	—	7	2.3
珊瑚类	—	3	—	—	—	3	1.0
多毛类	—	—	3	—	—	3	1.0
瓣鳃类	21	20	22		5	68	22.5
腹足类	11	34	15	2	9	71	23.5
口足类	4					4	1.3
长尾类	—	2	1	1		4	1.3
短尾类	15	12	31	1	5	64	21.2
海　星	—	1	—	—	—	1	0.3
蛇尾类	1	1	7	1	17	27	9.0
海　胆	—	—	2	—	2	4	1.3
鱼　类	11	1	8		5	25	8.3
其　他	12	3	4	2	—	21	7.0
合　计						302	100

（引自王复振，1964）

七、洄游分布

1. 洄游概况

冬季梭子蟹分布在底层水温12℃以上的深水海区越冬，春季随着水温回升，性成熟个体自南向北，从越冬海区向近岸浅海、河口、港湾作产卵洄游。3—4月在福建沿岸海区10~20 m水深海域，4—5月在浙江中南部沿岸海域，5—6月在舟山、长江口30 m以浅海域形成梭子蟹的产卵场和产卵期。产卵场底质以沙质和泥沙质为主，水色混浊，透明度较低，底层水温一般在14~21.3℃，盐度15.8~30.1。产卵后的群体，分布在沿海索饵。6—8月孵出的幼蟹分布在沿岸浅海区肥育、成长，秋季个体逐渐长大并向深水海区移动。8—9月近海水温继续上升，外海高盐水向北推进，产卵后的索饵群体和当年成长的群体一起，北移至长江口、吕泗、大沙渔场，中心渔场底层水温20~25℃，盐度30~33。10月份以后，随着北方冷空气南下，沿岸水温逐渐下降，索饵群体自北向南，自浅水区向深水区做越冬洄游（图5-1-6）。

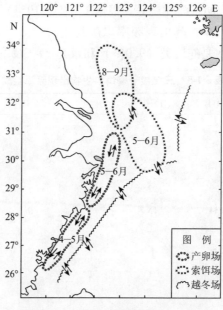

图 5-1-6　三疣梭子蟹洄游分布示意图

2. 标志放流与重捕

根据 1985 年、1986 年浙江省海洋水产研究所梭子蟹的标志放流试验，共放流梭子蟹 7 000 尾，重捕 7 尾，其放流和重捕的时间、地点如图 5-1-7 所示。6—7 月舟山渔场的梭子蟹往北和西北方向洄游，如 1986 年 7 月 16 日在舟山渔场放流的梭子蟹，9 月 6 日在大沙渔场重捕，前后经历 52 天，洄游约 130 海里。11 月以后，梭子蟹的洄游方向一是向东，从浅水区向深水区移动，二是向南，朝西南方向洄游，1985 年 11 月 11 日在舟山渔场放流的梭子蟹，12 月 18 日在温台渔场重捕，前后经历 37 天，洄游 150 海里。上述说明，浙北海区的梭子蟹群体与吕泗、大沙渔场和浙南温台渔场的梭子蟹群体有密切联系，而浙南温台渔场的梭子蟹群体又与福建沿海的群体有密切联系。据黄焕章（1984）报道，11—12 月在浙江南部渔场放流的梭子蟹，一个月后在福建南部近海就可捕到，洄游 200 多海里（表 5-1-6）。

表 5-1-6　三疣梭子蟹标志放流重捕记录

放　流		重　捕		洄游情况		
时　间	海　区	时　间	海　区	天数	方向	距离/海里
1982 年 12 月 3 日	浙江披山东南水深 50 m	1982 年 12 月 24 日	福建南日岛两侧	21	西南	220
12 月 4 日	浙江大陈东南水深 60 m	12 月 29 日	福建深沪东水深 38 m	25	西南	280
12 月 4 日	浙江大陈东南水深 60 m	1983 年 1 月 18 日	福建平潭丰山东 20 里	44	西南	210
1983 年 11 月 15 日	浙江披山东水深 60 m	12 月 15 日	福建晋江围头东水深 20 m	40	西南	210
12 月 2 日	浙江披山东偏南水深 55 m	1984 年 1 月 13 日	福建惠安媚州湾水深 16 m	42	西南	220
11 月 19 日	浙江大陈东南水深 60 m	1 月 9 日	福建惠州崇武东 20 里	61	西南	220
12 月 2 日	浙江披山东水深 50 m	1 月 11 日	福建晋江辽留湾	50	西南	210

（引自黄焕章等，1984）

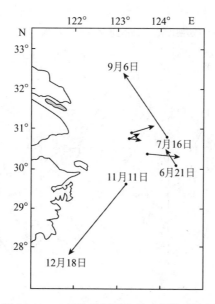

图 5-1-7 三疣梭子蟹标志放流洄游示意图

3. 不同群体分布及与水温、盐度的关系

梭子蟹对水温的要求比对盐度的要求严格，其适温下限为 12℃，当水温降至 10℃ 时，即进入休眠状态，水温是支配梭子蟹洄游分布的主要原因之一。对盐度的要求，除了产卵阶段和幼体发育阶段要求较低的盐度外，在索饵和越冬阶段，一般生活在盐度 30 ~ 34 海域。不同群体的分布与水温、盐度的关系如下。

（1）产卵群体分布。三疣梭子蟹产卵群体分布比较广，遍布沿岸浅海及岛屿周围水域，3—4 月分布于浙江中南部沿海，5—6 月密集于浙江北部海域，主要分布在30°00′—32°00′N，124°00′E 以西海域（图 5-1-8），抱卵雌蟹主要分布在水深 20 ~ 40 m 一带沿岸浅水海域，产卵场底质为沙质和泥沙质，水色混浊，透明度较低，底层水温 13 ~ 17℃，底层盐度内侧海区为 16 ~ 30，外侧海区为 32 ~ 33。

（2）索饵群体分布。索饵群体包括幼蟹和成蟹两个群体，由于个体大小不同，其分布海域也不一样，幼蟹分布在沿岸浅水海区，成蟹分布在外测深水海域。成蟹群体除剩余群体外，还有部分幼蟹长大之后移向深水海区与成蟹一起进行索饵活动，一般分布在30 ~ 60 m 水深一带。8、9 月份，其中心分布区在长江口、吕泗大沙渔场和海礁北部一带海域，中心渔场底层水温 19 ~ 22℃，底层盐度 30 ~ 34（图 5-1-8）。10—11 月份，吕泗、长江口区水温开始下降，渔场高盐水舌向南退缩，索饵群体南移至长江口、舟山渔场，在浙江中南部的鱼山、大陈以东海域，也开始形成中心渔场。

（3）越冬群体分布。东海梭子蟹比较集中的越冬场有两处，一处是在鱼山、温台渔场水深 40 ~ 70 m 一带海域，底层水温 15 ~ 18℃，盐度 32 ~ 34；另一处是在福建沿海25 ~ 50 m 水深一带海域。在东海北部海域，尤其是在秋末冬初（11—12 月）还有较多的越冬群体分布，主要分布中心在舟山渔场的浪岗、东福和洋安一带海域（图 5-1-8），11

月份渔场水温仍比较高，底温 20～21℃，盐度 32～34，翌年 1 月至 2 月份渔场水温下降到 10～12℃，梭子蟹向南部越冬场洄游，北部海区数量大大减少。

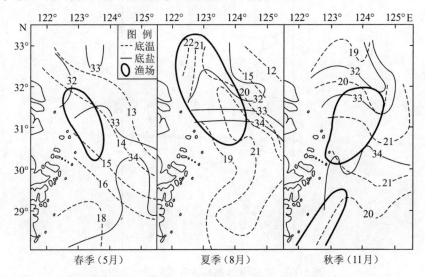

图 5-1-8　1986 年 5 月、8 月、11 月三疣梭子蟹中心渔场与底层温、盐度分布

4. 数量分布

（1）季节变化与区域变化。根据 1998 年 5 月、8 月、11 月和 1999 年 2 月桁杆拖虾作业的调查资料，调查海域为 26°00′—33°00′N，127°00′E 以西，20 m 水深以东海域，用单位时间渔获量（渔获率）或称资源密度指数表示三疣梭子蟹的数量分布状况。全调查区一年四季的平均渔获率为 404.3 g/h，以秋季最高，为 1 373.6 g/h，其次是春季和夏季，分别为 111.4 g/h 和 102.0 g/h，冬季最低，只有 30.0 g/h。从不同调查海域看，以北部海域（31°00′—33°00′N）渔获率最高，4 季平均值为 1 070.2 g/h，高峰期出现在秋季，渔获率为 3 648.8 g/h，其次是中部海域（28°00′—31°00′N），4 季平均渔获率为 241.4 g/h，高峰期也出现在秋季，渔获率为 864.5 g/h。南部海域（26°00′—28°00′N）最低，只有春季才有渔获，数量也不高（表 5-1-7）。

表 5-1-7　三疣梭子蟹数量分布的季节变化（g/h）

调查海域	春 季	夏 季	秋 季	冬 季	平均值
北　部 31°00′—33°00′N	253.1	314.8	3 648.8	64.2	1 070.2
中　部 28°00′—31°00′N	62.7	14.2	864.5	24.1	241.4
南　部 26°00′—28°00′N	27.4	—			6.9
全海域 26°00′—33°00′N	111.4	102.0	1 373.6	30.0	404.3

（2）时空分布。图 5-1-9 是三疣梭子蟹春、夏、秋、冬 4 季渔获率的平面分布，春季（5 月）：梭子蟹的出现频率比较低，仅为 15.7%，主要分布在 30°00′N 以北海域，没有明显的密集分布区，渔获率在 2.5 kg/h 以下。夏季（8 月）：梭子蟹的出现频率更低，为

13.9%，主要分布海域与 5 月份相同，但在大沙渔场出现高密度分布区，渔获率在 10.2 kg/h，其他站位都在 2.5 kg/h 以下。秋季（11 月）：梭子蟹的出现频率最高，达到 46.1%，主要分布在 30°00′N 以北海域，密集分布中心在长江口渔场和大沙渔场，渔获率在 5.0 kg/h 以上的站位有 8 处，其中 15.0 kg/h 以上的有两处，最高站位为 30.0 kg/h。在 29°00′N 以南海域基本没有渔获。冬季（翌年 2 月）：梭子蟹出现频率最低，仅为 6.1%，渔获量也最低，密集中心消失，分布范围缩小，仅在 30°00′N 以北海域少数站位有分布，渔获率在 2.5 kg/h 以下。

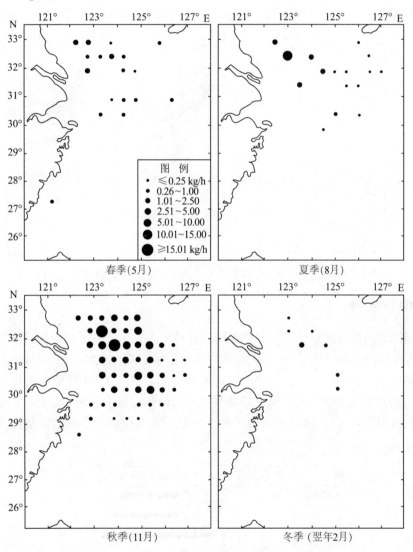

图 5-1-9　不同季节三疣梭子蟹渔获率的平面分布

从上述三疣梭子蟹的分布状况看出，春、夏季梭子蟹数量少，反映出剩余群体（越年蟹）数量严重不足，产卵亲体数量减少。而历史上春、夏季是捕捞梭子蟹的主要季节，如 1979 年 5 月份，东海区国营渔轮在东海的捕捞量为 760 t，其密集中心就在舟山、长江口、大沙渔场（图5-1-10），至20世纪90年代末，这一渔场春、夏季资源密度发生较大变化，数量分布明显减少。秋季梭子蟹的数量分布在全年4个季度月中最高，密集中心明显，反映出当年补充群体尚有一定数量，捕捞群体以补充群体为主。由于梭子蟹的生命周期短，其资源的好坏易受气象海况变化的影响，资源年间波动较大。调查期间正好是梭子蟹资源处在较低年份，如1999年出现6 000只蟹笼出海生产，只捕到5～6只梭子蟹的现象。2000年7—8月份，东海受"桑美"、"派比安"两次台风从东面进入东海的影响，使海况环境发生较大变化，也从外海带来一些生物资源，台风过后，东海的带鱼、梭子蟹、虾类等资源数量显著上升，可见环境变化对资源和渔场的影响很大，两者有着较密切的关系。

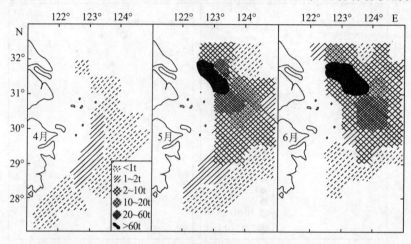

图 5-1-10   1979—1983 年春夏季上海渔业公司梭子蟹月平均产量分布

八、渔场渔期

根据三疣梭子蟹的洄游分布状况和渔民的捕捞实践，三疣梭子蟹的捕捞渔期有春夏季和秋冬季两个渔汛，4—5月在浙江中南部的鱼山渔场、温台渔场，5—9月在舟山、长江口渔场形成春夏季的生产渔汛，北部的吕泗渔场、大沙渔场7—9月份也是梭子蟹的重要渔场。10月份以后至翌年1月在长江口渔场、舟山渔场、鱼山渔场和温台渔场形成秋冬季的捕捞汛期（图5-1-11），这时候的梭子蟹个体肥壮、性腺发达、商品价值高，是渔业利用的最佳时期。

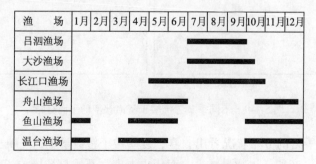

图 5-1-11   三疣梭子蟹的渔场渔期

九、渔业状况和资源量评估

1. 渔业状况

三疣梭子蟹开发利用历史较长，历史上以流刺网作业捕捞为主，也为拖网、张网作业所兼捕。20世纪60年代至70年代前期，流网作业曾一度衰落，70年代后期又得到恢复，80年代迅速发展，至90年代末仅浙江省就有流刺网渔船4 000多艘，成为捕捞梭子蟹的主要渔具。90年代初，蟹笼试验成功并得到迅速推广，又成为捕捞梭子蟹的主要渔具之一。1993年浙江省有蟹笼渔船2 000多艘，蟹笼具100多万只，平均每艘渔船投放蟹笼500只左右。随着渔船吨位、功率增大，蟹笼渔船数有所减少，但蟹笼数量却增加。1999年浙江省有蟹笼渔船1 280多艘，比1993年减少700多艘，而蟹笼增加到160多万只。东海区梭子蟹产量，从1987年 4.7×10^4 t，1996年增长至 19.6×10^4 t，1997—1999年有所下降，2000年又回升到 19.9×10^4 t。浙江省梭子蟹的产量，一般年份 $(5 \sim 8) \times 10^4$ t，高的年份达 10×10^4 t，约占东海区梭子蟹产量的一半。从浙江省梭子蟹历年产量变化情况看（图5-1-12），其资源年间波动较大，这与当年气象、海况关系密切。

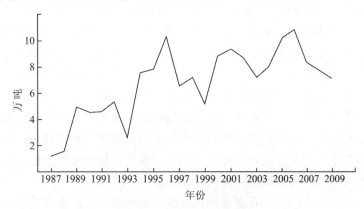

图5-1-12 浙江省三疣梭子蟹历年产量变化

2. 资源量评估

根据1998年5月、8月、11月和1999年2月桁杆拖虾作业调查资料，调查海区范围为 $26°00'—33°00'N$，$127°00'E$ 以西115个站位。总面积 31×10^4 km²，采用资源密度法评估三疣梭子蟹的资源量，求得梭子蟹的平均现存资源量为4 717.9 t，最高现存资源量为14 408.9 t，出现在秋季，春、夏季资源量分别为1 360.0 t和1 199.9 t，冬季最低，只有328.6 t（俞存根等，2004），每平方千米的资源量为 15.2 ~ 46.5 kg，按东海大陆架面积 43.18×10^4 km² 计算，东海大陆架梭子蟹的资源量为6 563.4 ~ 20 078.7 t。必须指出的是：该调查仅为4个季度月份，无法反映其他月份的资源状况，另外调查海域偏外，在30 m水深以内的沿岸海区也未进行调查，因此评估的资源量可能比实际资源量偏低。尤其是在春、夏二季梭子蟹进入沿岸浅海区产卵繁殖，30 m水深以东海域数量很少。冬季梭子蟹游向南部海域越冬，根据标志放流可以到达福建沿岸海域。因此在4个季度月的调查中，只有秋季才反映出本调查区有一定数量分布。这样评估的结果，必然比实际资源量偏低。

再加上梭子蟹易受气象海况影响，年间波动大。今后宜采用多种作业，多种评估方法，加强这方面的研究。

十、渔业管理

调查结果表明，东海梭子蟹资源丰富，是渔业重要的捕捞对象，是国内市场供应和出口创汇的主要品种。近 10 多年来，随着捕捞强度增加，产量增长较快。东海区梭子蟹的年产量，从 1987 年 4.6×10^4 t，近几年达到 15×10^4 t 左右，高的年份接近 20×10^4 t。但由于捕捞力量增长太快，对资源造成强大的压力。历史上，梭子蟹以流网作业捕捞为主，也为拖网、张网作业所兼捕。进入 20 世纪 80 年代，随着东海传统的主要经济鱼类资源衰退，流网作业迅速发展，加大了对梭子蟹的利用，同时桁杆拖虾作业迅速兴起，加大了对梭子蟹兼捕力度。到了 90 年代，蟹笼试验成功，取得明显的经济效益，蟹笼作业迅速崛起，成为捕捞梭子蟹的重要渔具之一。笼捕渔船逐年增大，装载蟹笼数目越来越多，每只渔船装载蟹笼的数目从 1 000～2 500 只增加到 3 000～5 000 只，个别高的达 7 000 只，至 1999 年仅浙江省就有蟹笼 160 万只，流网 1 200 多万张，还有兼捕梭子蟹的桁杆拖虾作业、底拖网作业、张网作业等，使梭子蟹面临着强大的捕捞压力，资源出现明显波动，2000 年上半年出现难捕到梭子蟹的现象。梭子蟹资源已利用过度，必须加强对梭子蟹资源的管理。虽然，从梭子蟹的生物学特性看，属于生命周期短、世代交替快、性成熟早、繁殖力强、生长快、资源恢复力强的类型，但易受气象、海况环境的影响，容易出现波动。自 90 年代以来，曾出现几次明显的波动，如 1993 年、1999 年、2003 年、2009 年这几年都是长江冲淡水强盛的年份，沿海水温、盐度偏低，渔业水域污染严重，水域生态环境恶化，影响了梭子蟹的分布和幼蟹发育生长，资源发生量下降，并造成翌年亲蟹减少。但在台风的影响下，海水得到充分绞动，海况环境得到改善，梭子蟹生产也会好起来，如 1996 年、2000—2001 年、2005—2006 年，梭子蟹都取得丰收。

根据梭子蟹捕捞压力强大和资源容易出现波动的特点，在渔业管理上，首先要减轻捕捞强度，同时要贯彻春保、夏养、秋冬捕的方针。即春季要保护抱卵亲蟹，夏季要保护幼蟹，秋冬季进行捕捞，此时是捕捞秋白蟹（雄蟹）的最佳季节，雌蟹经过索饵育肥后，秋冬季比较肥壮，生殖腺发达，作者比较了同一甲宽组的雌蟹，越冬群体（11 月至翌年 1 月）的体重都比索饵群体（8—10 月）的体重重，同一甲宽组雌蟹的体重平均增重量为 23.5 g，平均增重率达 10.7%，商品价值高，这时进行捕捞，会产生较高的经济效益和社会效益。有关梭子蟹的保护，地方已出台了保护抱卵亲蟹和保护幼蟹的法规，要进一步完善。近些年来，随着梭子蟹养殖业的发展，自然海区的幼蟹，成为梭子蟹养殖的来源，这将大大杀伤自然海区梭子蟹的补充群体，应予禁止。梭子蟹养殖种苗的来源，要从全人工育苗来解决，梭子蟹的育苗技术已被掌握，今后应进一步推广。通过减轻梭子蟹的捕捞压力和有效的管理，梭子蟹资源必将会出现可持续利用的前景。

第二节　红星梭子蟹

红星梭子蟹〔*Portunus sanguinolentus*（Herbst）〕（图板Ⅲ）。

分类地位：十足目，腹胚亚目，短尾次目，梭子蟹总科，梭子蟹科，梭子蟹属。

中文俗名：红星蟹、三眼蟹、梭子蟹、三目蟹、三点蟹。

英文名：redspot swimmer crab。

日文名：ジヤノメガザミ。

形态特征：大型蟹类，头胸甲呈梭形，宽约为长的 2.2 倍。表面前部具有微细颗粒及白色云纹，后部几乎光滑。在头胸甲后半部的心区与鳃区上具有 3 个血红色卵圆形斑，螯足可动指基半部也具有 1 血红色的斑点，内眼窝齿较额齿大。前侧缘呈弓状弯突，具 9 齿，末齿特别长大，向侧方突出。螯足强壮，长度约为头胸甲长的 2 倍余，略大于甲宽。可动指基半部具有 1 血红的斑点。

地理分布：分布于日本、美国夏威夷、菲律宾、澳大利亚、新西兰、马来群岛、印度洋、南非沿海及中国的东海、南海。

经济意义：属东海区传统的海洋捕捞大型蟹类资源，每年有一定的捕捞量可供市场需求，肉味鲜美，具有一定的经济价值。

一、群体组成

1. 甲宽、体重组成

根据 1998—1999 年东海大陆架的调查资料，红星梭子蟹渔获群体中，雌蟹周年甲长分布范围为 20～75 mm，平均甲长为 57.5 mm；甲宽分布范围为 50～160 mm，平均甲宽为 128 mm；体重分布范围为 8～290 g，平均体重为 132.2 g。雄蟹周年甲长分布范围为 20～80 mm，平均甲长为 57.6 mm；甲宽分布范围为 50～175 mm，平均甲宽为 130.8 mm；体重分布范围为 8～350 g，平均体重为 165.5 g。其甲长与甲宽之比为 1:2.2。另据福建海域 1994—1996 年的调查资料，红星梭子蟹捕捞群体周年雌性甲宽分布范围为 53～192 mm，平均甲宽为 125.0 mm，优势组为 110～150 mm，占 58.7%；体重分布范围为 8～452 g，平均体重为 132.9 g，优势组 80～140 g，占 40%。雄性甲宽分布范围为 50～185 mm，平均甲宽为 125.8 mm，优势组为 110～150 mm，占 50.8%；体重分布范围为 6～455 g，平均体重为 146.4 g，优势组 40～120 g，占 43.2%。雌雄个体差异不大（图 5-2-1）。

从不同月份红星梭子蟹甲宽、体重的组成看，雌蟹甲宽较大值出现在 2—4 月和 10 月，平均甲宽达到 132.5～147.5 mm，其中以 2 月最大，体重较大值也出现在 2—4 月和 10 月，平均体重为 152.2～240.3 g，也以 2 月最大。雌蟹甲宽较小值出现在 7—9 月，平均甲宽为 90.8～114.9 mm，以 7 月最小；体重较小值出现在 5 月和 7—8 月，平均体重为 39.2～90.8 g，以 7 月最小（表 5-2-1）。

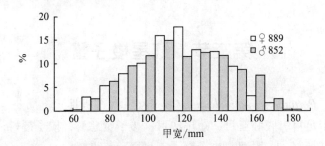

图 5-2-1　1994—1996 年红星梭子蟹周年甲宽组成

（根据张秋华等，2007）

雄蟹甲宽较大值与雌蟹一样出现在 2—4 月和 10 月，平均甲宽达到 136.5 ~ 151.9 mm，其中以 10 月最大，体重较大值也出现在 2—4 月和 10 月，平均体重为 178.3 ~ 269.3 g，也以 10 月最大。雄蟹甲宽较小值出现在 7—8 月和 11—12 月，平均甲宽为 102.2 ~ 117.3 mm，以 7 月最小；体重较小值也出现在 7—8 月和 11—12 月，平均体重为 53.9 ~ 118.6 g，以 7 月最小（表 5-2-1）。

表 5-2-1　红星梭子蟹甲宽、体重组成月变化

月份	性别	样品数/ind.	甲宽范围/mm	平均甲宽/mm	优势组/mm	%	体重范围/g	平均体重/g	优势组/g	%
1	♀	138	75 ~ 172	125.5	115 ~ 140	61.0	24 ~ 364	127.3	90 ~ 140	49.3
2	♀	87	81 ~ 192	147.5	140 ~ 160	50.6	30 ~ 452	240.3	200 ~ 250	34.5
3	♀	65	104 ~ 178	138.4	125 ~ 150	60.0	77 ~ 400	169.0	130 ~ 160	29.2
4	♀	77	104 ~ 167	132.5	115 ~ 130	55.8	92 ~ 400	163.4	100 ~ 140	49.3
5	♀	59	53 ~ 163	113.2	105 ~ 125	47.4	8 ~ 295	90.8	50 ~ 90	52.5
6	♀	56	100 ~ 181	123.9	110 ~ 130	66.1	76 ~ 307	124.3	80 ~ 120	57.1
7	♀	45	67 ~ 115	90.8	75 ~ 95	60.0	17 ~ 73	39.2	20 ~ 40	57.8
8	♀	53	66 ~ 152	104.2	90 ~ 120	58.5	19 ~ 251	76.6	30 ~ 60	37.7
9	♀	65	85 ~ 167	114.9	100 ~ 120	80.0	55 ~ 320	104.5	70 ~ 110	75.4
10	♀	75	106 ~ 168	140.0	125 ~ 145	49.3	72 ~ 235	152.3	160 ~ 190	28.0
11	♀	52	80 ~ 167	116.7	80 ~ 100	34.6	28 ~ 194	87.9	30 ~ 50	34.6
12	♀	117	71 ~ 175	123.8	145 ~ 155	21.4	23 ~ 317	129.9	40 ~ 70	30.8
合计	♀	889	53 ~ 192	125.0	110 ~ 150	58.7	8 ~ 452	132.9	80 ~ 140	40.0
1	♂	72	70 ~ 170	110.7	80 ~ 100	30.6	24 ~ 290	99.3	20 ~ 60	41.7
2	♂	19	82 ~ 180	143.6	160 ~ 180	42.1	27 ~ 455	244.4	170 ~ 210	22.2
3	♂	36	109 ~ 177	143.8	130 ~ 145	30.5	84 ~ 338	207.2	110 ~ 150	36.4
4	♂	77	107 ~ 174	136.5	120 ~ 140	45.9	75 ~ 445	178.3	40 ~ 120	48.9
5	♂	96	88 ~ 185	126.4	110 ~ 135	43.7	43 ~ 430	138.7	90 ~ 150	44.2
6	♂	95	92 ~ 174	132.7	120 ~ 140	44.2	58 ~ 365	158.2	—	—
7	♂	55	68 ~ 136	102.2	100 ~ 120	54.6	20 ~ 135	53.9	20 ~ 50	45.5

续表

月份	性别	样品数/ind.	甲宽范围/mm	平均甲宽/mm	优势组/mm	%	体重范围/g	平均体重/g	优势组/g	%
8	♂	80	75～174	117.3	100～125	43.7	30～300	111.4	70～110	38.7
9	♂	70	93～179	131.2	105～125	40.0	54～390	164.3	80～120	32.8
10	♂	76	50～176	151.9	145～170	73.7	6～435	269.3	220～300	50.0
11	♂	38	78～160	114.1	90～105	31.6	29～250	84.5	50～70	34.2
12	♂	138	72～181	115.7	85～110	53.6	29～430	118.6	30～80	55.8
合计	♂	852	50～185	125.8	110～150	50.8	6～455	146.4	40～120	43.2

（资料来源：引自张秋华等，2007）

2. 甲宽与体重的关系

根据甲宽（L）与体重（W）资料，用 $W = aL^b$ 曲线拟合得图 5-2-2。其中：

$$W_♀ = 5.530\ 8 \times 10^{-5} L^{3.019\ 5} \quad (r = 0.995\ 9)$$

$$W_♂ = 2.574\ 4 \times 10^{-5} L^{3.186\ 4} \quad (r = 0.994\ 8)$$

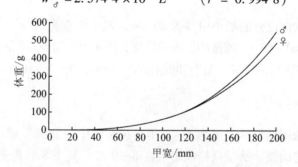

图 5-2-2　1994—1996 年红星梭子蟹甲宽与体重关系

（根据张秋华等，2007）

二、繁殖

红星梭子蟹的繁殖习性与三疣梭子蟹相近，繁殖期较长，在东海中、北部海域（28°00′—33°00′N）繁殖高峰期在春、夏季（5—8月），但到秋、冬季仍能捕到抱卵亲蟹，根据 1998 年东海大陆架拖虾调查，在中部海域（28°00′—31°00′N）11月份的调查样品中有 22.7% 的个体为抱卵雌蟹。在东海南部的福建海域，其繁殖期提早出现，从 12 月至翌年 8 月都有繁殖，繁殖高峰出现在 2—6 月（表 5-2-2）。

表5-2-2　红星梭子蟹性腺成熟度的月变化（%）

月份	测定尾数	性腺成熟度（期）				
		Ⅱ	Ⅲ	Ⅳ	Ⅴ	Ⅵ
1月	138	4.3	13.8	65.9	8.0	8.0
2月	87	—	4.6	43.7	50.6	1.1

月 份	测定尾数	性腺成熟度（期）				
		II	III	IV	V	VI
3 月	65	—	—	40.0	32.3	27.7
4 月	77	—	—	44.2	55.8	—
5 月	59	5.1	45.8	3.4	18.6	27.1
6 月	56	—	16.1	14.3	50.0	19.6
7 月	45	31.1	68.9	—		
8 月	53	13.2	39.6	37.7	5.7	3.8
9 月	65	33.8	58.5	7.7		
10 月	75		18.7	6.7		74.9
11 月	52	7.7	26.9	63.5	—	1.9
12 月	117	31.6	41.0	23.1	1.7	2.6
全 年	889	10.5	25.3	32.5	18.3	13.4

（根据张秋华等，2007）

红星梭子蟹初次性成熟的最小甲宽为 80 mm，最小体重为 32 g，大量性成熟的甲宽为 100～110 mm，体重 60～80 g。雌蟹的性腺成熟度，周年以IV期最多，占 32.5%；其次为III期和V期，分别占 25.3% 和 18.3%；VI期和II期较少，分别占 13.4% 和 10.5%，（表5-2-2）。

三、生长

红星梭子蟹生命周期短，一般为 1～2 年。在东海中、北部海域，春夏季繁殖后，夏秋季就出现当年生的幼蟹，幼蟹高峰期出现在 8—9 月，其中 8 月份甲宽小于 95 mm 的幼蟹约占 76.7%，幼蟹逐月长大，至秋冬季就加入捕捞群体，与越年蟹一起成为捕捞对象，翌年春夏季繁殖产卵。在福建海域 7—10 月捕获的群体，既有剩余群体（前一年生的个体），也有当年生的幼蟹，而以当年生的幼蟹居多，其平均甲宽和体重逐月增长；11 月至翌年 2 月间，幼蟹已长大并逐渐加入捕捞群体，捕捞群体甲宽和体重分布范围均较广；在 2—6 月生殖盛期，随着补充群体的大量加入，捕捞群体平均甲宽和体重逐月下降。

四、性比

在 1 741 尾红星梭子蟹样本中，雌蟹占 51.1%，雄蟹占 48.9%，雌雄性比为 1:0.96，雌性略多于雄性。各月雌雄性比变化较大，1—3 月和 11 月雌性明显多于雄性，4 月和 10 月雌雄性比接近 1:1；其余 6 个月都是雄性多于雌性。

五、摄食

1. 摄食强度

红星梭子蟹周年都摄食，摄食强度以 1 级为主，占 43.9%，其次是 2 级，占 36.0%；

0级和3级较少，分别占14.5%和5.6%。不同月份，除1月、3月、8月和11月以2级为主外，其余各月均以1级居多。从平均摄食等级来看，以索饵前期和生殖前期的摄食强度相对较大（表5-2-3）。

表5-2-3 红星梭子蟹摄食强度月变化（%）

月 份	测定尾数	摄食强度			
		0级	1级	2级	3级
1月	210	0.9	44.8	45.7	8.6
2月	106	23.6	51.9	21.7	2.8
3月	101	22.8	37.6	38.6	1.0
4月	154	14.3	52.6	32.5	0.6
5月	155	19.4	49.0	29.0	2.6
6月	151	16.6	49.0	33.8	0.7
7月	100	8.0	44.0	43.0	5.0
8月	133	9.0	30.1	42.1	18.8
9月	135	31.1	31.9	28.9	8.1
10月	151	18.5	55.0	25.2	1.3
11月	90	5.6	28.9	57.8	7.8
12月	255	12.2	43.1	37.3	7.4
全 年	1741	14.5	43.9	36.0	5.6

（根据张秋华等，2007）

2. 饵料组成

根据研究资料，红星梭子蟹以游泳动物为主要食物，同时捕食一定数量的底栖生物和少量的浮游动物。其胃含物约有38种，包括硅藻类、原生动物、海绵动物、珊瑚虫、线虫、多毛类、瓣鳃类、腹足类、甲壳类、毛颚类、棘皮动物、头足类、鱼类和底栖藻类等14大类。

饵料中各类群出现频率最高的是甲壳类，占26.3%；腹足类居第二，占15.6%；第三是瓣鳃类，占11.8%；鱼类和珊瑚虫均占10.5%；其他依次为原生动物、底栖藻类、毛颚类、棘皮动物、线虫、头足类、海绵动物、软体动物。

饵料中各类群个数百分比以原生动物最高，占81.9%，仅出现在夏季，其次是珊瑚虫，占5.9%（在冬季和春、夏季食物中均较多出现），甲壳类占3.5%，硅藻类占3.0%，底栖藻类、鱼类和瓣鳃类，分别占2.3%、2.1%和1.9%；其他各类所占比例均小于1.0%。

各类群重量百分比则以鱼类居优势，占77.3%；其次是头足类，占14.4%；第三是甲壳类，占4.02%（其中虾类占3.07%）；腹足类和珊瑚虫分别占1.77%和1.43%，其他各类所占比例均小于0.6%。

红星梭子蟹摄食的饵料生态类群百分比（个数和重量）及其出现频率如图5-2-3所示，从图中可知，底栖生物的个数百分比和出现频率均较高，重量百分比较低。游泳动物的重量百分比比较高，但个数百分比和出现频率都较低。浮游动物和浮游植物的相对重要性指标很低。

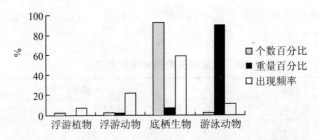

图5-2-3　红星梭子蟹饵料生态类群的百分比及其出现频率

（根据戴天元等，2004）

六、数量分布

1. 季节变化和区域变化

红星梭子蟹是一种传统的捕捞对象，主要分布在 60 m 水深以浅的内侧海域，根据 20 世纪 90 年代末的调查资料，东海 26°00′—33°00′N，127°00′E 以西海域，红星梭子蟹年渔获量仅为 32.1 kg，占蟹类渔获重量组成的 1.0%，单位时间渔获量（渔获率）平均值为 69.8 g/h，属调查海域渔获量最小的一种经济蟹类，其高峰期出现在秋季，平均渔获率也仅为 224.6 g/h，而其他季节在 21.3 g/h 以下。不同海域以北部海域（31°00′—33°00′N，122°00′—127°00′E）最高，平均渔获率为 123.5 g/h，高峰期出现在秋季，渔获率为 449.3 g/h，中部（28°00′—31°00′N，122°00′—127°00′E）和南部（26°00′—28°00′N，120°00′—125°30′E）海域相对较低，渔获率分别为 55.4 g/h 和 31.4 g/h，高峰期都出现在秋季（表 5-2-4）。

表 5-2-4　红星梭子蟹数量分布的季节变化（g/h）

调查海域	春 季	夏 季	秋 季	冬 季	平均值
北　部 31°00′—33°00′N	—	5.4	449.3	39.3	123.5
中　部 28°00′—31°00′N	48.2	15.8	150.7	6.7	55.4
南　部 26°00′—28°00′N	1.3	23.5	85.5	15.2	31.4
全海域 26°00′—33°00′N	21.3	14.6	224.6	18.8	69.8

2. 时空分布

图 5-2-4 为红星梭子蟹不同季节、不同调查站位渔获率的分布，从图上看出，其资源密度很低，渔获率多数在 250 g/h 以下，最高的站位也只有 1.5～3.5 kg/h。春季（5月）其分布区主要在舟山渔场。夏季（8月）分布范围比较大，北部的长江口渔场，南部的闽东渔场，东部的舟外渔场都有分布，但渔获量很低，渔获率在 250 g/h 以下。秋季（11月）密集区主要出现在长江口渔场和大沙渔场，是 4 个季度月中数量最多的月份，出现多个渔获率在 1.5～3.5 kg/h 的站位。冬季（翌年 2 月）数量明显减少，主要分布在长江口渔场和舟外渔场。

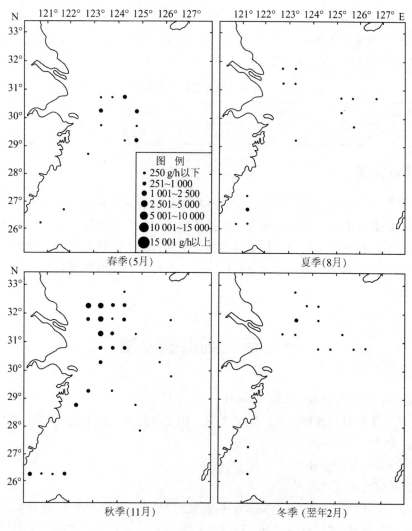

图 5-2-4 不同季节红星梭子蟹渔获率的平面分布

七、渔业状况和资源量评估

1. 渔业状况

红星梭子蟹为近海暖水性大型经济蟹类，为传统的渔业捕捞对象，群体数量不大，常与三疣梭子蟹混栖，分布水深比三疣梭子蟹更浅一些，以分布近岸水域为主，外海水域数量比较少，栖息底质多为沙、沙泥质。渔场主要分布在长江口渔场、大沙渔场、舟山渔场10~40 m、闽东渔场20~60 m 水深海域及闽南、台湾浅滩渔场，以闽南、台湾浅滩渔场数量较多，渔期为秋冬季，以捕捞红星梭子蟹生殖群体为主，闽东渔场渔期为3—4月。捕捞渔具有底拖网、桁杆拖虾网、蟹笼、流刺网、定置张网、帆式张网等。

2. 资源量评估

根据1998 年5 月、8 月、11 月和1999 年2 月虾蟹调查资料，调查范围为26°00′—

33°00′N，20 m 水深以东，127°00′E 以西海域，采用资源密度法评估红星梭子蟹的资源量，全调查区平均现存资源量为827.7 t，最高现存资源量为 2 352.5 t，出现在秋季，其他季节资源量都在 220 t 左右（表5-2-5）。

表5-2-5　红星梭子蟹资源量的季节变化（t）

调查海域	春 季	夏 季	秋 季	冬 季	平均值
26°00′—33°00′N	226.7	218.2	2 352.5	219.1	827.7

八、渔业管理

红星梭子蟹的分布海域与三疣梭子蟹基本相同，其繁殖期和幼蟹出现期与三疣梭子蟹也基本一致，因此其渔业管理可采取与三疣梭子蟹相同的管理办法，即在生殖季节要保护好抱卵雌蟹，禁止捕捞抱卵雌蟹，让更多的抱卵蟹获得撒子的机会；在幼蟹出现的高峰季节要保护好幼蟹，让幼蟹长大，增加补充群体的资源数量，从而达到提高红星梭子蟹的产量和经济效益。

第三节　细点圆趾蟹

细点圆趾蟹［*Ovalipes punctatus*（De Haan）］（图板Ⅲ）。

分类地位：十足目，腹胚亚目，短尾次目，梭子蟹总科，梭子蟹科，圆趾蟹属。

地方名：沙蟹、牛脚蹄。

英文名：sad-looking crab。

日文名：ヒラツメガニ。

形态特征：中型蟹类，头胸甲宽大于长，宽约为长的 1.25 倍，呈卵圆形。表面多布紫褐色斑点。胃、心区之间有一"H"形深沟。额具 4 齿，尖突，中间的 1 对较两侧似细窄。前侧缘具 5 齿，前 4 齿大小相似，均指向前内方，末齿最小，指间前侧方，各齿缘具颗粒线和短毛。螯足强大，可动指背面具有 3 列纵行的细刺，两指内缘具不等大的齿。步足宽，末 3 节扁平，第 4 对步足的掌节，指节扁平而大，指节成长卵圆形板状，以适于游泳。雄性腹部第 6 节近梯形，宽大于长，尾节三角形。

地理分布：分布于日本、澳大利亚、新西兰、马达加斯加、南非、秘鲁、智利及中国的黄海、东海和南海。

经济意义：属东海区群体数量最大，资源密度最高的中型可食用蟹类，具有一定的资源开发潜力，其冷藏熟蟹肉已成为出口创汇产品，具有重要的经济价值。

一、群体组成

1. 甲长、甲宽、体重组成

细点圆趾蟹年间甲长分布范围为 26～95 mm，平均甲长为 54.2 mm，甲宽分布范围为

32 ~ 120 mm，平均甲宽为 69.2 mm，体重分布范围为 5 ~ 410 g，平均体重为 79.2 g。雌、雄个体的甲长、甲宽、体重月变化如表 5-3-1 所示。雄蟹个体平均大于雌蟹，以细点圆趾蟹的周年甲宽分布百分比组成为例（图 5-3-1），雌蟹优势甲宽组为 55 ~ 75 mm，占 71.9%，甲宽大于 65 mm 以后，个体数量逐渐减少，而雄蟹优势甲宽组成为 55 ~ 90 mm，占 86.0%，在这个甲宽范围内的个体数量分布较平均。最大雌蟹个体甲长可达 76 mm，甲宽 94 mm，体重 182.1 g，最大雄蟹个体甲长可达 95 mm，甲宽 120 mm，体重 410 g。

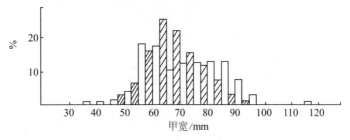

图 5-3-1　细点圆趾蟹捕捞群体周年甲宽组成分布

3—6 月汛期渔获的群体中，雌蟹甲长分布范围为 34 ~ 70 mm，优势甲长组为 46 ~ 65 mm，平均甲长为 52.5 mm；甲宽分布范围为 46 ~ 90 mm，优势甲宽组为 55 ~ 80 mm，占 84.8%，平均甲宽为 66.9 mm；体重分布范围为 20 ~ 170 g，优势体重组为 40 ~ 90 g，占 71.9%，平均体重为 69.5 g。雄蟹甲长分布范围为 38 ~ 95 mm，优势甲长组为 50 ~ 75 mm，占 77.6%，平均甲长为 60.2 mm；甲宽分布范围为 48 ~ 120 mm，优势甲宽组为 60 ~ 90 mm，占 75.2%，平均甲宽为 77.4 mm；体重分布范围为 20 ~ 410 g，优势体重组为 40 ~ 160 g，占 80.4%，平均体重为 109.0 g。

表 5-3-1　细点圆趾蟹甲长、甲宽、体重月变化（mm，g）

月份	♀						♂					
	甲长范围	平均甲长	甲宽范围	平均甲宽	体重范围	平均体重	甲长范围	平均甲长	甲宽范围	平均甲宽	体重范围	平均体重
1	36 ~ 80	48.6	46 ~ 95	62.2	20 ~ 190	52.7	40 ~ 70	48.4	50 ~ 85	61.7	20 ~ 120	53.9
2	32 ~ 65	47.3	42 ~ 85	60.8	10 ~ 110	53.5	26 ~ 75	57.8	32 ~ 95	66.6	5 ~ 200	75.0
3	34 ~ 70	52.9	48 ~ 90	67.1	20 ~ 150	68.2	38 ~ 80	59.6	48 ~ 100	77.9	20 ~ 210	107.3
4	38 ~ 60	49.1	48 ~ 75	62.2	20 ~ 90	55.9	42 ~ 80	58.6	55 ~ 105	75.8	30 ~ 250	101.4
5	36 ~ 70	52.1	46 ~ 85	66.8	20 ~ 160	68.9	40 ~ 95	59.8	55 ~ 120	75.9	20 ~ 410	108.2
6	46 ~ 70	60.4	55 ~ 90	76.8	40 ~ 170	106.1	50 ~ 85	68.3	65 ~ 105	85.6	60 ~ 220	154.2
7	46 ~ 65	53.7	55 ~ 85	69.1	40 ~ 120	73.8	50 ~ 75	60.1	60 ~ 95	76.7	50 ~ 180	100.3
8	42 ~ 80	62.6	55 ~ 95	78.8	30 ~ 180	102.9	34 ~ 85	65.6	42 ~ 105	82.4	10 ~ 220	137.1
9	34 ~ 60	42.6	44 ~ 70	54.4	20 ~ 80	38.8	30 ~ 65	46.3	40 ~ 80	59.4	10 ~ 120	49.6
10	40 ~ 55	47.3	50 ~ 70	60.6	30 ~ 80	48.8	40 ~ 65	50.1	50 ~ 80	63.1	30 ~ 120	58.8
11	42 ~ 55	48.3	55 ~ 70	61.8	30 ~ 70	48.3	44 ~ 65	52.4	55 ~ 85	66.7	40 ~ 120	60.4
12	36 ~ 60	46.8	48 ~ 75	60.5	20 ~ 70	48.6	38 ~ 65	52.3	48 ~ 80	76.1	30 ~ 120	74.7
全年	32 ~ 80	52.3	42 ~ 95	66.7	10 ~ 190	68.4	26 ~ 95	56.5	32 ~ 120	72.2	5 ~ 410	92.6

2. 甲宽与体重的关系

据测定结果，细点圆趾蟹甲长与甲宽之比约为1:1.25，而甲宽与体重的关系如图5-3-2 所示。从图中可见，细点圆趾蟹的甲宽与体重关系呈幂函数相关，根据甲宽（L）与体重（W）测定资料，用 $W = aL^b$ 曲线拟合得

$$W_♀ = 1.009\,0 \times 10^{-4} L^{3.172\,8} \quad (r = 0.989)$$

$$W_♂ = 1.704\,1 \times 10^{-4} L^{3.063\,2} \quad (r = 0.993)$$

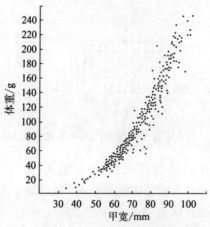

图 5-3-2　细点圆趾蟹甲宽与体重的关系（♂）

二、繁殖

细点圆趾蟹最小抱卵个体头胸甲甲长为 46 mm，甲宽为 60 mm，体重为 59 g，多数抱卵个体的甲长为 50 ~ 60 mm，甲宽为 65 ~ 80 mm，体重为 80 ~ 115 g。

细点圆趾蟹雌蟹性腺成熟度月变化如图5-3-3 所示，3 月份东海海域开始出现 V 期抱卵个体，进行繁殖产卵，一直可延续至 6 月份，同时，到 8 月份仍有不少处在发育中的 Ⅲ ~ Ⅳ 期个体的出现，估计细点圆趾蟹的产卵期较长，盛期为 3—5 月。根据对 358 尾抱卵雌蟹的腹部怀卵量的计测得知，细点圆趾蟹个体繁殖力较强，不同个体怀卵量在 6.89 ~ 75.83 万粒，平均约为 33.86 万粒，怀卵量随细点圆趾蟹个体增大而增多。

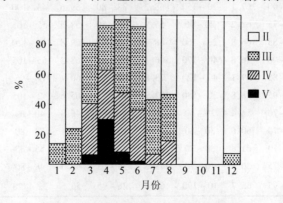

图 5-3-3　细点圆趾蟹性腺成熟度月变化

三、生长

细点圆趾蟹不同月份甲宽组成的分布如图 5-3-4 所示。7 月份，海区开始出现幼蟹，8月份幼蟹逐渐增多，9 月份的蟹群，平均个体最小，平均甲长为 45.2 mm，平均甲宽为 57.9 mm，平均体重为 46.4 g。甲宽在 60 mm 以下的幼蟹，占 51.8%。10 月至翌年 1 月份，生长较为迟缓或停止，雌、雄蟹的优势甲宽组均为 55 ~ 65 mm，2 月份以后，雌蟹处于性腺发育成熟期，个体生长不显著，优势甲宽组为 55 ~ 75 mm，而雄蟹则迅速生长，2 月份，优势甲宽组为 55 ~ 80 mm，到 6 月份，优势甲宽组为 80 ~ 105 mm，甲宽平均增长 23.9 mm，平均增长率达 38.7%，6—8 月，估计生殖后雌蟹仍可继续蜕皮生长，甲宽峰区也逐渐向大的一侧移动，到 8 月份，雌蟹平均甲宽为 78.8 mm，达年间最大，优势甲宽 70 ~ 90 mm，据此推断，细点圆趾蟹年龄应在 1 龄以上，并非生殖后即全部死亡。

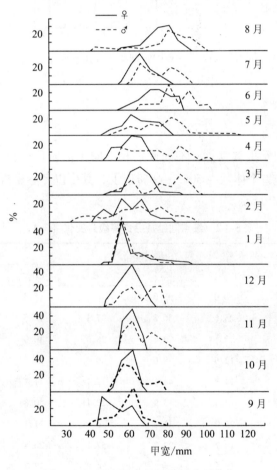

图 5-3-4　细点圆趾蟹甲宽组成月分布

四、性比

细点圆趾蟹周年雌蟹占 53.1%，雄蟹占 46.9%，其雌雄性比约为 1∶0.88，不同季节，不同渔获群体的雌雄性比具有较明显的差异，3—8月性比约为1∶0.64，9月至翌年2月性比约为1∶1.27，也就是说，细点圆趾蟹生殖群体是雌性多于雄性，而越冬群体是雄性多于雌性，周年各月雌雄性比变化如图5-3-5所示。

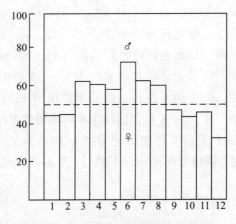

图5-3-5　细点圆趾蟹雌雄性比月变化

五、摄食

1. 摄食强度

细点圆趾蟹一年四季摄食强烈，不同性别和不同生活阶段的摄食强度没有很大的差异，多数时间半胃、饱胃个体数在50%~60%以上，其中以冬春季摄食最为强烈，夏秋季空胃率较高，如表5-3-2所示。

表5-3-2　细点圆趾蟹摄食等级月变化（%）

月份	♀				♂			
	0	1	2	3	0	1	2	3
1	10.0	6.7	50.0	33.3	—	5.3	44.7	50.0
2	28.2	15.4	25.6	30.8	27.1	12.5	35.4	25.0
3	30.6	17.3	25.5	26.6	28.3	10.0	26.6	31.7
4	50.6	27.2	13.6	8.6	40.4	23.1	19.2	17.3
5	25.9	11.1	14.8	48.1	12.1	11.1	9.4	67.5
6	41.7	30.6	13.9	13.9	23.1	30.8	15.4	30.8
7	21.9	21.9	25.0	31.3	10.5	21.1	36.8	31.6
8	40.0	18.7	18.7	22.7	57.1	20.4	12.2	10.2
9	33.3	48.1	18.5	—	54.8	38.7	6.5	—
10	19.2	30.8	50.0	—	44.1	35.3	20.6	—
11	33.3	63.0	3.7	—	37.5	50.0	12.5	—
12	28.6	21.4	14.3	35.7	23.3	20.0	33.3	23.3

2. 饵料组成

据张宝琳等（1991）报道，细点圆趾蟹捕食小型鱼类、虾蟹类、蛇尾类，也食动物的尸体。

六、数量分布

1. 季节变化和区域变化

细点圆趾蟹的数量分布，用单位时间渔获量（渔获率），或称资源密度指数来表示，全调查区细点圆趾蟹一年四季的平均渔获率为 3 128.6 g/h，以春季较高，渔获率为 6 684.8 g/h，夏季和冬季次之，分别为 3 043.7 g/h 和 2 748.0 g/h，秋季最低，渔获率仅为 38.0 g/h。从不同海域比较，以北部海域（31°00′—33°00′N，122°00′—127°00′E）较高，平均渔获率为 6 106.0 g/h，其次是南部海域（26°00′—28°00′N，120°00′—125°30′E）为 3 730.5 g/h，中部海域（28°00′—31°00′N，122°00′—127°00′E）较低，只有683.4 g/h。不同海域细点圆趾蟹渔获率的高峰期也不同，北部海域高峰出现在春季，渔获率高达 15 259.8 g/h，其次是冬季，渔获率为 8 346.0 g/h，夏、秋季较低。中部海域高峰期也出现在春季，但渔获率明显下降，仅为 2 352.1 g/h，其次是夏季，秋、冬季最低。南部海域高峰期出现在夏季，渔获率达到 10 174.8 g/h，其次是春季，渔获率为 3 901.8 g/h，秋、冬季较低，渔获率分别为 51.8 g/h 和 793.6 g/h（表5-3-3）。

表5-3-3 细点圆趾蟹数量分布的季节变化（g/h）

调查海域	春 季	夏 季	秋 季	冬 季	平均值
北 部 31°00′—33°00′N	15 259.8	743.3	74.8	8 346.0	6 106.0
中 部 28°00′—31°00′N	2 352.1	375.4	3.9	2.0	683.4
南 部 26°00′—28°00′N	3 901.8	10 174.8	51.8	793.6	3 730.5
全海域 26°00′—33°00′N	6 684.8	3 043.7	38.0	2 748.0	3 128.6

2. 时空变化

图 5-3-6 是细点圆趾蟹在东海大陆架不同季节、不同调查站位的数量分布，从图上看出，细点圆趾蟹分布范围广，从南至北均有分布，但是，不同季节、不同海域资源密度分布极不均匀、高低相差悬殊。

5 月份，在东海中北部大陆架海域形成三个明显的密集中心，一是在大沙、长江口渔场 20 ~ 40 m 水深海域，渔获率超过 100 kg/h 的站位有 2 个，在这一海域是细点圆趾蟹群体数量最大、渔获产量最高的海域；二是在闽东渔场 100 ~ 120 m 水深海域，有 3 个站位平均渔获率达到 36.2 kg/h；三是在舟外渔场 80 m 水深以深海域，出现 2 个站位平均渔获率达到 49.6 kg/h。其他多数站位渔获率在 2 kg/h 以下，而在舟山渔场、鱼山渔场和温台渔场则很少有分布。

8 月份，细点圆趾蟹出现频率为 46.1%，渔获量为 350 kg，虽然其分布范围也很广，但是资源密度比 5 月份已明显下降，除闽东渔场 120 m 左右水深海域仍有较高密度分布，出现 1 站渔获率高达 256.6 kg/h，其他海域的高集区均已消失，渔获率基本上在 10 kg/h 以下。

11月份，细点圆趾蟹出现频率为12.2%，渔获量仅为4.37 kg，是年间渔获数量最少的月份，只有少数海域有零星渔获，除了在闽东渔场出现1站渔获率为1.4 kg/h外，其他站位都在0.5 kg/h以下。

翌年2月份，细点圆趾蟹出现频率为30.0%，渔获量为316.0 kg，资源密度和分布范围又复逐渐增加和扩大，重新在东海北部的大沙、长江口渔场和南部的闽东渔场外侧出现高密集区，渔获率最高站位为220 kg/h，出现在长江口渔场外侧，20 kg/h以上的分布区主要在北部和南部海域，而中部海域仍然很少分布。

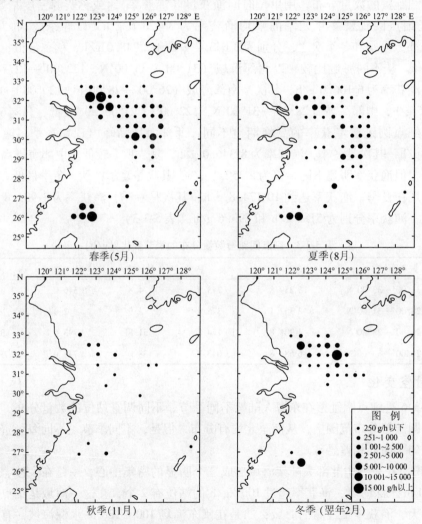

图5-3-6　东海细点圆趾蟹渔获率的平面分布

七、渔业状况和资源量评估

1. 渔业状况

细点圆趾蟹属广温广盐生态类群，对温度、盐度要求较低，适应温盐能力较强。在东海分布广阔，主要渔场有三处：一是在大沙渔场、长江口渔场20~40 m水深海域，渔期为 3—6 月，以捕捞细点圆趾蟹生殖群体为主；二是在闽东渔场外侧 80 ~ 120 m 水深海域，渔期为春、夏季，以 8 月份生产最好；三是在舟外渔场 80 m 水深以深海域，主要生产季节在冬、春季（以春季数量最高）。其中以长江口、大沙渔场 20 ~ 40 m 水深海域资源密度最多，群体数量最大，渔获产量占蟹类渔获量组成的 63.6%，最高资源密度达 350.0 kg/h，出现在大沙渔场 20 m 左右水深海域，其次是在闽东渔场外侧 80 ~ 120 m 水深海域及舟外渔场。

2. 资源量评估

根据 1998 年 5 月、8 月、11 月和 1999 年 2 月拖虾调查资料，调查范围为 26°00′—33°00′N，127°00′E 以西海域，采用资源密度法评估细点圆趾蟹的资源量，全调查区平均现存资源量为 36 253.3 t，最高现存资源量为 84 092.3 t，出现在春季，其次是夏季和冬季，资源量分别为 36 980.3 t 和 30 452.2 t，秋季最低，只有 411.7 t（表 5-3-4）

表 5-3-4　细点圆趾蟹资源量的季节变化（t）

调查海域	春　季	夏　季	秋　季	冬　季	平均值
26°00′—33°00′N	84 092.3	36 980.3	411.7	30 452.2	36 253.3

八、渔业管理

细点圆趾蟹分布广阔，在东海主要有三大作业渔场，一是在大沙、长江口渔场 20 ~ 40 m 水深海域，二是在闽东渔场外侧 80 ~ 120 m 水深海域，三是在舟外渔场 80 m 水深以深海域。其中以长江口、大沙渔场 20 ~ 40 m 水深海域资源密度最多，群体数量最大，其次是在闽东渔场外侧 80 ~ 120 m 水深海域及舟外渔场。目前，除了对长江口、大沙渔场的细点圆趾蟹资源利用较多以外，对闽东、舟外渔场的细点圆趾蟹资源还利用不多。可以组织渔船投入生产，开发利用该蟹类资源，提高蟹类产量。但因细点圆趾蟹容易发黑变质，难以保存，价值不高，因此，过去很多渔民不愿捕捞或捕而弃之，现在有的地方已开发细点圆趾蟹冷藏熟蟹肉为出口创汇产品，每吨售价 6 万 ~ 8 万元，经济价值明显提高，如果能进一步加强其保鲜和加工技术开发研究，通过加工等挖掘细点圆趾蟹的利用价值潜力，将会极大地提高其产量和经济效益。

第四节　锈斑蟳

锈斑蟳［*Charybdis feriatus*（Linnaeus）］（图板Ⅲ）。

分类地位：十足目，腹胚亚目，短尾次目，梭子蟹总科，梭子蟹科，蟳属。

同种异名：斑纹蟳。

地方名：花斑蟳、花蟹、红蟹、十字蟹。

英文名：corab crab。

日文名：シマイシガニ。

形态特征：大型蟹类，头胸甲呈横椭圆形，宽约为长的 1.5 倍。幼体甲面密具绒毛，一般在甲宽大于 95 mm 以上者表面光滑，分区不明显。在头胸甲的前半部正中具有 1 条橘黄色的纵斑，从额后延续至心区，在前胃区也常有 1 条橘黄色的横斑，两者成十字交叉，在甲面的其他部分也有红、黄相间的斑纹。额具 6 齿，各齿大小相似，前侧缘具 6 齿，第 3～5 齿大，末齿小而尖锐。

地理分布：分布于日本、澳大利亚、泰国、菲律宾、印度、马来群岛、坦桑尼亚、东非、南非、马达加斯加及中国的东海、南海。

经济意义：属东海区大型可食用蟹类，个体较大，经济价值较高，是浙江中南部海域秋冬汛（11 月至翌年 2 月）主要捕捞经济蟹类之一。

一、群体组成

1. 甲长、甲宽、体重组成

锈斑蟳甲长范围为 26～105 mm，平均甲长为 64.5 mm，甲宽范围为 36～165 mm，平均甲宽为 101.2 mm；体重范围为 5～610 g，平均体重为 200.9 g。渔获雄性个体平均略大于雌性个体，雌蟹优势甲宽组为 75～125 mm，占 79.8%，甲宽大于 105 mm 的个体数量逐渐减少；雄蟹优势甲宽组为 85～135 mm，占 77.2%，甲宽大于 110 mm 的个体数量逐渐减少。雌蟹最大甲长为 100 mm，最大甲宽为 150 mm，最大体重为 510 g；雄蟹最大甲长为 105 mm，最大甲宽为 165 mm，最大体重为 610 g。锈斑蟳甲长、甲宽、体重月变化如表 5-4-1 所示。

表 5-4-1　锈斑蟳甲长、甲宽、体重月变化（mm，g）

月份	♀						♂					
	甲长范围	平均甲长	甲宽范围	平均甲宽	体重范围	平均体重	甲长范围	平均甲长	甲宽范围	平均甲宽	体重范围	平均体重
1	32～90	56.7	46～135	87.6	10～350	170.1	30～105	64.9	42～160	98.9	10～590	180.7
2	34～95	61.5	48～140	94.1	20～510	201.3	34～100	70.3	48～155	107.1	20～610	231.2
3	44～90	62.3	65～135	96.9	50～450	185.7	40～105	70.5	55～165	107.2	20～590	194.9
4	42～95	57.1	60～140	87.0	40～450	168.1	44～100	66.9	65～160	103.7	30～590	188.9
5	44～90	62.3	65～130	94.9	50～470	213.5	50～95	70.9	75～140	107.5	50～510	220.1
6	44～85	58.9	65～125	91.9	50～370	198.3	48～95	64.9	70～135	98.4	40～350	163.5
7	48～90	63.5	70～130	97.7	100～390	237.6	50～95	71.3	75～140	107.8	50～570	258.7
8	48～95	65.9	70～135	101.8	100～470	260.5	55～95	76.8	80～145	115.6	120～510	315.3
9	55～95	72.3	80～140	108.6	120～490	253.0	55～100	80.3	85～155	123.8	130～590	375.6
10	55～100	75.1	80～150	105.7	110～530	258.6	50～100	77.2	75～150	116.5	100～610	320.5
11	30～95	60.8	44～140	95.1	10～490	169.8	26～95	61.8	36～145	93.6	5～590	168.2
12	32～90	61.3	46～135	96.8	10～530	173.5	30～100	66.2	44～155	100.3	10～450	186.8
全年	30～100	63.5	44～150	97.4	10～530	193.5	26～105	70.2	36～165	105.3	5～610	214.5

2. 甲宽与体重的关系

锈斑蟳甲长与甲宽之比约为 1∶1.5，甲宽与体重之间呈幂函数关系（图 5-4-1），利用测定资料，用 $W = aL^b$ 曲线拟合得出：

$$W_♀ = 2.321\ 4 \times 10^{-4} L^{2.875\ 9}\quad (r = 0.996)$$

$$W_♂ = 2.859\ 7 \times 10^{-4} L^{3.027\ 5}\quad (r = 0.993)$$

图 5-4-1 锈斑蟳甲宽与体重关系（♂）

二、繁殖

锈斑蟳最小抱卵个体的头胸甲甲长为 60 mm，甲宽为 85 mm，体重 110 g，大量的抱卵群体甲长范围为 70~85 mm，甲宽范围为 100~125 mm，体重范围为 250~390 g。锈斑蟳繁殖期较长，4 月份性腺开始发育，Ⅲ期和Ⅳ期的个体达到 40%，5 月份开始出现 Ⅴ 期个体（抱卵亲蟹）繁殖产卵，从 5 月至 12 月都有 Ⅴ 期个体出现，以 8—10 月 Ⅴ 期个体出现率最多，达到 60%，可见锈斑蟳的繁殖期为 5—12 月，繁殖高峰期在 8—10 月，但至翌年 2 月也偶尔会发现有性成熟的抱卵个体出现（图 5-4-2）。

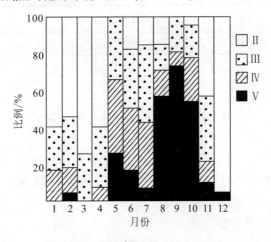

图 5-4-2 锈斑蟳性腺成熟度月变化

根据对 267 只抱卵亲蟹腹部抱卵量的计算，锈斑蟳不同个体抱卵量在 11.39 ~ 159.42 万粒，平均约为 104.52 万粒。抱卵量随个体增大而增多。

三、生长

锈斑蟳不同月份的甲宽组成如图 5-4-3 所示，调查海区 10 月开始出现幼蟹，11 月渔获群体中幼蟹所占比例明显增多，甲宽为 85 mm 以下的幼蟹占到 34.2%，直到翌年 3 月，幼蟹所占比例均较高。周年渔获平均个体以 1 月为最小，平均甲长 60.7 mm，平均甲宽 93.2 mm，平均体重 175.3 g。5 月开始生长加速，从图 5-4-3 可见：甲宽峰区逐渐向大的一侧移动。7 月以后，雌蟹处于性腺发育成熟期间，个体生长不明显，8—10 月，渔获个体甲宽较集中，优势甲宽组分布在 95 ~ 125 mm，约占 90.0%。

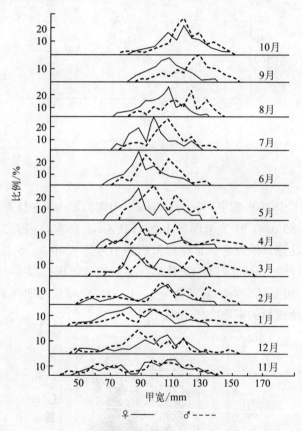

图 5-4-3　锈斑蟳不同月份甲宽组成分布

四、性比

在 1 151 只锈斑蟳取样样品中，雌蟹占 52.1%，雄蟹占 47.9%，雌雄性比为 1:0.94，雌蟹略多于雄蟹。不同月份雌雄性比不同，其中 7 月、9—11 月、翌 1 月至 2 月份雌蟹多于雄蟹，其他月份雄蟹多于雌蟹。

五、摄食

1. 摄食强度

分布在东海中南部海域的锈斑蟳摄食以秋季（11月）、冬季（翌年2月）较强烈，春季（5月）次之，夏季（8月）最弱，空胃率最高，如表5-4-2所示。锈斑蟳周年摄食强度不大，空胃率相当高，约占50%，1级其次，占32%，平均摄食等级为0.84，其中秋季摄食强度稍高，平均摄食等级1.28。可见，秋季的群体组成主要是产卵后的索饵群体为主，产卵后加大了摄食量。

表5-4-2 锈斑蟳摄食等级季节变化（%）

季节	♀				♂			
	0	1	2	3	0	1	2	3
冬季（翌年2月）	33.3	29.2	20.8	16.7	31.8	22.7	31.8	13.6
春季（5月）	41.7	25.0	8.3	25.0	65.3	12.5	18.8	12.5
夏季（8月）	71.4	28.4	—	—	63.6	18.2	18.2	—
秋季（11月）	25.7	28.4	24.3	21.4	25.3	25.3	26.8	22.5

2. 饵料组成

根据黄美珍（2004）报道，锈斑蟳以甲壳类和鱼类为主要食物，以珊瑚虫、底栖藻类和腹足类为次要食物，以线虫、毛颚类、棘皮动物、多毛类和硅藻类为偶然性食物，其胃含物约有21种，包括硅藻类、珊瑚虫、线虫、多毛类、瓣鳃类、腹足类、甲壳类、毛颚类、棘皮动物、鱼类和底栖藻类等11大类。

饵料中各类群出现频率最高的是甲壳类，占51.9%（其中较为常见的有蔓足类、长尾类、短尾类和介形类）；鱼类次之，占17.3%；底栖藻类和珊瑚虫分别占9.6%和7.7%；其他依次为毛颚类、环节动物、棘皮动物。

饵料中各类群个数百分比以甲壳类最高，占51.1%；鱼类居第二，占14.5%；线虫、珊瑚虫、腹足类和底栖藻类分别占9.2%、8.4%、7.7%和5.3%；其他各类所占比例均小于2.0%。

各类群重量百分比则以鱼类居优势，占88.1%；其次是甲壳类，占10.4%（主要是介形类和长尾类）；腹足类的重量较低，仅占1.2%；其他各类所占比例均小于0.5%。

从锈斑蟳所摄食的食物生态类型看，其相对重要性指标以底栖生物最高，其次是游泳动物和浮游动物，锈斑蟳属底栖生物食性类型，同时也捕食一定数量的游泳动物和浮游动物，浮游植物为偶然性食物。

六、数量分布

1. 季节变化和区域变化

锈斑蟳的数量分布，用单位时间渔获量（渔获率），或称资源密度指数来表示，全调查区锈斑蟳一年四季的平均渔获率为 198.7 g/h，以秋季较高，渔获率为 323.3 g/h，其次是冬季，渔获率为 265.0 g/h，夏季最低，渔获率仅为 49.4 g/h。从不同海域比较，以南部海域（26°00′—28°00′N，120°00′—125°30′E）最高，平均渔获率为 364.3 g/h，其次是中部海域（28°00′—31°00′N，122°00′—127°00′E），为 227.5 g/h，北部海域最低，只有 15.6 g/h。不同海域锈斑蟳渔获率的高峰期也不同，南部海域高峰出现在冬季，渔获率高达 586.4 g/h，其次是秋季，渔获率为 404.4 g/h，而中部海域高峰期出现在秋季，渔获率为 489.5 g/h，其次是冬季，低峰期都出现在夏季。北部海域（26°00′—28°00′N，122°00′—127°00′E）除了秋、冬季有少量渔获外，春、夏季没有捕到锈斑蟳（表 5-4-3）。

表 5-4-3　锈斑蟳数量分布的季节变化（g/h）

调查海域	春　季	夏　季	秋　季	冬　季	平均值
北　部 31°00′—33°00′N	0	0	16.6	45.6	15.6
中　部 28°00′—31°00′N	148.3	46.5	489.5	225.8	227.5
南　部 26°00′—28°00′N	354.5	111.9	404.4	586.4	364.3
全海域 26°00′—33°00′N	157.0	49.4	323.3	265.0	198.7

2. 时空变化

图 5-4-4 是锈斑蟳不同季节不同调查站位渔获率的平面分布，从图上看出：

5 月，锈斑蟳渔获量较低，仅为 18.1 kg，占其周年 4 个月总渔获量的 19.8%，主要分布在舟山、鱼山渔场及温台、闽东渔场内侧水深 60 m 以内海域。最高 1 站渔获率为 3.2 kg/h，出现在闽东渔场的台山列岛海域，其他站位渔获率都在 2.5 kg/h 以下。

8 月，锈斑蟳数量分布最少，渔获量仅为 5.7 kg，占总渔获量的 6.2%，分布范围比春季缩小，主要分布在 30°30′N 以南内侧海域，没有高的渔获量分布区，渔获率都在 2.5 kg/h 以下。

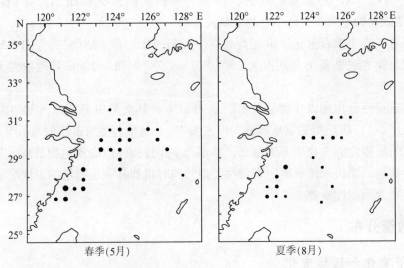

春季(5月)　　　　　夏季(8月)

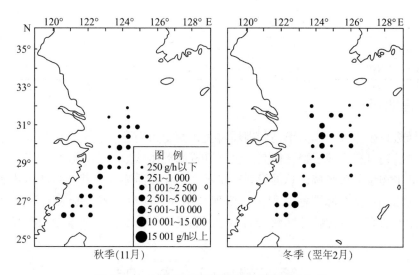

图 5-4-4　不同季节锈斑蟳渔获率的平面分布

11 月，锈斑蟳数量明显上升，渔获量达到 37.2 kg，占总渔获量的 40.7%，属渔获数量相对较高的月份，主要分布在舟山、鱼山、温台和闽东渔场内侧海域，出现 4 个渔获率在 2.5～5.0 kg/h 的站位，最高站位渔获率为 4.4 kg。另有多个调查站位渔获率为 1 kg/h 以上。

翌年 2 月，锈斑蟳渔获量为 30.5 kg，占总渔获量 33.3%，也属资源数量较高、分布范围较广的月份，出现两个密集分布区，一是在温台—闽东渔场，最高站位渔获率为 6.4 kg/h，出现在闽东渔场水深 60 m 处，另一个在舟山渔场，高的渔获站位渔获率也有 2.5～5.0 kg/h。

七、渔业状况和资源量评估

1. 渔业状况

在东海锈斑蟳主要分布在长江口以南的 60 m 水深以浅的沿岸近海。属高温广盐生态类群，对温度要求较高，对盐度适应性较宽，主要分布在近海，但一般不越过长江口，这可能与长江口以北存在黄海冷水团、水文环境条件与长江口以南存在差异有关。生产渔场主要在鱼山、温台及闽东渔场 60 m 水深以浅海域，其中，以闽东渔场资源数量为最高，中心渔场明显，渔期为 11 月至翌年 2 月，以捕捞越冬群体为主，主要捕捞渔具为蟹笼、定置刺网等。根据吴国凤等（2002）报道，在笼捕作业中其渔获量占近 70%。

2. 资源量评估

根据 1998 年 5 月、8 月、11 月和 1999 年 2 月虾蟹调查资料，调查范围为 26°00′—33°00′N，127°00′E 以西 20 m 水深以东海域，采用资源密度法评估锈斑蟳的资源量，全调查区平均现存资源量为 2 317.6 t，最高现存资源量为 3 411.1 t，出现在秋季，其次是冬季，资源量为 2 957.6 t，夏季最低，只有 654.5 t（表 5-4-4）

表 5-4-4　锈斑蟳资源量的季节变化（t）

调查海域	春　季	夏　季	秋　季	冬　季	平均值
26°00′—33°00′N	1 926.6	654.5	3 411.1	2 957.6	2 317.6

八、渔业管理

由于锈斑蟳个体大，成活率高，肉质鲜美，颇受人们喜欢，活蟹价格高，在很多地方其活蟹价格已超过三疣梭子蟹，但是，由于其资源群体数量不大，缺少像细点圆趾蟹那样的明显的高生物量分布区域，总的渔获产量不高，在海洋渔业中其产量所占比例远低于其产值所占的比例。今后除要注意保护、合理利用外，应尽快着手加强对该品种的人工繁殖、育苗技术研究，以弥补海区数量的不足，满足人们需要，其前景相当看好。

第五节　日　本　蟳

日本蟳［*Charybdis japonica*（A Milne Edwards）］（图板Ⅳ）。

分类地位：十足目，腹胚亚目，短尾次目，梭子蟹总科，梭子蟹科，蟳属。

地方名：赤甲红、海红、沙蟹、石蟹、石奇角、石钳爬、黄格蟹、霸王蟹、海石蟹。

英文名：Japanese stone crab。

日文名：イシガニ。

形态特征：头胸甲呈横卵圆形，宽约为长的 1.45 倍。表面隆起，幼小个体甲面密具绒毛，成体后半部光滑。胃、鳃区常具微细的横行颗粒隆线。额稍突，具 6 锐齿，中间 2 齿较突出。前侧缘拱起，具有 6 齿，各齿外缘明显拱曲并长于内缘。末齿最尖，但不比其他的各齿大，伸向侧方。两螯壮大，稍不对称。

地理分布：分布于日本、朝鲜、韩国及中国的渤海、黄海、东海和南海。

经济意义：属东海重要的中型可食用蟹类，常年均可渔获，容易暂养，成活率高，便于活销，经济价值较高。

一、群体组成

1. 甲长、甲宽、体重组成

日本蟳年间甲长分布范围为 24～75 mm，平均甲长为 43.0 mm，甲宽分布范围为 38～105 mm，平均甲宽为 62.1 mm，体重分布范围为 8～240 g，平均体重为 51.8 g。雌、雄个体的甲长、甲宽、体重组成月变化如表 5-5-1 所示。渔获雄蟹个体略大于雌蟹，以日本蟳周年甲宽分布百分比组成为例（图 5-5-1），雌蟹优势甲宽组为 45～75 mm，占 78.9%，其中以 50～55 mm 为最多，平均甲宽为 59.4 mm，雄蟹优势甲宽组为 50～75 mm，占75.1%，其中以 55～60 mm 为最多，平均甲宽为 60.8 mm，渔获雄蟹最大个体甲长为75 mm，甲宽为 105 mm，体重为 240 g，雌蟹最大个体甲长为 65 mm，甲宽为 95 mm，体重为 160 g。

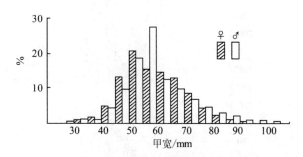

图 5-5-1 日本蟳捕捞群体周年甲宽组成分布

表 5-5-1 日本蟳甲长、甲宽、体重月变化（mm，g）

月份	♀						♂					
	甲长范围	平均甲长	甲宽范围	平均甲宽	体重范围	平均体重	甲长范围	平均甲长	甲宽范围	平均甲宽	体重范围	平均体重
1	42~60	48.1	60~80	69.2	40~100	62.5	40~60	48.2	55~85	70.2	40~130	73.1
2	24~46	35.1	38~70	51.5	10~60	26.1	24~46	37.6	38~70	53.6	8~70	32.6
3	30~55	39.1	38~75	55.9	10~70	33.0	28~55	40.5	40~75	60.2	10~80	39.8
4	32~65	43.0	46~90	59.6	10~130	43.9	30~55	39.6	44~80	56.8	10~80	38.8
5	28~55	35.5	40~80	51.5	10~100	28.9	30~46	44.0	40~70	54.3	10~60	32.4
6	26~42	34.2	38~65	49.7	10~50	25.0	26~42	36.4	40~65	53.0	10~50	30.2
7	30~50	35.4	44~75	51.1	10~70	26.8	32~44	38.6	46~65	55.3	20~50	35.4
8	34~44	38.3	48~65	55.0	20~50	30.8	34~50	39.5	50~75	56.9	20~60	35.6
9	38~50	43.1	55~70	62.3	30~70	43.9	36~60	46.9	55~90	67.7	20~130	62.6
10	40~55	45.6	55~75	65.6	30~80	52.8	36~70	47.8	55~105	69.1	30~240	67.8
11	40~65	50.6	55~95	72.5	30~130	72.9	36~75	51.8	50~105	75.5	20~240	93.0
12	38~65	51.1	55~95	73.9	30~160	80.8	42~70	55.7	60~100	81.1	50~200	118.6
全年	26~65	42.6	38~95	61.5	10~160	48.5	24~75	43.4	38~105	62.8	8~240	55.8

2. 甲宽与体重的关系

据测定，日本蟳的甲长与甲宽之比约为 1:1.4~1.5，而甲宽与体重的关系呈幂函数曲线增长（图 5-5-2），用 $W = aL^b$ 拟合得

$$W_♀ = 3.027\ 4 \times 10^{-4} L^{2.891\ 0} \quad (r = 0.994)$$

$$W_♂ = 6.528\ 0 \times 10^{-4} L^{3.201\ 1} \quad (r = 0.982)$$

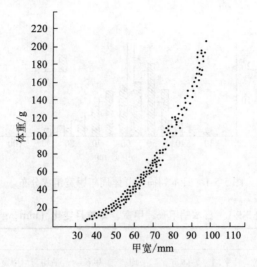

图 5-5-2　日本蟳甲宽与体重关系（♂）

二、繁殖

根据对周年大量日本蟳渔获样品的观察和测定，日本蟳雌蟹最小抱卵个体的甲长为35 mm，甲宽为50 mm，体重为25 g。雌蟹性腺成熟度逐月变化如图5-5-3所示，从图中可见，在日本蟳渔获群体中，4月份性腺开始发育成熟，性腺成熟度达到Ⅳ期的有38.2%，5月份开始，性成熟度达Ⅴ期的抱卵个体有39.5%，从5月一直到8月份都有Ⅴ期抱卵个体的雌蟹出现，且抱卵个体比例都很高，估计其产卵期为4—9月，产卵盛期为5—8月。

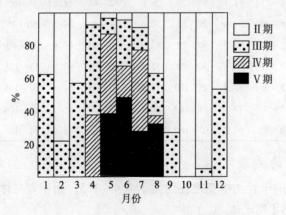

图 5-5-3　日本蟳性腺成熟度月变化

三、生长

图5-5-4为日本蟳不同月份甲宽组成的分布。从图中可以看出，东海日本蟳平均个体以5—7月最小，其平均甲长约为41.2 mm，平均甲宽为52.7 mm，平均体重为30.2 g，甲宽小于50 mm的幼蟹占35.7%。8月份以后，幼蟹迅速生长，甲宽分布曲线高峰逐渐向大的一侧移动，至11—12月，平均甲长增至52.2 mm，平均甲宽增至75.6 mm，平均体重增至90.2 g。翌年1月份以后，生长减慢，至4月份，甲宽分布曲线高峰位置变化不大。

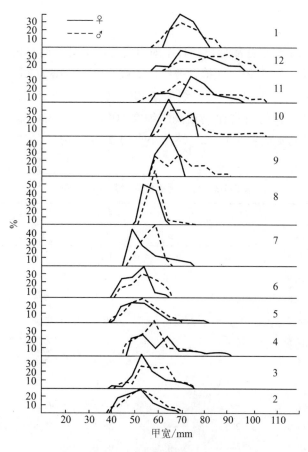

图5-5-4 日本蟳甲宽组成月变化

四、性比

日本蟳周年雌雄性比约为1:0.82，不同月份渔获的群体雌雄性比如图5-5-5所示，从图中可见，冬、春季（11月至翌年4月）雌蟹多于雄蟹，而在夏、秋季（5月至10月）则雄蟹多于雌蟹。

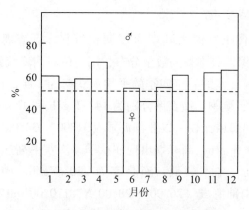

图5-5-5 日本蟳雌雄性比月变化

五、摄食

根据各月的生物学测定样品分析，日本蟳摄食强度不高，而空胃率较高，周年月平均空胃率雌、雄个体都达到51%，而摄食等级以1级为主，雌蟹为25.7%，雄蟹为26.7%，2级雌、雄蟹各占16.9%和13.9%，3级都在10%以下。从季节变化看，以秋季摄食较强烈，冬季次之，半胃、饱胃所占比例较高，约在60%以上，春、夏季较弱，空胃率最高（表5-5-2）。日本蟳主要捕食小鱼、小虾及小型贝类等动物，有时也食动物的尸体和水藻等。

表 5-5-2　日本蟳摄食等级月变化（%）

月份	♀				♂			
	0	1	2	3	0	1	2	3
1	8.3	20.8	64.6	6.3	12.9	22.6	61.3	3.2
2	42.1	28.9	26.3	2.6	24.1	37.9	34.5	3.4
3	53.6	26.8	10.7	8.9	80.0	17.5	2.5	—
4	74.5	18.2	7.3	—	70.8	16.7	12.5	
5	55.0	27.5	10.0	7.5	68.2	30.3	1.5	
6	93.5	6.5	—		86.2	13.8		
7	59.1	40.9	—		25.0	71.4	3.6	
8	52.6	47.4	—		48.5	48.6	2.9	
9	84.4	13.3	2.2	—	86.4	13.8		
10	77.8	22.2	—		100.0	—		
11	8.7	17.4	26.1	47.8	7.1	21.4	14.3	57.1
12	2.9	38.2	55.9	2.9	—	26.7	33.3	40.0
平均	51.0	25.7	16.9	6.4	50.8	26.7	13.9	8.6

六、数量分布

1. 季节变化和区域变化

根据20世纪90年代末东海大陆架海域调查资料，调查海域为26°00′—33°00′N，127°00′E以西至20 m水深，日本蟳的数量分布，用单位时间渔获量（渔获率），或资源密度指数来表示，全调查区日本蟳一年四季的平均渔获率为304 g/h，以秋季较高，渔获率为811.2 g/h，其次是春、夏季，渔获率分别为143.1 g/h和188.9 g/h，冬季最低，渔获率仅为74.3 g/h。从不同海域比较，以北部海域（31°00′—33°00′N，122°00′—127°00′E）最高，平均渔获率为983.5 g/h，高峰期出现在秋季，渔获率高达2 647.5 g/h，其次是夏季，渔获率为620.6 g/h，冬季最低，渔获率为230.5 g/h。中部（28°00′—31°00′N，122°00′—127°00′E）和南部海域（26°00′—28°00′N，120°00′—125°30′E）数量很低，平均渔获率分别只有7.9 g/h和6.4 g/h，除春季和秋季有少量渔获外，其他季节基本没有捕到（表5-5-3）。可见，日本蟳数量分布的区域性很明显。

表5-5-3 日本蟳数量分布的季节变化（g/h）

调查海域	春 季	夏 季	秋 季	冬 季	平均值
北 部 31°00′—33°00′N	435. 2	620. 6	2 647. 5	230. 5	983. 5
中 部 28°00′—31°00′N	12. 6	—	9. 5	9. 5	7. 9
南 部 26°00′—28°00′N	20. 5	—	4. 9	—	6. 4
全海域 26°00′—33°00′N	143. 1	188. 9	811. 2	74. 3	304. 4

从上述调查结果看出，日本蟳主要分布在31°00′N以北的大沙、长江口渔场20～60 m水深海域，而在31°00′N以南的调查海域，日本蟳只有零星渔获。但根据吴常文等报道（1998），在舟山沿海30 m等深线以西海区各岛礁周围均有日本蟳分布，其中在10～20 m等深线之间分布数量较多，10 m等深线以西海区分布数量明显减少。沿海各类水产码头附近饵料丰富，日本蟳分布数量较多。根据近几年对浙江近海蟹笼作业的监测和社会调查得知，在浙江沿海岛礁周围海域，小型蟹笼多以捕捞日本蟳为主，同时兼捕锐齿蟳。说明在31°00′N以南，20 m水深以浅岛礁周围海域也分布有大量的日本蟳资源。

2. 时空变化

根据东海大陆架桁杆拖虾网的调查资料，用单位时间的渔获量（渔获率）作为资源密度指数表示日本蟳数量分布状况，不同季节，不同调查站位渔获率分布如图5-5-6所示。

5月，日本蟳主要分布在125°00′E以西近岸海域，以北部吕泗、大沙渔场分布较密集，最高站位渔获率在5～10 kg/h，出现在大沙渔场20 m水深区，大部分站位渔获率低或无渔获。

8月，日本蟳分布密集区与5月份相类似，总渔获量略高于5月份，主要分布在125°00′E以西的北部近岸海域，最高站位渔获率在15 kg/h以上，出现在122°15′E，32°15′N站位，31°00′N以南海域很少有分布。

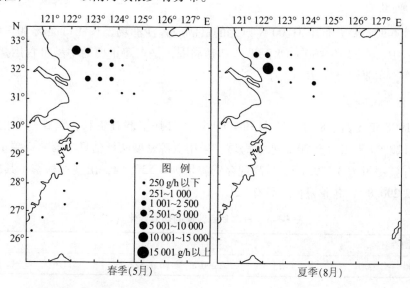

图 例
· 250 g/h 以下
· 251~1 000
• 1 001~2 500
● 2 501~5 000
● 5 001~10 000
● 10 001~15 000
⬤ 15 001 g/h 以上

春季(5月)　　　　　　夏季(8月)

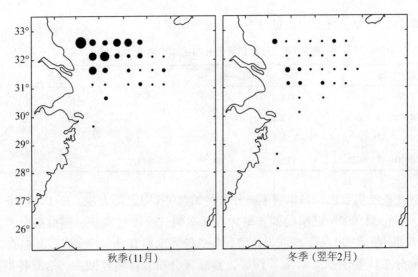

图 5-5-6　不同季节日本蟳渔获率的平面分布

11 月，日本蟳数量分布明显上升，为 4 季度中数量最多的月份，密集分布区仍在北部海域，其分布范围比 5 月、8 月份向东外推一个经度，且近岸海域密度普遍高于外侧海域，最高渔获率达 15 kg/h 以上，并出现多个 5～15 kg/h 的站位，均分布在吕泗—大沙渔场 20～40 m 水深一带，而在 40 m 水深以深海域渔获率多数在 2.5 kg/h 以下，呈现越靠近沿岸、越北面资源密度越高的分布趋势。

翌年 2 月，日本蟳的分布区域与 11 月份基本相同，但资源密度明显下降，渔获率仅在吕泗—长江口渔场 20 m 水深区的少数站位有 2.5 kg/h 的分布区，其他多数站位渔获率在 1 kg/h 以下，属全年最低。

七、渔业状况和资源量评估

1. 渔业状况

东海日本蟳主要分布在 31°00′N 以北的吕泗—大沙渔场、长江口渔场 20～60 m 水深海域及东海中、南部 10～30 m 水深沿岸岛礁周围，是东海重要的中型可食用蟹类。常年可进行捕捞，主要汛期在 9—12 月。

2. 资源量评估

根据 1998 年 5 月、8 月、11 月和 1999 年 2 月虾蟹调查资料，调查范围为 26°00′—33°00′N，127°00′E 以西至 20 m 水深海域，采用资源密度法评估日本蟳的资源量，全调查区平均现存资源量为 3 559.1 t，最高现存资源量为 8 527.7 t，出现在秋季，其次是夏季，资源量为 2 290.8 t，冬季最低，只有 821.6 t（表 5-5-4）

表 5-5-4　日本蟳资源量的季节变化（t）

调查海域	春　季	夏　季	秋　季	冬　季	平均值
26°00′—33°00′N	1 813.3	2 290.8	8 527.7	821.6	3 559.1

八、渔业管理

根据调查结果，日本蟳分布在东海北部海域和中、南部沿岸海域，一年四季均有一定数量分布，且可常年进行捕捞生产，是东海一种重要的蟹类资源，加上日本蟳成活率高，特别是笼捕日本蟳可以暂养活销，经济价值较高，所以捕捞强度不断增大，目前在浙江沿海一些小型蟹笼作业船只多以笼捕日本蟳为主，且不分季节，大大小小统统捕捞上来销售，大大降低了日本蟳的利用效益，也很不利于日本蟳资源的可持续利用。为此，提出如下建议。

（1）规定日本蟳最小可捕规格，合理利用日本蟳资源。根据日本蟳的繁殖生物学特性，拟确定其最小可捕甲宽为 50 mm，对于甲宽小于 50 mm 者禁止销售。同时应考虑在其产卵期设立禁渔期，在伏季休渔期，应把蟹笼作业的休渔问题一并考虑在内。

（2）开展日本蟳人工繁育养殖技术研究。日本蟳生命力强，成活率高，生命周期短，生长迅速，对环境适应能力强，是一种优良的可养殖经济蟹类。同时在我国内地、香港、台湾等地以及日本、朝鲜，日本蟳是人们喜食的一种优质海产品，经济价值较高，今后可以把它作为一种养殖品种，对于被捕捞上来的幼蟹、小蟹，通过对其进行暂养，以提高经济价值。另外，要组织力量积极开展人工繁育养殖技术研究，逐步形成日本蟳养殖产业。

（3）开展日本蟳人工增殖放流，发展休闲渔业。日本蟳大量分布在沿海岛礁周围，是小型蟹笼的主捕对象，也是游钓休闲渔业的首选娱乐项目。开展日本蟳人工增殖放流，可增加岛礁附近海域日本蟳资源数量，对游钓休闲渔业及旅游业的发展具有促进作用。

第六节　武　士　蟳

武士蟳［*Charybdis miles*（De Haan）］（图板Ⅳ）。

分类地位：十足目，腹胚亚目，短尾次目，梭子蟹总科，梭子蟹科，蟳属。

地方名：石蟹、红蟹、石形蟹。

英文名：claw crab or Akaishigani。

日文名：アカイシガニ。

形态特征：头胸甲呈卵圆形，宽约为长的 1.4 倍。表面密布短绒毛，分区不清晰，具有通常的几对隆线，在中部被切断。中鳃区后缘附近具有 1 对浅黄色的眼斑。额分 6 齿，尖锐，中间 2 齿较突出。前侧缘具 6 锐齿，末齿不比其他各齿大，呈刺状。螯足长大。长节前缘列生 4～5 齿，齿长向末部递增。指节较掌节长，末端尖锐。内缘具不等大齿。

地理分布：分布于日本、澳大利亚、菲律宾、新加坡、印度、阿曼湾及中国的东海和南海。

经济意义：武士蟳是东海区 20 世纪 90 年代后期以来开发的中型食用蟹类，分布范围广，周年均有渔获，近年渔获量呈上升趋势，成为伏休期间水产品市场上供求的主要蟹类，对丰富老百姓的"菜篮子"，繁荣鱼市场，满足宾馆、饭店的海鲜供应，具有较大的经济意义。

一、群体组成

1. 甲宽、甲长、体重组成

武士蟳年间甲长分布范围为 12 ~ 75 mm, 平均甲长为 45.4 mm, 优势甲长组为 38 ~ 60 mm, 占 72.2 %；甲宽分布范围为 24 ~ 105 mm, 平均甲宽 63.9 mm, 优势甲宽组为 50 ~ 80 mm, 占 72.8 %；体重分布范围为 5 ~ 290 g, 平均体重为 67.4 g, 优势体重组为 20 ~ 100 g, 占 74.6 %。雌、雄个体的甲长、甲宽、体重组成月变化如表 5-6-1 所示。渔获雄性个体平均明显大于雌性个体，以武士蟳周年甲宽分布百分比组成为例（图 5-6-1），雌蟹优势甲宽组为 50 ~ 75 mm, 占 73.0 %, 甲宽大于 75 mm 以后，个体数量迅速减少，只占 9.1 %, 而雄蟹虽然优势甲宽组也为 50 ~ 75 mm, 占 61.1 %, 但甲宽大于 75 mm 的数量还很多，要占 25.2 %, 个体数量在甲宽大于 85 mm 以上才逐渐减少，雄蟹最大个体甲长为 75 mm, 甲宽为 105 mm, 体重为 290 g；雌蟹最大个体甲长为 65 mm, 甲宽为 100 mm, 体重为 160 g。武士蟳年间渔获个体大小变化不显著，根据 1998—1999 年 4 个季度月调查的渔获样品，相对而言，在夏季（8 月）、秋季（11 月）武士蟳个体较小，雌、雄蟹的平均甲长分别为 40.3 mm 和 40.4 mm, 平均甲宽分别为 59.5 mm 和 56.0 mm, 平均体重分别为 54.9 g 和 49.1 g。冬季（翌年 2 月）、春季（5 月）个体较大，雌、雄蟹的平均甲长分别为 50.3 mm 和 48.7 mm, 平均甲宽分别为 69.9 mm 和 67.8 mm, 平均体重分别为 89.9 g 和 88.8 g。渔获数量最高的 2 月份，其雌蟹优势甲长组为 46 ~ 60 mm, 占 67.2 %, 优势甲宽组为 55 ~ 80 mm, 占 72.0 %, 优势体重组为 60 ~ 100 g, 占 50.4 %；雄蟹优势甲长组为 50 ~ 70 mm, 占 60.1 %, 优势甲宽组为 60 ~ 90 mm, 占 68.1 %, 优势体重组为 40 ~ 130 g, 占 57.2 %。

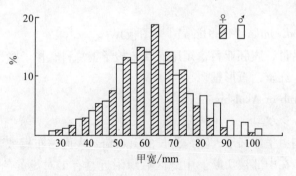

图 5-6-1　武士蟳捕捞群体周年甲宽组成分布

表 5-6-1　武士蟳甲长、甲宽、体重月变化（mm, g）

月份	♀						♂					
	甲长范围	平均甲长	甲宽范围	平均甲宽	体重范围	平均体重	甲长范围	平均甲长	甲宽范围	平均甲宽	体重范围	平均体重
1	32 ~ 55	43.9	44 ~ 80	60.7	10 ~ 100	56.6	32 ~ 75	45.5	44 ~ 105	63.3	20 ~ 270	69.7
2	20 ~ 65	48.1	28 ~ 100	66.9	50 ~ 160	73.1	12 ~ 75	52.2	28 ~ 105	72.6	5 ~ 250	103.4

月份	♀						♂					
	甲长范围	平均甲长	甲宽范围	平均甲宽	体重范围	平均体重	甲长范围	平均甲长	甲宽范围	平均甲宽	体重范围	平均体重
3	32~60	43.1	44~80	59.6	20~110	49.7	30~75	48.7	42~105	68.2	10~230	82.1
4	28~60	44.4	40~80	61.4	10~130	60.8	32~75	47.8	44~100	66.0	20~270	82.5
5	30~65	48.0	42~90	66.2	10~190	82.9	32~70	49.9	44~105	70.3	20~290	98.1
6	34~55	44.2	46~75	60.5	20~80	57.7	34~60	46.0	46~85	64.1	20~110	63.4
7	38~60	47.7	50~85	65.2	30~120	72.7	40~70	49.5	55~90	69.5	40~210	85.7
8	30~65	42.1	38~85	57.5	10~170	50.0	22~70	43.9	32~105	60.9	5~290	58.9
9	32~44	38.2	44~60	52.2	20~50	36.1	36~55	41.2	48~75	56.6	30~110	46.0
10	42~60	49.4	55~85	65.6	40~130	70.0	42~70	50.2	55~95	69.7	40~220	85.6
11	18~60	38.1	24~85	52.7	5~110	39.1	18~70	42.6	26~95	59.2	5~180	59.0
12	38~60	46.4	50~80	63.8	30~130	64.1	38~60	52.0	50~85	73.0	30~160	95.5
全年	18~65	43.8	24~100	60.4	5~190	58.1	12~75	46.9	26~105	70.2	5~290	76.1

2. 甲宽与体重的关系

根据生物学测定资料得知：武士蟳甲长与甲宽之比约为 $1:1.4~1.5$，而甲宽与体重的关系如图 5-6-2 所示。从图中可以看出：武士蟳的甲宽与体重之间的关系呈幂函数关系，根据测定资料，用 $W = aL^b$ 曲线拟合得

$$W_♀ = 2.6219 \times 10^{-4} L^{2.9565} \quad (r = 0.983)$$

$$W_♂ = 2.0019 \times 10^{-4} L^{3.0238} \quad (r = 0.990)$$

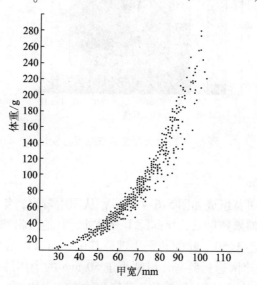

图 5-6-2　武士蟳甲宽与体重关系（♂）

二、繁殖

根据对周年每月不少于 1 000 只的武士蟳渔获物及采集的雌蟹样品进行观察、测定得出：武士蟳雌性最小抱卵个体的头胸甲甲长为 35 mm，甲宽为 50 mm，体重为 25 g；大量的抱卵个体甲长分布范围为 44～55 mm，甲宽分布范围为 60～75 mm，体重分布范围为 65～105 g。由于武士蟳进行雌雄交配后，雌蟹就不再蜕皮生长，而把大量能量用于性腺的发育成熟，因此，笔者初步推断武士蟳生物学最小型的甲长约为 35 mm，甲宽约为50 mm，体重约为 25 g。

东海调查海域武士蟳雌蟹性腺成熟度月变化情况如图 5-6-3 所示。在调查取样分析过程中，发现武士蟳渔获群体几乎周年都有性成熟个体。年间除 1 月份未取到有抱卵亲体外，其他月份均有 V 期抱卵亲蟹，其中从 4 月份开始，抱卵个体数增多，6—9 月约占 60%，11 月份以后，抱卵个体数减少，说明武士蟳是一种周年均有生殖活动的种类，产卵盛期在 5—10 月。

根据对 285 只抱卵雌蟹的怀卵量的计算测量得知：东海武士蟳不同个体怀卵量分布在 9.29～38.12 万粒，平均约为 22.58 万粒，怀卵量随武士蟳个体增大而增多，由于武士蟳属一个生殖期内多次抱卵、分批产卵的种类，因此，其繁殖力要大于抱卵量，个体繁殖力较强。

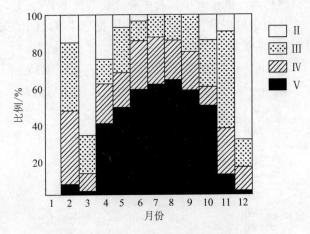

图 5-6-3　武士蟳性腺成熟度月变化

三、生长

武士蟳不同月份的甲宽组成如图 5-6-4 所示，从图中看出，年间武士蟳甲宽组成变化不大。另外，由于武士蟳繁殖期长，年间除 1 月份外，其他月份均有 V 期抱卵个体，调查海域一年四季均有甲宽小于 50 mm 的幼蟹出现，其中，幼蟹数量出现较多的，开始于 7、8 月份，到 11 月份幼蟹比例达到最高，甲宽小于 50 mm 的个体约占 38.8%，优势甲宽组为 38～44 mm 和 50～75 mm，至翌年 2 月份幼蟹仍占有较大比例。3—5 月份渔获群体甲宽组成以 50～75 mm 为主，约占 70.0%，6—7 月随着武士蟳个体不断生长，渔获群体甲宽组成发展为以 55～75 mm 为主。符合武士蟳这种暖水性种类，分布在水温较高的海域，年间不断繁殖，不断生长的规律。

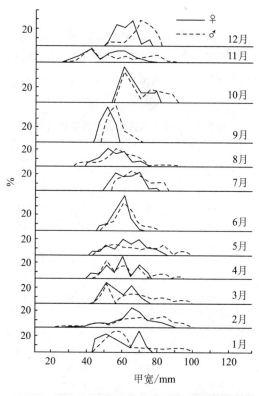

图 5-6-4 武士蟳甲宽组成月变化（♂）

四、性比

武士蟳周年雌雄性比约为 1:1.08，不同月份渔获的武士蟳雌雄性比如图 5-6-5 所示，从图中可见，5—6 月及 12 月雌蟹数量明显多于雄蟹，2—4 月、7—8 月雄蟹略多于雌蟹，11 月雌雄蟹性比接近 1:1，而 1 月及 9—10 月则雄蟹明显多于雌蟹。

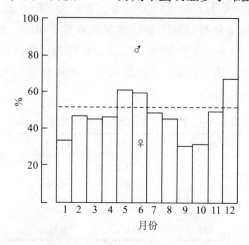

图 5-6-5 武士蟳雌雄性比月变化

五、摄食

武士蟳周年摄食强烈，半胃、饱胃所占比例高，摄食强度没有明显的季节差异，特别是雌蟹，摄食强度似乎要比雄蟹更甚。其中，雌蟹以3—7月摄食最强烈，8—10月相对较弱，而雄蟹虽说也存在这种趋势，但从摄食等级上看，其强烈摄食所占比例较小，如表5-6-2所示。

表5-6-2　武士蟳摄食等级月变化（%）

月份	♀				♂			
	0	1	2	3	0	1	2	3
1	21.1	42.1	31.6	5.3	41.0	41.0	17.9	—
2	45.6	28.8	16.8	8.8	52.2	31.9	9.4	6.5
3	31.1	26.7	42.2	—	50.0	25.0	21.4	3.6
4	15.6	24.4	51.1	8.9	35.2	29.6	29.6	5.6
5	44.4	36.5	14.3	4.8	60.0	25.0	7.5	7.5
6	16.1	35.7	48.2	—	28.9	42.1	23.7	5.3
7	26.9	34.6	34.6	3.8	21.4	67.9	10.7	—
8	29.5	37.2	19.2	14.1	41.5	40.4	16.0	2.1
9	44.4	44.4	11.1	—	66.7	23.8	9.5	—
10	50.0	50.0	—	—	33.3	66.7	—	—
11	38.6	29.0	13.8	18.6	44.3	27.5	13.4	14.8
12	38.3	52.9	8.8	—	52.6	26.3	5.3	15.8

六、数量分布

1. 季节变化和区域变化

武士蟳的数量分布，用单位时间渔获量（渔获率）来表示，全调查区（26°00—33°00′N，127°00′E以西至20 m水深海域）一年四季平均渔获率为196.3 g/h，以冬季最高为298.3 g/h，其次是秋季，为217.0 g/h，春、夏季较低，分别为137.9 g/h和131.9 g/h。不同海域其数量分布差异明显，北部海域数量很少，四季平均值只有0.5 g/h，中部和南部海域较高，四季平均值分别为319.2 g/h和219.8 g/h，高峰期都出现在冬季，渔获率分别为477.8 g/h和345.0 g/h，其次是秋季，渔获率分布为323.5 g/h和292.5 g/h，春、夏季相对较低（表5-6-3）。

表5-6-3　武士蟳数量分布的季节变化（g/h）

调查海域	春季	夏季	秋季	冬季	平均值
北　部 31°00′—33°00′N	—	0.2	—	1.7	0.5
中　部 28°00′—31°00′N	239.8	235.6	323.5	477.8	319.2
南　部 26°00′—28°00′N	128.9	112.8	292.5	345.0	219.8
全海域 26°00′—33°00′N	137.9	131.9	217.0	298.3	196.3

2. 时空变化

根据 20 世纪 90 年代末的调查资料，调查海域为 26°00′—33°00′N，127°00′E 以西至 20 m 水深海域，不同季节、不同调查站位的数量分布如图 5-6-6 所示，从图上看出，自 31°00′N 以南的调查海域，大部分的调查站位都有武士蟳分布，一般分布在 40～100 m 水深海域，分布范围广泛，出现频率高，资源数量分布均匀，但总体密度较低，蟹群分散。而在 31°00′—33°00′N 的北部海域基本上没有出现，分布的区域性明显。

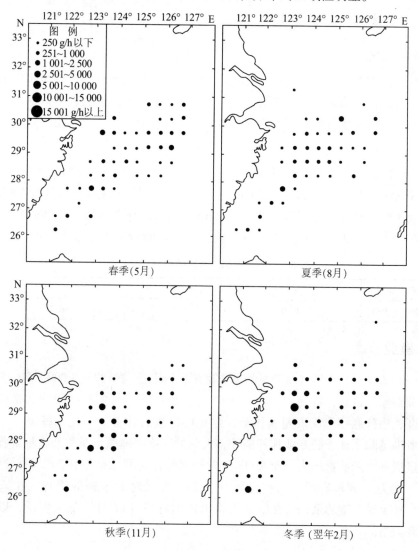

图 5-6-6　不同季节武士蟳渔获率的平面分布

春季（5 月），大多数站位渔获率在 1 000 g/h 以下，最高站位渔获率为 1 650 g/h，出现在洋安渔场东南 60 m 左右水深海区。夏季（8 月），武士蟳分布海域与 5 月份基本相同，其数量也与 5 月相似，最高站位渔获率为 1 980 g/h，出现在舟外渔场，其次在大陈渔场东南 40 m 水深海域渔获率也较高，达 1 768 g/h，除此之外，渔获率都很低。秋季（11

月），武士蝤出现频率和渔获量都呈上升趋势，最高站位渔获率达 4 088 g/h，出现在温台渔场 80 多米水深海域，其次，渔获率在 2 000 g/h 以上的还出现在鱼山渔场东至东北 60 多米水深海域，在鱼山渔场、温台渔场、闽东渔场的一些海域渔获率均在 1 000 g/h 以上。冬季（翌年 2 月），武士蝤出现频率和渔获量都属年间最高，最高站位渔获率达 6 305 g/h，出现在鱼山渔场东北 60 多米水深海域，其次，在闽东渔场、温台渔场 80 多米水深海域都有渔获率较高的站位出现。

七、渔业状况和资源量评估

1. 渔业状况

东海武士蝤主要分布在 31°00′N 以南的东海中部和南部 40～100 多米水深海域，数量分布较为均匀，没有明显的密集中心，以 60 m 左右水深区数量为较多，主要为桁杆拖虾网和底拖网作业的兼捕对象，渔期出现在冬、春季，最高在翌年 2 月份。

2. 资源量评估

根据 1998 年 5 月、8 月、11 月和 1999 年 2 月虾蟹调查资料，调查海域范围为 26°00′—33°00′N，127°00′E 以西至 20 m 水深海域，采用资源密度法评估武士蝤的资源量，全调查区武士蝤的平均现存资源量为 2 317.6 t，最高现存资源量为 3 286.2 t，出现在冬季，其次是秋季，为 2 293.7 t，春、夏季较低，在 1 700 t 左右（表 5-6-4）。

表 5-6-4 武士蝤资源量的季节变化（t）

调查海域	春 季	夏 季	秋 季	冬 季	平均值
26°00′—33°00′N	1 700.0	1 636.3	2 293.7	3 286.2	2 317.6

八、渔业管理

武士蝤是 20 世纪 90 年代新开发的蟹类资源，资源蕴藏量约有 3 000 t 多，是桁杆拖虾作业的兼捕对象，过去，特别是 1995—2003 年，由于东海区实施底拖网和帆张网作业伏季休渔制度，桁杆拖虾作业未列入休渔，常年可以进行作业。因此，每年一到伏季休渔期，在东海渔场除了几千艘专业拖虾船外，大量的底拖网渔船也纷纷涌入拖虾作业，对武士蝤资源造成强大的捕捞压力，至 2003 年桁杆拖虾作业列入伏季休渔以后，这一状况才得以缓解。但为了该种资源的可持续利用，必须加强对武士蝤的管理，在繁殖高峰期（6—9 月）减少对亲蟹的杀伤，在幼蟹大量出现的月份（11 月）加强保护，以增加补充群体的资源数量。

第七节 光 掌 蝤

光掌蝤［*Charybdis riversandersoni* Alcock］（图板Ⅳ）。

分类地位：十足目，腹胚亚目，短尾次目，梭子蟹总科，梭子蟹科，蝤属。

同种异名：红黄双斑鲟。

地方名：红蟹。

日文名：アカイシモガニ。

形态特征：头胸甲宽约为长的 1.5 倍。表面光滑无毛，呈橘红色。宽约为长的 1.45 倍。头胸甲近后侧缘两侧各具一淡黄色圆纹，圆纹外缘饰有鲜红色晕。在头胸甲表面中胃区两侧有成八字形的两个条状黄色斑，以肝区向鳃区散布有弯钩状排列的黄色斑点。额具 6 齿，中央两齿稍钝，外缘两齿尖锐，尤以最外的齿最为尖锐。前侧缘共 6 齿，基部均宽大，末端尖锐呈黑褐色，末齿不特别大，螯足壮大，呈橘红色，间有浅黄色卵圆斑。

地理分布：分布于日本、印度及中国的东海等。

经济意义：属东海新开发的中型蟹类，主要生产季节正值气温上升的春、夏季，肉质较差，易变黑变质，其经济价值不如其他经济蟹类。

一、群体组成

1. 甲宽、体重组成

根据 1998—1999 年东海大陆架的调查资料，光掌鲟雌蟹年间甲长分布范围为 28～65 mm，平均甲长为 43.0 mm；甲宽分布范围为 40～90 mm，平均甲宽为 63.2 mm；体重分布范围为 10～120 g，平均体重为 47.5 g。雄蟹大于雌蟹，年间甲长分布范围为 24～75 mm，平均甲长为 49.1 mm；甲宽分布范围为 34～105 mm，平均甲宽为 70.7 mm；体重分布范围为 5～210 g，平均体重为 77.1 g。甲长与甲宽之比为 1:1.45。

另据叶孙忠报道：光掌鲟甲宽分布范围为 27～106 mm，优势甲宽组 50～70 mm，占 48.8%，平均甲宽 59.6 mm。渔获的雄性个体大于雌性个体，雌性个体甲宽分布范围为 30～96 mm，优势甲宽组 45～75 mm，占 61.3%，平均甲宽 53.2 mm；雄性甲宽分布范围为 27～106 mm，优势甲宽组 50～70 mm，占 56.3%，平均甲宽 57.2 mm。各季度月光掌鲟甲宽变化情况，2 月渔获的雌雄个体均出现 2 个优势组，个体间差异较明显，雌性平均甲宽 55.6 mm，平均体重 34.2 g，雄性平均甲宽 62.7 mm，平均体重 67.4 g；5 月个体最小，雌性平均甲宽为 55.4 mm，平均体重 33.7 g，雄性平均甲宽 56.9 mm，平均体重 37.7 g；8 月渔获的个体最大，但个体间差异最小，雌性平均甲宽 62.5 mm，平均体重 49.8 g，雄性平均甲宽 66.4 mm，平均体重 65.2 g；11 月渔获个体优势组不明显，雌性平均甲宽 56.7 mm，平均体重 41.0 g，雄性平均甲宽 63.0 mm，平均体重 59.4 g。

4 个季度光掌鲟渔获群体体重分布范围为 3.3～198.5 g，优势体重组 10～50 g，占 52.9%，平均体重 46.9 g。其中，雄性个体体重分布范围 3.3～198.5 g，平均体重 53.2 g；雌性个体体重范围为 4.1～144.5 g，平均体重 38.4 g。

从其平均甲宽和平均体重变化情况看，与 1998—1999 年渔获群体的甲宽、体重组成情况基本一致。

2. 甲宽与体重的关系

光掌鲟甲宽 L 与体重 W 呈幂函数关系，其关系式为

$$W_{\female} = 5.522\ 1 \times 10^{-4} L^{2.750\ 2} \quad (r = 0.933\ 4)$$

$$W_{\male} = 3.245\ 0 \times 10^{-4} L^{2.882\ 4} \quad (r = 0.975\ 4)$$

二、繁殖

光掌蟳雌性性腺成熟度以Ⅱ期为主，占42.7%；其次Ⅴ期占29.1%。从各季度月雌性性腺发育情况看，除冬季外，春、夏、秋三季均有出现Ⅴ期的亲体，尤以夏季Ⅴ期所占比例最高。结合1998—1999年雌性性腺成熟度，推测光掌蟳生殖期时间相当长，从春季至秋季均有生殖活动，尤以夏季为盛期。

三、性比

光掌蟳各月均是雄性个体数量多于雌性，其雌雄性比为1∶1.33。

四、摄食

根据1998—1999年东海虾蟹类专项调查结果，光掌蟳摄食强度中等，平均摄食等级为0.98。4个季度月摄食等级分布均以1级为主，占38%；0级其次，占35.7%；2级和3级数量较少。不同季节和不同性别，摄食强度没有明显变化。

另据叶孙忠等（2010）在闽东北外海（26°00′—28°00′N，120°00′—125°30′E）虾蟹类资源调查，光掌蟳摄食强度中等，平均摄食等级为1.31。4个季度月摄食等级分布以1级为主，占36.2%；2级其次，占35.4%；3级数量较少，占7.9%。不同季节，雌雄个体摄食强度没有明显差异。

五、数量分布

1. 季节变化

光掌蟳是近年新开发利用的一种蟹类资源，主要分布在中、南部外海，年总渔获量为72.1 kg，占蟹类渔获重量组成的2.2%，居第八位，但在南部海域所占比例很高，仅次于细点圆趾蟹，列居第二位。根据20世纪90年代末的调查资料，全调查区（26°00′—33°00′N，127°00′E以西至20 m水深海域）光掌蟳一年四季的平均渔获率为156.7 g/h，以夏季最高，为303.2 g/h，其次是春季，为207.4 g/h，秋、冬季较低，只有58 g/h左右（表5-7-1）。其季节变化趋势与细点圆趾蟹相似，以春、夏季数量较高。

表5-7-1　光掌蟳数量分布的季节变化（g/h）

调查海域	春季	夏季	秋季	冬季	平均值
北　部 31°00′—33°00′N	0	0	0	0	0
中　部 28°00′—31°00′N	152.6	144.5	50.8	43.2	97.8
南　部 26°00′—28°00′N	540.5	921.4	140.9	148.2	437.8
全海域 26°00′—33°00′N	207.4	303.2	58.9	57.4	156.7

2. 区域变化

光掌蟳主要分布在30°N以南的舟外渔场、鱼外渔场及温台渔场、闽东渔场外侧，水深80 m以深的外海水域，而在北部和近海基本上没有出现。根据调查资料，以南部海域（26°00′—28°00′N，120°00′—125°30′E）渔获量最高，一年四季平均渔获率为437.8 g/h，高峰季节在春、夏季，渔获率分别达到540.5 g/h和921.4 g/h，秋、冬季较低，渔获率分别为140.9 g/h和148.2 g/h。其次是中部海域（28°00′—31°00′N，122°00′—127°00′E），四季平均渔获率为97.8 g/h，高峰期同样出现在春、夏季。北部海域（31°00′—33°00′N，122°00′—127°00′E）完全没有渔获（表5-7-1）。

3. 时空变化

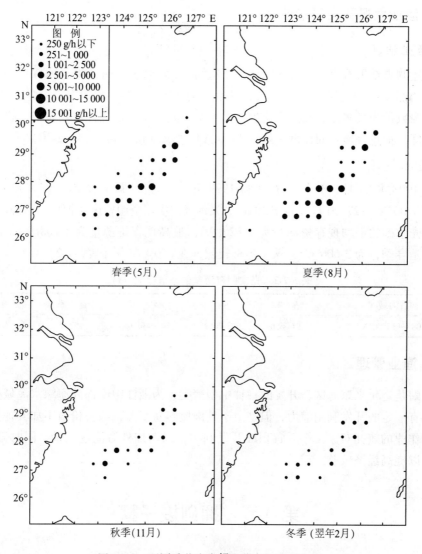

图5-7-1　不同季节光掌蟳渔获率的平面分布

根据 20 世纪 90 年代末的调查资料，调查海域为 26°00′—33°00′N，127°00′E 以西海域，不同季节、不同调查站位光掌蟳的数量分布如图 5-7-1 所示，从图上看出，光掌蟳一年四季都分布在 30°00′N 以南外侧海域，在 30°00′N 以北和 30°00′N 以南内侧海域都没有分布。春季（5 月）光掌蟳主要分布在鱼外渔场和温台渔场 100 m 水深附近海域，高的站位渔获率在 2.5～5.0 kg/h，出现 3 个，1.0～2.5 kg/h 的站位有多个。夏季（8 月）分布海域与春季相似，但密集中心趋向温台渔场和闽东渔场，高渔获率的站位也比春季增多，达到 6 个。秋季（11 月）分布海域与春、夏季相同，但渔获量明显减少，渔获率最高的只有 1.0～2.5 kg/h，只出现 2 个站位，其他站位都在 1 kg/h 以下。冬季（翌年 2 月），分布海域与秋季相同，高密度的站位没有出现，渔获率都在 1 kg/h 以下。

六、渔业状况和资源量评估

1. 渔业状况

从上述调查结果看出，东海光掌蟳主要渔场在 30°00′N 以南，80 m 水深以深的外侧海域，而在北部和 80 m 水深以浅的近海则基本上没有出现。主要出现季节为春、夏季。以 8 月份的资源数量为最多。属高温高盐生态类群，对温、盐度适应性比较狭窄，要求有较高的温、盐度，栖息海域年间盐度一般在 34.0 或以上，底层水温在 14～24℃。

2. 资源量评估

根据 1998 年 5 月、8 月、11 月和 1999 年 2 月拖虾调查资料，调查海域范围为 26°00′—33°00′N，127°00′E 以西至 20 m 水深海域，采用资源密度法评估光掌蟳的资源量，全调查区光掌蟳的平均现存资源量为 1 820.9 t，最高现存资源量为 3 708.9 t，出现在夏季，其次是春季，为 2 606.6 t，秋、冬季较低，在 650 t 左右（表 5-7-2）。

表 5-7-2　光掌蟳资源量的季节变化（t）

调查海域	春 季	夏 季	秋 季	冬 季	平均值
26°00′—33°00′N	2 606.6	3 708.9	646.9	657.2	1 820.9

七、渔业管理

光掌蟳是近年来东海区新开发的一种中型蟹类，为浙江中南部外海深水海域蟹类的优势种，具有一定的开发利用潜力，但是由于其肉质容易变黑，经济价值不如其他蟹类，主要为拖网作业的兼捕对象，今后宜积极开发利用，以增加外海渔业产量，同时做好保鲜、加工等，以提高经济效益。

第八节　拥剑梭子蟹

拥剑梭子蟹 [*Portunus haani* (Stimpson)]（图板Ⅳ）。

分类地位：十足目，腹胚亚目，短尾次目，梭子蟹总科，梭子蟹科，梭子蟹属。

地方名：扁蟹、剑蟹、梭子蟹。

　　日文名：イボガザミ。

　　形态特征：近海暖水性中型蟹类，头胸甲扁平，宽约为长的1.8倍，表面密布短细绒毛，各区成隆起状，隆起面具细小颗粒。额具4锐齿，中间2齿小而低。前侧缘具9齿，第4～8齿爪状，齿尖指向内前方，第1～3齿末端弯曲较小，不成爪状，末齿较大，向两侧伸出。后侧缘与后缘相交处圆钝。螯足较壮大，较侧扁。体色棕黄，头胸甲边缘、螯足指节及刺均呈红色。

　　地理分布：分布于日本、泰国、马来群岛、印度尼西亚、新西兰、澳大利亚、斯里兰卡、印度、毛里求斯、马达加斯加及中国的福建、广东和广西海域。

　　经济意义：闽南—台湾浅滩渔场主要捕捞对象之一，肉质坚实紧密，味道鲜美，主要用于水产品深加工，制成蟹肉罐头远销海外，具有较高的经济价值。

一、群体组成

1. 甲宽、体重组成

　　拥剑梭子蟹主要分布在福建海域，以闽南、台湾浅滩渔场的数量较多，根据张壮丽（1997）报道，拥剑梭子蟹雌蟹周年甲宽分布范围为45～120 mm，平均甲宽为79.7 mm，优势组为75～90 mm，占79.7%；体重范围9～165 g，平均体重56.5 g，优势组30～70 g，占53.8%。雄蟹的甲宽范围为49～127 mm，平均甲宽92.6 mm，优势组85～105 mm，占52.4%；体重范围13～257 g，平均体重89.2 g，优势组70～110 g，占35.9%。雄性个体明显大于雌性。群体中雌蟹最大个体甲宽为120 mm、体重165 g，出现在12月份；雄蟹的最大个体甲宽为127 mm、体重257 g，出现在1月份。

　　拥剑梭子蟹雌、雄群体甲宽、体重的月分布如表5-8-1所示，从表中看出，雌蟹各月平均甲宽变化范围在60.9～94.2 mm，较小值出现在5—10月，其平均甲宽为60.9～77.6 mm，以5月最小；较大值出现在11月至翌年4月，其平均甲宽为78.7～94.2 mm，以1月最大。雌蟹各月平均体重的变化范围在27.1～85.6 g，最小值出现在5月，最大值出现在4月，由于2—4月为繁殖盛期，抱卵雌蟹多，其平均体重较其他月份都重，分别达到74.2 g、77.4 g和85.6 g。

表5-8-1　拥剑梭子蟹甲宽、体重组成月变化

月份	性别	样品数/ind.	甲宽范围/mm	平均甲宽/mm	优势组/mm	%	体重范围/g	平均体重/g	优势组/g	%
1	♀	62	58～103	94.2	70～85	58.0	20～125	60.3	40～60	45.1
2	♀	46	45～99	83.8	75～95	67.4	9～120	74.2	60～90	45.7
3	♀	94	58～103	84.7	75～95	91.4	22～122	77.4	60～90	70.2
4	♀	41	77～97	88.1	85～95	48.3	54～120	85.6	80～100	48.8
5	♀	36	51～80	60.9	55～65	83.3	15～44	27.1	20～30	66.7
6	♀	41	65～96	72.7	65～75	80.5	15～85	40.1	30～50	81.4

续表

月份	性别	样品数/ind.	甲宽范围/mm	平均甲宽/mm	优势组/mm	%	体重范围/g	平均体重/g	优势组/g	%
7	♀	17	54~98	76.6	70~80	52.3	17~96	44.8	30~50	52.9
8	♀	70	55~105	70.4	60~80	77.1	18~120	37.9	20~50	64.2
9	♀	47	60~90	77.6	70~85	87.2	20~73	49.8	40~60	68.1
10	♀	129	62~96	76.3	70~80	55.0	24~98	45.3	30~50	63.6
11	♀	70	59~103	84.1	85~95	54.3	21~120	67.1	50~80	41.4
12	♀	44	63~120	78.7	75~85	45.5	22~165	57.9	40~60	38.6
合计	♀	697	45~120	79.7	70~90	79.7	9~165	56.5	30~70	53.8
1	♂	136	63~127	97.6	85~100	46.3	25~257	66.7	70~100	33.8
2	♂	154	67~125	101.2	90~110	61.0	35~235	109.7	130~160	33.1
3	♂	56	54~109	85.5	75~90	46.4	13~165	76.2	50~70	39.3
4	♂	55	81~121	99.8	95~105	43.6	60~198	119.9	130~150	27.3
5	♂	127	49~110	80.9	60~85	54.2	14~170	70.7	30~60	30.7
6	♂	118	66~112	83.6	70~90	44.4	20~150	64.0	30~60	46.6
7	♂	117	60~120	92.7	80~110	70.1	20~200	1.0	40~140	75.3
8	♂	101	64~114	95.3	85~105	81.2	26~180	104.4	70~90	34.6
9	♂	43	73~102	84.6	75~90	79.1	37~110	62.5	40~70	65.1
10	♂	109	74~109	96.4	95~100	52.3	42~140	100.7	100~110	43.3
11	♂	67	58~122	92.6	105~115	35.8	18~225	115.8		
12	♂	58	62~123	96.5	90~110	50.6	21~203	100.0	100~130	36.2
合计	♂	1241	49~127	92.6	85~105	52.4	13~257	89.2	70~110	35.9

(资料来源：引自张壮丽，1997)

雄蟹各月平均甲宽的变化范围在80.9~101.2 mm，较小值出现在5—9月，以5月最小，较大值出现在10月至翌年4月，以翌年2月最大；其平均体重变化范围在62.5~119.9 g，其变化趋势与甲宽相似。从上述雌、雄蟹甲宽、体重的变化趋势看，都是夏季群体甲宽、体重较小，冬季甲宽、体重较大。自5月份开始有较多的甲宽为50~65 mm的小个体加入捕捞群体，约占群体组成的25%。

2. 体长与体重的关系

根据甲宽（L）与体重（W）资料，用 $W = aL^b$ 曲线拟合得

$$W_♀ = 8.307\,935 \times e^{-0.5} L^{3.063\,666} \quad (r = 0.996\,4)$$

$$W_♂ = 7.540\,653 \times e^{-0.5} L^{3.084\,665} \quad (r = 0.996\,8)$$

二、繁殖

从拥剑梭子蟹雌性性腺成熟度各月的分布情况看，在12月渔获群体中，全是性腺发

育Ⅱ期或Ⅲ期的个体，翌年1月Ⅲ期个体增多，2月基本发育为Ⅳ期和Ⅴ期，并有少量雌体卵子已变成黑褐色，已临近撒籽。3月、4月Ⅴ期抱卵个体占多数，达到60%~70%，5月多数已产过卵，还出现有少量即将孵化个体，群体中Ⅱ期个体的比例升高，占67%。7月Ⅱ期个体减少，仅占5.9%，以Ⅲ期为主，Ⅳ期占35%，并出现少数Ⅴ期抱卵个体。10月底至11月初，性腺成熟度以Ⅳ期占绝大多数，Ⅴ期有一定数量，并出现少量雌体卵子即将孵化的个体。上述看出，闽南—台湾浅滩拥剑梭子蟹繁殖期在冬春季和秋季，繁殖高峰期在冬春季（2—4月），次高峰在秋季（10—11月）。

三、性比

在渔获群体中，多数月份都是雄性数量比雌性多，在周年1 939尾样本中，拥剑梭子蟹雌蟹占35.9%，雄蟹占64.1，其雌雄性比约为1∶1.78，雄性比雌性多。

四、摄食

1. 摄食强度

拥剑梭子蟹摄食强度以1级为主，占54.4%；2级其次，占29.4%；0级和3级均很少。分别占9.5%和6.9%。除3月和8月外，各月均以1级为主，占50%以上；2级其次，各月变化范围为15%~42%，大多数月份占30%以上。在性腺成熟个体中，摄食强度多为1级和2级，极少空胃。

2. 饵料组成

根据黄美珍报道（2004），拥剑梭子蟹为摄食混合饵料的甲壳动物，以甲壳类、腹足类、鱼类（冬季最重要的饵料）为主要食物，其胃含物约有30种，包括原生动物、海绵动物、水母类、珊瑚虫、线虫、环节动物、瓣鳃类、腹足类、甲壳类、毛颚类、棘皮动物、鱼类和底栖藻类等13大类。

饵料中各类群出现频率最高的是甲壳类，占34.1%（较为常见的长尾类和短尾类）；腹足类次之，占12.2%；底栖藻类居第三，占11.0%；鱼类和珊瑚虫分别占9.8%和7.3%；其他依次为海绵动物、原生动物、瓣鳃类、端足类、线虫、棘皮动物、毛颚类、糠虾类、涟虫类、介形类、环节动物、苔藓动物。

饵料中各类群个数百分比以甲壳类最高，占31.1%；腹足类居第二，占17.0%；鱼类居第三，占14.6%（冬季食物中出现较多）；珊瑚虫、底栖藻类和蟹类所占比例也较高，分别占7.8%、7.3%和6.8%；其他各类所占比例均小于5.0%。

各类群重量百分比则以鱼类居优势，占91.7%；其次是甲壳类，占4.1%；底栖藻类和腹足类分别占2.2%和1.2%；其他各类所占比例均小于0.5%。

从拥剑梭子蟹所摄食的食物生态类型看，底栖生物的个数百分比和出现频率百分比均较高，分别占60.2%和65.9%，重量百分比较低，但其相对重要性指标居最高。游泳动物重量百分比较高，但个数百分比和出现频率比较低，相对重要性指标仅相当于底栖生物的1/4。浮游动物的相对重要性指标更低。故拥剑梭子蟹属底栖生物食性类型，同时兼捕一定数量的游泳动物和少量的浮游动物。

五、数量分布

1. 季节变化

东海拥剑梭子蟹主要分布在闽南—台湾浅滩渔场，渔汛期较长，各月均可渔获，主要汛期为8—11月，其中以8月产量最高，占全年产量的30.1%，其次是9月，占全年产量的21.6%，10月和11月产量相对较低，分别占全年产量的11.7%和10.2%。

2. 区域变化

26°00′—33°00′N的东海大陆架海域，拥剑梭子蟹数量很少，偶尔才有1~2只渔获，主要分布在闽南—台湾浅滩渔场23°30′—24°00′N、118°00′—119°30′E，23°00′—23°30′N、117°30′—118°30′E和22°30′—23°00′N、117°30′—118°30′E等海域，其中23°30′—24°00′N、118°00′—118°30′E海域产量占28.3%，平均网产52.7 kg；23°30′—24°00′N、118°30′—119°00′E海域产量占17.9%，平均网产69.0 kg；23°00′—23°30′N、118°00′—118°30′E海域产量占12.3%，平均网产42.3 kg（张壮丽，1997）。

不同月份，拥剑梭子蟹的分布海区也有所不同。1—6月较集中地分布在23°30′—24°00′N、118°00′—118°30′E和22°30′—23°00′N、117°30′—118°30′E海域，其中在23°30′—24°00′N、118°00′—118°30′E海域4月最高网产达262.2 kg，一般网产为20~30 kg；8—12月主要分布在23°30′—24°00′N、118°00′—119°30′E和23°00′—23°00′N、117°30′—118°30′E海域，其中以23°30′—24°00′N、118°30′—119°00′E海域为最重要，其平均网产8月为90.3 kg，10月114.4 kg，11月94.5 kg，23°00′—23°30′N、118°00′—118°30′E海域的平均网产量，10月为110.8 kg，11月为121.0 kg，其余一般网产为30~60 kg。

六、渔业状况和资源量评估

拥剑梭子蟹主要分布在闽南—台湾浅滩渔场，栖息水深为10~100 m，底质为沙、泥质，渔汛期较长，各月均可渔获，旺汛期为8—11月，主要为单拖作业所捕获，占单拖产量的16%~23%，占其产值的16%~18%，此外，流刺网、蟹笼作业也有少量渔获。根据1992—1994年闽南、台湾浅滩渔场单拖网渔业调查，评估出其可捕量为3.6×10^4 t（张壮丽，1998）。

七、渔业管理

拥剑梭子蟹属于生命周期短、生长快、繁殖期长、资源补充量大的 r 生态对策种类，自20世纪90年代以来，闽南、台湾浅滩渔场捕获的拥剑梭子蟹年产量维持在（3.0~3.5）$\times 10^4$ t，说明现有资源量较为稳定，因此拥剑梭子蟹资源仍可作为今后开发和利用的对象，但已接近充分利用的水平，应注意合理利用。

参 考 文 献

邓景耀，赵传细等．海洋渔业生物学［M］．北京：农业出版社，1991：680.

邓景耀，康元德，朱金声，程济生．渤海三疣梭子蟹的生物学．甲壳动物学论文集，1986，77～85.

戴爱云，杨思琼，宋玉枝，等．中国海洋蟹类［M］．北京：海洋出版社，1986：641.

戴爱云，冯钟琪，宋玉枝，等．三疣梭子蟹渔业生物学的初步调查［J］．动物学杂志，1977，（2）：30～33.

丁天明，宋海棠．东海葛氏长臂虾的生物学特性研究［J］．浙江海洋学院学报，2002，21（1）：1～5.

董聿茂．东海深海甲壳动物［M］．杭州：浙江科学技术出版社，1988：132.

董聿茂，胡奭英．浙江海产蟹类［J］．动物学杂志，1978，（2）：6～9.

董聿茂，虞研原，胡奭英．浙江沿海游泳虾类报告Ⅰ［J］．动物学杂志，1959，（3）：389～394.

董聿茂，胡奭英．浙江沿海游泳虾类报告Ⅱ［J］．动物学杂志，1980，（2）：20～24.

董聿茂，胡奭英，汪宝永．浙江沿海游泳虾类报告Ⅲ［J］．动物学杂志，1986，（5）：4～6.

黄宗国．中国海洋生物种类与分布［M］．北京：海洋出版社，1994：764.

黄美珍．福建海区拥剑梭子蟹、红星梭子蟹、锈斑蟳的食性与营养级研究．台湾海峡，2004，23（2）：159～166.

贺舟挺，徐开达，薛利建，宋海棠．东海北部葛氏长臂虾生长死亡参数及资源量、渔获量的分析［J］．浙江海洋学院学报，2009，28（3）：286～291.

刘瑞玉．黄海及东海经济虾类区系的特点［J］．海洋与湖沼，1959，2（1）：35～42.

刘瑞玉．黄海和东海虾类动物地理学研究［J］．海洋与湖沼，1963，5（3）：230～244.

刘瑞玉．中国北部的经济虾类［M］．北京：科学出版社，1954：73.

刘瑞玉．现生甲壳动物（CRUSTACEA）最新分类系统简介［A］．甲壳动物学论文集（第四辑），2003，78～88.

刘瑞玉．关于对虾类（属）学名的改变和统一问题［A］．甲壳动物学论文集（第四辑），2003，106～124.

刘瑞玉，崔玉珩，董聿茂，等．浙江近海底栖生物生态的研究．浙江近海渔业资源调查报告，1964，276～302.

刘瑞玉，钟振如，等．南海对虾类［M］．北京：农业出版社，1988：278.

李明云，倪海儿，竺俊全，宋海棠，俞存根．东海北部哈氏仿对虾的种群动态及最高持续渔获量［J］．水产学报，2000，24（4）：364～369.

李玉发．捕虾．福州：福建科学技术出版社，1989.

吕华庆，宋海棠．东海北部渔场葛氏长臂虾密度分布与硝酸盐分布的研究［J］．水产科学，2006，25（3）：109～112.

LU Huaqing, SONG Haitang, Chris BAYLY. Temporal and spatial distributions of dominant strimp stocks and their relationship with the hydrological environment in the East China Sea［J］. Chinese Journal of Oceanology and Limnology, 2007, Vol, 25（4）：386～397.

林锦宗. 浙江北部近海虾类资源现状 [J]. 海洋渔业, 1980, (6): 6~7.

农牧渔业部水产局等. 东海区渔业资源调查和区划 [M]. 上海: 华东师范大学出版社, 1987: 661.

梅永炼. 南几8—9月份海水表盐与苍平沿海中国毛虾产量的关系 [J]. 海洋渔业, 1984, (5): 198~200.

潘国良, 宋海棠. 浙江渔场戴氏赤虾生物学特性研究 [J]. 浙江海洋学院学报, 2003, 22 (3): 228~231.

沈嘉瑞, 戴爱云. 中国动物图谱 (甲壳动物, 第二册) [M]. 北京: 科学出版社, 1964: 142.

沈嘉瑞, 刘瑞玉. 我国昀虾蟹 [M]. 北京: 科学出版社, 1976: 145.

沈嘉瑞, 刘瑞玉. 中国海蟹类区系特点的初步研究 [J]. 海洋与湖沼, 1963, 5 (2): 139~153.

沈金敖. 东海大陆架外缘和大陆坡深海渔场底鱼资源评估 [A]. 东海大陆架外缘和大陆坡深海渔场综合调查研究报告, 95~107.

施仁德. 浙南近海中国毛虾 Acetes chinensis (Hansen) 的洄游分布及世代交替 [J]. 东海海洋, 1986, 4 (1): 55~60.

宋海棠. 东海虾类的生态群落与区系特征 [J]. 海洋科学集刊, 2002, 44: 124~133.

宋海棠. 对东海拖虾作业休渔期的商榷 [J]. 海洋渔业, 2005, 27 (1): 21~25.

宋海棠, 丁天明. 东海北部拖虾渔业的现状与设立拖虾休渔期的建议 [J]. 浙江水产学院学报 1997, 16 (4): 256~261.

宋海棠, 丁天明. 东海北部海域虾类不同生态类群的分布及其渔业 [J]. 台湾海峡, 1995, 14 (1): 67~72.

宋海棠, 丁天明. 东海北部主要经济虾类渔业生物学的比较研究 [J]. 浙江水产学院学报, 1993, 12 (4): 240~248.

宋海棠, 俞存根, 姚光展. 东海凹管鞭虾的渔业生物学特征 [J]. 水产学报, 2006, 30 (2): 219~224.

宋海棠, 俞存根, 姚光展. 东海鹰爪虾的数量分布和变动 [J]. 海洋渔业, 2004, 26 (3): 184~188.

宋海棠, 俞存根, 薛利建, 姚光展. 东海经济虾蟹类 [M]. 北京: 海洋出版社, 2006: 145.

宋海棠, 俞存根, 薛利建. 东海哈氏仿对虾的数量分布和生长特性研究 [J]. 水生生物学报, 2009, 33 (1): 15~21.

宋海棠, 俞存根, 贺舟挺. 东海长角赤虾渔业生物学特征研究 [J]. 海洋水产研究, 2008, 29 (6): 9~14.

宋海棠, 丁耀平, 许源剑. 浙江北部近海三疣梭子蟹生殖习性的研究 [J]. 浙江水产学院学报, 1988, 7 (1): 39~46.

宋海棠, 丁耀平, 许源剑. 浙江近海三疣梭子蟹洄游分布和群体组成特征 [J]. 海洋通报, 1989, 8 (1): 66~74.

宋海棠, 姚光展, 俞存根, 吕华庆. 东海虾类的种类组成和数量分布 [J]. 海洋学报, 2003, 25 (增1): 171~179.

宋海棠, 姚光展, 俞存根, 薛利建. 东海假长缝拟对虾的数量分布和生物学特性 [J]. 海洋水产研究, 2002, 23 (4): 8~12.

宋海棠, 姚光展, 俞存根, 薛利建. 东海中华管鞭虾的数量分布和生物学特性 [J]. 浙江海洋学院学报, 2003, 22 (4): 305~308.

宋海棠, 俞存根, 姚光展, 薛利建. 东海日本对虾的数量分布和变化 [J]. 东海海洋, 2005, 23

（1）：48～53．

宋海棠，俞存根，丁耀平，许源剑．浙江近海虾类资源合理利用研究［J］．浙江水产学院学报，1991，10（2）：92～98．

宋海棠，俞存根，丁耀平，许源剑．浙江中南部外侧海区的虾类资源［J］．东海海洋，1992，10（3）：53～60．

王彝豪．舟山沿海的经济虾类及其区系特点［J］．海洋与湖沼，1987，18（1）：48～54．

魏崇德，陈永寿．浙江动物志（甲壳类）［M］．杭州：浙江科学技术出版社，1991：481．

吴常文．一种资源保护型蟹笼的初步试验［J］．海洋渔业，1996，28（3）：114～116．

吴常文，王志铮，王伟洪，等．舟山近海日本蟳（*Charybdis japonica*）生物学：资源分布以及开发利用［J］．浙江水产学院学报，1998，17（1）：13～18．

吴国凤，谢庆键．闽东北渔场主要经济蟹类的生物学特性及其时空分布［J］．福建水产，2002，25（1）：10～14．

薛利建，宋海棠．东海大管鞭虾的数量分布和生物学特性［J］．浙江海洋学院学报，2004，23（3）：199～202．

薛利建，贺舟挺，徐开达，宋海棠．东海中华管鞭虾种群动态及持续渔获量分析［J］．福建水产，2009，（4）：48～53．

薛利建，朱江峰，贺舟挺，宋海棠．东海大管鞭虾生长参数及持续渔获量分析［J］．浙江水产学院学报，2009，28（3）：292～297．

徐开达，薛利建，贺舟挺，宋海棠．东海北部哈氏仿对虾资源量评估［J］．福建水产，2010，（1）：23～27．

俞存根，宋海棠，丁跃平，许源剑．浙江近海虾类资源量的初步评估［J］．浙江水产学院学报，1994，13（3）：149～155．

俞存根，宋海棠，姚光展，吕华庆．东海大陆架海域经济蟹类种类组成和数量分布［J］．海洋与湖沼，2006，37（1）：53～60．

俞存根，宋海棠，姚光展．东海蟹类群落结构特征的研究［J］．海洋与湖沼，2005，36（3）：213～220．

俞存根，宋海棠，姚光展．东海细点圆趾蟹数量分布的研究［J］．水产学报，2005，29（2）：198～204．

俞存根，宋海棠，姚光展．东海日本蟳的数量分布和生物学特性［J］．上海水产大学学报，2005，14（1）：40～45．

俞存根，宋海棠，姚光展．东海中南部海域锈斑蟳渔业生物学和数量分布［J］．湛江海洋大学学报，2005，25（3）：24～28．

俞存根，宋海棠，姚光展．东海大陆架海域蟹类资源量的评估［J］．水产学报，2004，28（1）：41～46．

俞存根，宋海棠，姚光展．东海细点圆趾蟹的生物学特性［J］．水产学报，2004，28（6）：657～662．

俞存根，宋海棠，姚光展．东海武士蟳生物学特性及资源状况的研究［J］．浙江海洋学院学报，2004，23（3）：189～194．

俞存根，宋海棠，姚光展．东海蟹类的区系特征和经济蟹类资源分布［J］．浙江海洋学院学报，2003，22（2）：108～113．

俞存根，宋海棠，姚光展，吕华庆．东海蟹类种类组成和数量分布［A］．我国专属经济区和大陆架勘测研究论文集，2002：332～340.

　　俞存根，宋海棠，姚光展，沈小乐．浙江近海蟹类资源合理利用研究［J］．海洋渔业，2003，25（3）：136～141.

　　叶孙忠，刘勇，张壮丽．闽东北外海光掌蝛数量分布及其生物学特点［J］．海洋渔业，2010，32（2）：172～177.

　　钟振如，江纪炀，闵信爱．南海北部近海虾类资源调查报告．中国水产科学院南海水产研究所报告，1982.

　　张壮丽．闽南、台湾浅滩渔场拥剑梭子蟹渔业及其生物学特点［J］．海洋渔业，1997，20（2）：17～21.

　　张洪亮，徐汉祥，黄洪亮，等．东海区蟹笼渔具选择性研究［J］．水产学报，2010，34（8）：1277～1284.

　　张秋华，程家骅，徐汉祥，等．东海区渔业资源及其可持续利用［M］．上海：复旦大学出版社，2007.

　　张宝林，相建海，吴耀泉．长江口海区三疣梭子蟹和细点圆趾蟹食性生态学的研究［J］．海洋科学，1991，（5）：60～64.

　　张孟海．渤海湾、莱州湾毛虾的生殖习性［J］．海洋湖沼通报，1992，（2）：58～66.

图板Ⅰ：

1. 日本囊对虾 *Marsupenaeus japonicus* Bate；2. 葛氏长臂虾 *Palaemon gravieri*（Yu）；3. 哈氏仿对虾 *Parapenaeopsis hardwickii*（Miers）；4. 鹰爪虾 *Trechypenaeus curviroshris*（Stimpson）；5. 凹管鞭虾 *Solenocera koelbeli* De Man；6. 中华管鞭虾 *Solenocera crassicornis*（H. Milne-Edwards）。

图板 II：

　　1. 大管鞭虾 *Solenocera melantho* De Man；2. 高脊管鞭虾 *Solenocera alticarinata* Kubo；3. 假长缝拟对虾 *Parapenaeus fissuroides* Crosnier；4. 须赤虾 *Metapenaeopsis barbata*（De Haan）；5. 长角赤虾 *Metapenaeopsis longirostris* Crosnier；6. 戴氏赤虾 *Metapenaeopsis dalei*（Rathbun）；7. 中国毛虾 *Acetes chinensis* Hansen。

图板Ⅲ：

1. 三疣梭子蟹 *Portunus trituberculatus*（Miers）；2. 红星梭子蟹 *Portunus sanguinolentus*（Herbst）；3. 细点圆趾蟹 *Ovilipes punctatus*（De Haan）；4. 锈斑蟳 *Charybdis feriatus*（Linnaeus）。

图板Ⅳ：

1. 日本蟳 *Charybdis japonica*（A. Milne-Edwards）；2. 武士蟳 *Charybdis miles*（De Haan）；3. 光掌蟳 *Charybdis riversandersoni* Alcock；4. 拥剑梭子蟹 *Portunus haani*（Stimpson）。